传感与检测技术

主　编　张超敏　任　玮
副主编　王雪娇　滕士雷
参　编　胡冯仪　陶存和　张　俊　孙　义

北京理工大学出版社
BEIJING INSTITUTE OF TECHNOLOGY PRESS

内 容 简 介

本书是江苏省联合职业技术学院五年制高职数控技术专业教材，经联职院教材审定委员会审定。本书是理实一体化项目训练教程系列教材之一。

本书由7个教学项目组成，主要内容包括：传感器与检测技术基础知识、力和压力检测、温度检测、转速检测、位移检测、气体及湿度检测，以及传感器在现代检测系统中的应用。

本书可作为高等职业院校制造大类相关专业教材，也可作为相关岗位的培训用书和工程技术人员的参考书。

版权专有　侵权必究

图书在版编目（CIP）数据

传感与检测技术／张超敏，任玮主编. —— 北京：北京理工大学出版社，2019.9（2023.1 重印）

ISBN 978 - 7 - 5682 - 7609 - 2

Ⅰ. ①传… Ⅱ. ①张… ②任… Ⅲ. ①传感器 - 高等学校 - 教材 Ⅳ. ①TP212

中国版本图书馆 CIP 数据核字（2019）第 210596 号

出版发行／北京理工大学出版社有限责任公司	
社　　址／北京市海淀区中关村南大街5号	
邮　　编／100081	
电　　话／(010) 68914775（总编室）	
(010) 82562903（教材售后服务热线）	
(010) 68944723（其他图书服务热线）	
网　　址／http：//www.bitpress.com.cn	
经　　销／全国各地新华书店	
印　　刷／涿州市新华印刷有限公司	
开　　本／787 毫米 × 1092 毫米　1/16	
印　　张／16	责任编辑／陈莉华
字　　数／381 千字	文案编辑／陈莉华
版　　次／2019 年 9 月第 1 版　2023 年 1 月第 5 次印刷	责任校对／周瑞红
定　　价／47.00 元	责任印制／李志强

图书出现印装质量问题，请拨打售后服务热线，本社负责调换

江苏联合职业技术学院院本教材出版说明

　　江苏联合职业技术学院自成立以来，坚持以服务经济社会发展为宗旨、以促进就业为导向的职业教育办学方针，紧紧围绕江苏经济社会发展对高素质技术技能型人才的迫切需要，充分发挥"小学院、大学校"办学管理体制创新优势，依托学院教学指导委员会和专业协作委员会，积极推进校企合作、产教融合，积极探索五年制高职教育教学规律和高素质技术技能型人才成长规律，培养了一大批能够适应地方经济社会发展需要的高素质技术技能型人才，形成了颇具江苏特色的五年制高职教育人才培养模式，实现了五年制高职教育规模、结构、质量和效益的协调发展，为构建江苏现代职业教育体系、推进职业教育现代化做出了重要贡献。

　　我国社会的主要矛盾已经转化为人们日益增长的美好生活需要与发展不平衡不充分之间的矛盾，因此我们只有实现更高水平、更高质量、更高效益、更加平衡、更加充分的发展，才能全面实现新时代中国特色社会主义建设的宏伟蓝图。五年制高职教育的发展必须服从服务于国家发展战略，以不断满足人们对美好生活需要为追求目标，全面贯彻党的教育方针，全面深化教育改革，全面实施素质教育，全面落实立德树人根本任务，充分发挥五年制高职贯通培养的学制优势，建立和完善五年制高职教育课程体系，健全德能并修、工学结合的育人机制，着力培养学生的工匠精神、职业道德、职业技能和就业创业能力，创新教育教学方法和人才培养模式，完善人才培养质量监控评价制度，不断提升人才培养质量和水平，努力办好人民满意的五年制高职教育，为决胜全面建成小康社会、实现中华民族伟大复兴的中国梦贡献力量。

　　教材建设是人才培养工作的重要载体，也是深化教育教学改革、提高教学质量的重要基础。目前，五年制高职教育教材建设规划性不足、系统性不强、特色不明显等问题一直制约着内涵发展、创新发展和特色发展的空间。为切实加强学院教材建设与规范管理，不断提高学院教材建设与使用的专业化、规范化和科学化水平，学院成立了教材建设与管理工作领导小组和教材审定委员会，统筹领导、科学规划学院教材建设与管理工作，制定了《江苏联合职业技术学院教材建设与使用管理办法》和《关于院本教材开发若干问题的意见》，完善了教材建设与管理的规章制度；每年滚动修订《五年制高等职业教育教材征订目录》，统一组织五年制高职教育教材的征订、采购和配送；编制了学院"十三五"院本教材建设规划，组织18个专业和公共基础课程协作委员会推进了院本教材开发，建立了一支院本教材开发、编写、审定队伍；创建了江苏五年制高职教育教材研发基地，与江苏凤凰职业教育图书有限公司、苏州大学出版社、北京理工大学出版社、南京大学出版社、上海交通大学出版社等签订了战略合作协议，协同开发独具五年制高职教育特色的院本教材。

　　今后一个时期，学院将在推动教材建设和规范管理工作的基础上，紧密结合五年制高职教育发展新形势，主动适应江苏地方社会经济发展和五年制高职教育改革创新的需要，以学院18个专业协作委员会和公共基础课程协作委员会为开发团队，以江苏五年制高职教育教材研发基地为开发平台，组织具有先进教学思想和学术造诣较高的骨干教师，依照学院院本教材建设规划，重点编写和出版约600本有特色、能体现五年制高职教育教学改革成果的院本教材，努力形成具有江苏五年制高职教育特色的院本教材体系。同时，加强教材建设质量管理，树立精品意识，制订五年制高职教育教材评价标准，建立教材质量评价指标体系，开展教材评价评估工作，设立教材质量档案，加强教材质量跟踪，确保院本教材的先进性、科学性、人文性、适用性和特色性建设。学院教材审定委员会将组织各专业协作委员会做好对各专业课程（含技能课程、实训课程、专业选修课程等）教材出版前的审定工作。

本套院本教材较好地吸收了江苏五年制高职教育最新理论和实践研究成果，符合五年制高职教育人才培养目标定位要求。教材内容深入浅出，难易适中，突出"五年贯通培养、系统设计"专业实践技能经验的积累，重视启发学生思维和培养学生运用知识的能力。教材条理清楚、层次分明、结构严谨、图表美观、文字规范，是一套专门针对五年制高职教育人才培养的教材。

学院教材建设与管理工作领导小组
学院教材审定委员会
2017 年 11 月

序　　言

2015年5月，国务院印发关于《中国制造2025》的通知，通知重点强调提高国家制造业创新能力，推进信息化与工业化深度融合，强化工业基础能力，加强质量品牌建设，全面推行绿色制造及大力推动重点领域突破发展等，而高质量的技能型人才是实现这一发展战略的重要途径。

为全面贯彻国家对于高技能人才的培养精神，提升五年制高等职业教育机电类专业教学质量，深化江苏联合职业技术学院机电类专业教学改革成果，并最大限度地共享这一优秀成果，学院机电专业协作委员会特组织优秀教师及相关专家，全面、优质、高效地修订及新开发了本系列规划教材，并配备了数字化教学资源，以适应当前的信息化教学需求。

本系列教材所具特色如下：

- 教材培养目标、内容结构符合教育部及学院专业标准中制定的各课程人才培养目标及相关标准规范。
- 教材力求简洁、实用，编写上兼顾现代职业教育的创新发展及传统理论体系，并使之完美结合。
- 教材内容反映了工业发展的最新成果，所涉及的标准规范均为最新国家标准或行业规范。
- 教材编写形式新颖，教材栏目设计合理，版式美观，图文并茂，体现了职业教育工学结合的教学改革精神。
- 教材配备相关的数字化教学资源，体现了学院信息化教学的最新成果。

本系列教材在组织编写过程中得到了江苏联合职业技术学院各位领导的大力支持与帮助，并在学院机电专业协作委员会全体成员的一直努力下顺利完成了出版任务。由于各参与编写作者及编审委员会专家时间相对仓促，加之行业技术更新较快，教材中难免有不当之处，敬请广大读者予以批评指正，在此一并表示感谢！我们将不断完善与提升本系列教材的整体质量，使其更好地服务于学院机电专业及全国其他高等职业院校相关专业的教育教学，为培养新时期下的高技能人才做出应有的贡献。

江苏联合职业技术学院机电协作委员会
2017年12月

前　言

本书是江苏省联合职业技术学院五年制高职数控技术专业教材，经联职院教材审定委员会审定。本书是理实一体化项目训练教程系列教材之一。

本书是编者在多年的教学实践基础上，结合自己的教学经验，在力求通俗、简明的指导思想下编写而成。以培养学生实践动手能力为主线，主要介绍了各种传感器的类型及应用。本书包含7个项目，每个项目的知识点随着实际工作的需要引入，项目内容包括"项目简介""相关知识""阅读材料"和"复习与训练"等环节。

本书主要介绍了常见物理量的检测用传感器，包括力及压力的检测、温度的检测、位移和转速的检测、气体和湿度的检测及传感器信号处理。此外，本书还对传感器的相关检测知识、电路转换及信息处理技术等进行了阐述，每个项目选材力求通俗、简明、实用、可操作性强，每一个项目均附有思考练习题。

本书编写特点如下：

（1）本书以任务驱动为目的，让学生学习相关的知识点来实施任务，既增加了学生学习传感器的目的性，同时也能有效地提高学生对传感器的实际应用能力。任务的设计上力求以较少的元器件数目、以简单的电路设计，实现传感器的功能，体现传感器的应用价值。

（2）书中选取的任务具有很强的可扩展性，在原有电路的基础上进行功能扩展之后就能实现其他应用。

（3）由于本书是江苏省联合职业技术学院五年制高职数控技术专业教材，书中最后一章重点介绍了现代数控技术中传感器的应用。本书也可作为电子信息类、工业过程自动化、自动控制、机电一体化等专业的教材，可以根据专业要求、实验条件对相应章节的内容进行取舍。

本书参考学时为64学时，各项目的推荐学时如下：

项目	教学内容	学 时 数		
		理论	实践	总学时
项目一	传感器与检测技术基础知识	2	4	6
项目二	力和压力检测	2	6	8
项目三	温度检测	6	8	14
项目四	转速检测	6	8	14
项目五	位移检测	6	8	14
项目六	气体及湿度检测	2	2	4
项目七	传感器在现代检测系统中的应用	4	0	4
总　计		28	36	64

本书由张超敏、任玮担任主编，王雪娇、滕士雷担任副主编。其中项目一由孙义编写，项目二由陶存和编写，项目三由胡冯仪编写，项目四、项目五由张超敏、任玮编写，前言和项目六由王雪娇编写，项目七由张俊编写。全书由张超敏、滕士雷统稿，由王晓忠主审。

　　由于编者水平有限，疏漏之处在所难免，恳请广大读者批评指正。

目　录

项目一　传感器与检测技术基础知识 ································· 1
　　任务　认识 THSRZ-2 型传感器实训装置 ························ 12
　　复习与训练 ··· 19
项目二　力和压力检测 ··· 21
　　任务一　电阻应变式传感器测量砝码重量 ······················ 35
　　任务二　压阻式传感器测量气体压力 ···························· 41
　　任务三　压电式传感器测量悬臂梁的振动 ······················ 47
　　复习与训练 ··· 53
项目三　温度检测 ··· 55
　　任务一　K 型热电偶测量加热源温度 ··························· 72
　　任务二　Pt100 热电阻测量加热源温度 ························· 79
　　任务三　热敏电阻实现加热源温度控制 ························ 83
　　任务四　AD590 集成温度传感器测量加热源温度 ············ 87
　　复习与训练 ··· 93
项目四　转速检测 ··· 95
　　任务一　霍尔传感器测量直流电动机转速 ····················· 114
　　任务二　电涡流传感器测量直流电动机转速 ·················· 119
　　任务三　磁敏电阻测量直流电动机转速 ························ 124
　　任务四　磁电传感器测量直流电动机转速 ····················· 128
　　任务五　光电传感器测量直流电动机转速 ····················· 131
　　复习与训练 ··· 135
项目五　位移检测 ··· 137
　　任务一　差动变压器式传感器测量直线位移 ·················· 165
　　任务二　电容式传感器测量直线位移 ··························· 170
　　任务三　光纤传感器测量直线位移 ······························ 174
　　任务四　长光栅测量直线位移 ··································· 179
　　任务五　光电编码器测量步进电动机的角位移 ················ 184
　　复习与训练 ··· 189
项目六　气体及湿度检测 ·· 191
　　任务一　气敏传感器测量有害气体浓度 ························ 200

任务二　气敏传感器测量酒精浓度 …………………………………………… 203
　　任务三　湿敏传感器检测湿度 ……………………………………………… 206
　　复习与训练 …………………………………………………………………… 210
项目七　传感器在现代检测系统中的应用 ……………………………………… 213
　　任务一　现代检测系统的基本结构 ………………………………………… 214
　　任务二　现代数控技术中传感器的应用 …………………………………… 222
　　任务三　现代机器人中传感器的应用 ……………………………………… 235
　　复习与训练 …………………………………………………………………… 243
参 考 文 献 ………………………………………………………………………… 245

项目一

传感器与检测技术基础知识

项目简介

世界是由物质组成的，表征物质特性或其运动形式的参数很多，根据物质的电特性，可分为电量和非电量两类。非电量不能直接使用一般电工仪表和电子仪器测量，非电量需要转换成与非电量有一定关系的电量，再进行测量。实现这种转换技术的器件叫作传感器。自动检测和自动控制系统处理的大都是电量，需通过传感器对通常非电量的原始信息进行精确可靠地捕获，并转换为电量。自动测控系统框图如图1-1所示。

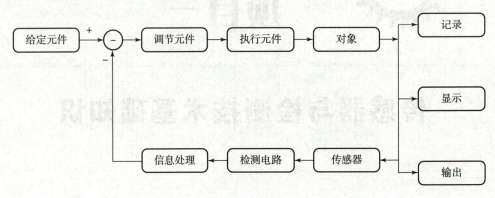

图1-1 自动测控系统框图

本项目主要学习传感器的概念、测量、误差知识及传感器接口电路等知识。通过本项目的学习应明白传感器在现代测控系统中的地位、作用；知道传感器的定义、分类；了解其发展趋势；掌握与测量有关的名词、测量的分类、误差的表示形式及根据测量精度要求如何来选择仪表。

传感器是现代测控系统的感知元件，一般情况下，通过接口电路实现传感器与控制电路的连接。所以接口电路也非常重要，应理解并熟练掌握接口电路的形式、原理及作用。

 相关知识

一、传感器的基本知识

1. 传感器的定义

传感器的概念来自"感觉（Sensor）"一词。为了研究自然现象，仅仅依靠人的五官获取外界信息是远远不够的，于是人们发明了能代替或补充人五官功能的传感器，工程上也将传感器称为"变换器"。

根据国标（GB/T 7665—2005），传感器的定义为："能感受规定的被测量并按照一定规律转换成可用输出信号的器件或装置。"这一定义所表述传感器的主要内涵包括：

1）从传感器的输入端来看：一个指定的传感器只能感受规定的被测量，即传感器对规定的物理量具有最大的灵敏度和最好的选择性。例如温度传感器只能用于测温，而不希望它同时还受其他物理量的影响。

2）从传感器的输出端来看：传感器的输出信号为"可用信号"，这里所谓的"可用信号"是指便于处理、传输的信号，最常见的是电信号、光信号。

3）从输入与输出的关系来看：它们之间的关系具有"一定规律"，即传感器的输入与输出不仅是相关的，而且可以用确定的数学模型来描述，也就是具有确定规律的静态特性和动态特性。

传感器的基本功能是检测信号和信号转换。传感器的组成按其定义一般由敏感元件、转换元件、信号调理转换电路以及辅助电源四部分组成。敏感元件在传感器中直接感受被测量的变化，转换元件把敏感元件的输出作为它的输入，转换成电参数，电参数接入信号调理转换电路，便可转换成电量输出。传感器组成框图如图 1-2 所示。

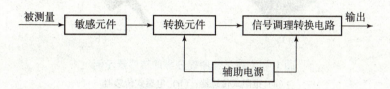

图 1-2 传感器的组成

当然，不是所有的传感器都有敏感、转换元件之分，有些传感器是将两者合二为一，还有些新型的传感器将敏感元件、变换元件及信号调理转换电路集成为一个器件。如压电陶瓷、热电偶和光电池等。

2. 传感器的分类

根据某种原理设计的传感器可以同时检测多种物理量，而有时一种物理量又可以用几种传感器测量，传感器有很多种分类方法。但目前对传感器尚无一个统一的分类方法，比较常用的有如下 3 种。

（1）按传感器检测的物理量分类

根据被测量的性质进行分类，传感器可分为位移、力、速度、温度、湿度、流量等传感器，如图 1-3 所示。这种分类方法的优点是可以明确传感器的用途，便于使用者根据其用途选用。缺点是没有区分每种传感器的工作原理有何共性和差异，使用者不便于掌握其工作原理。

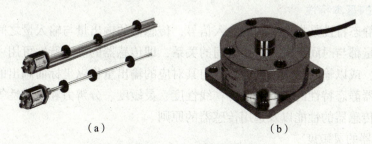

图 1-3 按物理量分类的传感器示例
(a) 位移传感器；(b) 压力传感器

(2) 按传感器工作原理分类

根据工作原理划分，传感器可以分为电阻、电容、电感、电压、霍尔、光电、光栅、热电偶等传感器。这种分类法能够从基本原理上归纳传感器的共性和特性，适合于对传感器进行深入研究，但对于使用者选用传感器不是很方便。图1-4所示为按工作原理分类的电阻式传感器和电感式传感器。

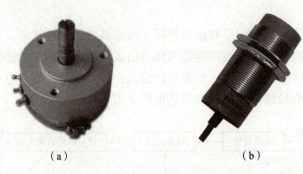

(a)　　　　　　　　(b)

图1-4　按工作原理分类的传感器示例

(a) 电阻式传感器；(b) 电感式传感器

(3) 按传感器输出信号的性质分类

根据输出信号划分，传感器可分为输出为开关量（"1"和"0"，"开"和"关"）的开关型传感器、输出为模拟量（4~20 mA 或 0~5 V）的模拟型传感器、输出为脉冲或代码的数字型传感器，如图1-5所示。

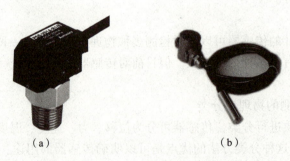

(a)　　　　　　　　(b)

图1-5　按输出信号性质分类的传感器示例

(a) 模拟型压力传感器；(b) 开关型液位传感器

3. 传感器的基本特性

传感器的静态特性是指对静态的输入信号，传感器的输出量与输入量之间的关系。因为输入量和输出量都与时间无关，它们之间的关系，即传感器的静态特性可用一个不含时间变量的代数方程，或以输入量作横坐标，把与其对应的输出量作纵坐标而画出的特性曲线来描述。表征传感器静态特性的主要参数有：线性度、灵敏度、分辨力和迟滞性等。传感器的参数指标决定了传感器的性能以及选用传感器的原则。

(1) 传感器的灵敏度

灵敏度是指传感器在稳态工作情况下输出量变化对输入量变化的比值。传感器的灵敏度示意如图1-6所示。

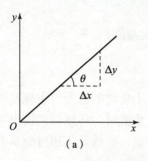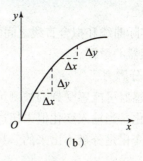

图1-6 传感器的灵敏度示意
(a)输入输出为线性; (b)输入输出为非线性

$$K = \frac{dy}{dx} \tag{1-1}$$

式中 K——灵敏度;
dy——输出变化量;
dx——输入变化量。

如果传感器的输出和输入之间呈线性关系,则灵敏度 K 是一个常数,即特性曲线的斜率。如果传感器的输出和输入之间呈非线性关系,则灵敏度 K 不是一个常数,灵敏度的量纲是输出量与输入量的量纲之比。例如某位移传感器,在位移变化 1 mm 时,输出电压变化为 200 mV,则其灵敏度应表示为 200 mV/mm。当传感器的输出量、输入量的量纲相同时,灵敏度可理解为放大倍数。

提高灵敏度,可得到较高的测量精度。但灵敏度越高,测量范围越窄,稳定性也越差。

例1.1 已知某一压力传感器的量程为 0~10 MPa,输出信号为直流电压 1~5 V。求:
1)该压力传感器的静态特性表达式;
2)该压力传感器的灵敏度。

解:1)由于压力传感器是1个线性检测装置,所以输入输出应符合下列关系

$$\frac{V-1}{P-0} = \frac{5-1}{10-0} \tag{1-2}$$

整理得:

$$V = 0.4P + 1 \tag{1-3}$$

2)对该方程式求导得灵敏度为:

$$K = \frac{dV}{dP} = 0.4 \tag{1-4}$$

(2)传感器的线性度

线性度是指实际特性曲线近似理想特性曲线的程度。通常情况下,传感器的实际静态特性输出是条曲线而非直线。在实际工作中,为使仪表具有均匀刻度的读数,常用一条拟合直线近似地代表实际的特性曲线。拟合直线的选取有多种方法,如将零输出和满量程输出相连的理论直线作为拟合直线,线性度就是这个近似程度的一个性能指标。

$$\gamma_L = \frac{\Delta L_{max}}{Y_{FS}} \times 100\% \tag{1-5}$$

式中 γ_L——线性度；

ΔL_{max}——实际曲线和拟合直线之间的最大差值；

Y_{FS}——传感器的量程。

(3) 传感器的分辨力

分辨力是指传感器可能感受到的被测量的最小变化的能力。也就是说，如果输入量从某一非零值缓慢地变化，当输入变化值未超过某一数值时，传感器的输出不会发生变化，即传感器对此输入量的变化是分辨不出来的。只有当输入量的变化超过分辨力时，其输出才会发生变化。

通常传感器在满量程范围内各点的分辨力并不相同，因此常用满量程中能使输出量产生阶跃变化的输入量中的最大变化值作为衡量分辨力的指标。

(4) 传感器的重复性

重复性是指传感器在输入量按同一方向做全量程多次测试时，所得特性曲线不一致的程度。传感器的重复性示意如图 1-7 所示。

$$\gamma_R = \Delta R_{max}/Y_{FS} \times 100\% \tag{1-6}$$

式中 γ_R——重复性；

ΔR_{max}——多次测量曲线之间的最大差值；

Y_{FS}——传感器的量程。

(5) 传感器的迟滞性

迟滞性指传感器在正向行程（输入量增大）和反向行程（输入量减小）期间，特性曲线不一致的程度。传感器的迟滞性示意图如图 1-8 所示，迟滞误差可表示为：

$$\gamma_H = \pm \Delta H_{max}/(2Y_{FS}) \times 100\% \tag{1-7}$$

式中 γ_H——迟滞误差；

ΔH_{max}——正向曲线与反向曲线之间的最大差值；

Y_{FS}——传感器的量程。

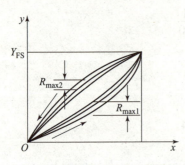

图 1-7 传感器的重复性示意图

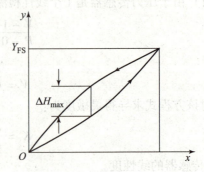

图 1-8 传感器的迟滞性示意图

(6) 传感器的漂移

传感器的漂移是指在外界的干扰下，输出量发生与输入量无关的、不需要的变化。漂移分为零点漂移和灵敏度漂移等。漂移还可分为时间漂移和温度漂移。

1) 时间漂移是指在规定的条件下，零点或灵敏度随时间的缓慢变化。

2) 温度漂移是指环境温度变化而引起的零点或灵敏度的漂移。

二、测量及误差的基本知识

由于测量方法和仪器设备的不完善，周围环境的影响，以及人的观察力等限制，实际测量值和真实值之间总是存在一定的差异。人们常用绝对误差、相对误差等来说明一个近似值的准确程度。为了评定实验测量数据的精确性或误差，认清误差的来源及其影响，需要对测量的误差进行分析和讨论。由此可以判定哪些因素是影响实验精确度的主要方面，进一步改进测量方法，缩小实际测量值和真实值之间的差值，提高测量的精确性。

1. 误差的表示方法

利用任何量具或仪器进行测量时，总存在误差，测量结果总不可能准确地等于被测量的真实值，而只是它的近似值。测量的质量高低以测量精确度作指标，根据测量误差的大小来估计测量的精确度。测量结果的误差越小，则认为测量就越精确。

（1）绝对误差

测量值和真实值的差为绝对误差，通常称为误差，记为：

$$\Delta = X - A_0 \tag{1-8}$$

式中　Δ——绝对误差；
　　　X——测量值；
　　　A_0——真实值。

由于真实值一般无法求得，因而式（1-8）只有理论意义。常用高一级标准仪器的示值 A 代替真实值 A_0。

（2）相对误差

衡量某一测量值的准确程度，一般用相对误差来表示。示值绝对误差 Δ 与仪器的示值 X 的百分比值称为示值相对误差。记为：

$$\gamma_X = \Delta/X \times 100\% \tag{1-9}$$

式中　γ_X——相对误差；
　　　Δ——绝对误差；
　　　X——测量值。

（3）引用误差

为了计算和划分仪表精确度等级，提出引用误差的概念。其定义为仪表示值绝对误差与量程范围的比。

$$\gamma_A = \frac{\text{示值绝对误差}}{\text{量程范围}} \times 100\% = \frac{\Delta}{X_n} \times 100\% \tag{1-10}$$

式中　γ_A——引用误差；
　　　Δ——示值绝对误差；
　　　X_n——量程范围，即标尺上限值减去标尺下限值。

2. 测量仪表精确度

测量仪表的精度等级是用最大引用误差（又称允许误差）来标明的，它等于仪表最大示值绝对误差与仪表的量程范围之比的百分数。

$$\gamma_{n\max} = \frac{\text{最大示值绝对误差}}{\text{量程范围}} \times 100\% = \frac{\Delta_{\max}}{X_n} \times 100\% \tag{1-11}$$

式中　γ_{nmax}——测量仪表的精度等级；

　　　Δ_{max}——仪表示值的最大绝对误差；

　　　X_n——量程范围，即标尺上限值减去标尺下限值。

测量仪表的精度等级是国家统一规定的，把允许误差中的百分号去掉，剩下数字的绝对值称为仪表的精度等级。例如，某台压力计的允许误差为 1.5%，这台压力计电工仪表的精度等级就是 1.5，通常简称 1.5 级仪表。我国仪表的精度等级分为 7 级：0.1、0.2、0.5、1.0、1.5、2.5、5.0。

仪表的精度等级常以圆圈内的数字标明在仪表的面板上。仪表精度等级示意如图 1-9 所示。

若仪表的精度等级为 a，它表明仪表在正常工作条件下，其最大引用误差的绝对值 δ_{max} 不能超过的界限，即：

图 1-9　仪表精度等级示意

$$\gamma_{nmax} = \frac{\Delta_{max}}{X_n} \times 100\% \leq a\% \qquad (1-12)$$

由式（1-12）可知，在应用仪表进行测量时所能产生的最大绝对误差为：

$$\Delta_{max} \leq a\% \times X_n \qquad (1-13)$$

例 1.2　欲测量约 90 V 的电压，实验室现有 0.5 级 0～300 V 和 1.0 级 0～100 V 的电压表。问选用哪一种电压表进行测量更好？

解：用 0.5 级 0～300 V 的电压表测量 90 V 的相对误差为：

$$\gamma_{m0.5} = a_1\% \times \frac{U_n}{U} = 0.5\% \times \frac{300}{90} = 1.7\% \qquad (1-14)$$

用 1.0 级 0～100 V 的电压表测量 90 V 的相对误差为：

$$\gamma_{m1.0} = a_2\% \times \frac{U_n}{U} = 1.0\% \times \frac{100}{90} = 1.1\% \qquad (1-15)$$

例 1.2 说明，如果选择得当，用量程范围适当的 1.0 级仪表进行测量，能得到比用量程范围大的 0.5 级仪表更准确的结果。因此，在选用仪表时，应根据被测量值的大小，在满足被测量数值范围的前提下，尽可能选择量程小的仪表，并使测量值大于所选仪表满刻度的 2/3，即 $X > 2X_n/3$。这样既可以满足测量误差要求，又可以选择精度等级较低的测量仪表，从而降低仪表的成本。

三、传感器的信号处理电路

在实际应用中传感器的输出信号往往很微弱，例如热电偶输出的热电动势变化是 μV 级，并且信号形式不能直接用于显示和控制。此时就需要对传感器的输出信号进行预处理，使输出信号便于显示或控制。能实现这种预处理功能的电路称为信号处理电路，常见的信号处理电路有信号放大电路、信号变换电路和信号滤波电路等。

1. 信号放大电路

信号放大电路主要由具有高放大倍数、高输入电阻、低输出电阻的集成运算放大器构成。集成运算放大器能完成加、减、乘、除、微分、积分等多种运算。用集成运算放大器构成的放大电路通常有反相放大器、同相放大器、差分放大器等。常见的集成运算放大器有 OP07、LM324 等型号，如图 1 – 10 所示。

图 1 – 10　常见的集成运算放大器

（1）反相放大器

输入电压加到运算放大器的反相输入端，输出电压经 R_F 反馈到反相输入端。反相放大器的基本电路图如图 1 – 11 所示。输出电压为：

$$u_o = -\frac{R_F}{R_1}u_i \tag{1-16}$$

反相放大器的放大倍数取决于 R_F 与 R_1 的比值，负号表示输出电压与输入电压反相。该放大电路应用广泛。

（2）同相放大器

输入电压加到运算放大器的同相输入端，同相放大器的基本电路图如图 1 – 12 所示。输出电压和输入电压的关系为：

$$u_o = \left(1 + \frac{R_F}{R_1}\right)u_i \tag{1-17}$$

与反相放大器不同的是，同相放大器的输出电压与输入电压同相。输出电压的放大倍数与反馈电阻 R_F 和输入电阻 R_1 的比值有关。

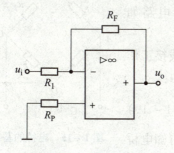
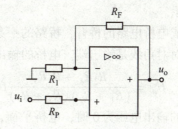

图 1 – 11　反相放大器　　　　图 1 – 12　同相放大器

（3）差分放大器

差分放大器如图 1 – 13 所示，输出电压为：

$$u_o = \frac{R_2}{R_1}(u_{i1} - u_{i2}) \tag{1-18}$$

由式（1-18）可以看出，差分放大器的输出电压与两个输入电压之间的差值成正比，所以它也称为减法器。差分放大器的特点是抑制共模干扰能力差，输入阻抗高，输出阻抗低，抗高频干扰能力强，广泛用于前置放大级。

(4) 仪用放大器

随着集成电路技术的发展，为了进一步提高测量精度，工业上出现了将多个放大器组合而成的单片仪用放大器。仪用放大器又称测量放大器，其电路基本结构如图1-14所示。图中左边部分由运放 A_1、A_2 构成对称同相放大器，右边部分由运放 A_3 和电阻 R_3、R_4 组成差分放大器。假设 $R_1 = R_2 = R$，$R_3 = R_4$，则仪用放大器增益调整仅需要调 R，所以具有输入阻抗高、对称性好、共模抑制比高、增益设定灵活、体积小、使用方便的特点。常见的仪用放大器有 AD521、AD522、AD620 等，可以作为电桥、热电偶的放大电路。

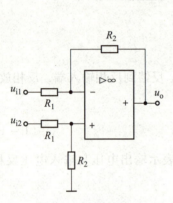

图1-13 差分放大器

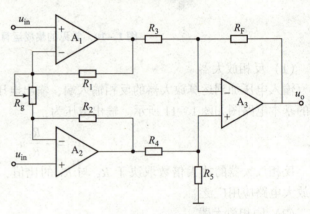

图1-14 仪用放大器电路基本结构

2. 信号变换电路

电桥电路是传感器系统中经常使用的转换电路，主要用来把电阻、电容、电感的变化转换为电压或电流。

根据其供电电源性质的不同，电桥可分为直流电桥、交流电桥。直流电桥主要用于电阻式传感器，交流电桥可用于电阻、电容及电感式传感器。电桥的基本电路如图1-15所示。

电阻构成电桥电路的桥臂，桥路的一条对角线接工作电源，另一对对角线是输出端。电桥的输出电压为：

$$U_o = \frac{R_2 R_4 - R_1 R_3}{(R_1 + R_2)(R_3 + R_4)} U_i \quad (1-19)$$

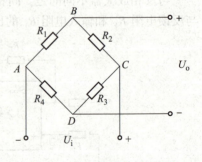

图1-15 电桥的基本电路结构

当电桥的输出电压为0时，电桥平衡，由此可知电桥的平衡条件为 $R_1 R_3 = R_2 R_4$。

当电桥的4个桥臂的阻抗由于被测量引起变化时，电桥平衡被打破，此时电桥的输出与被测量有直接对应关系。

3. 信号滤波电路

滤波电路（也称滤波器），是一种选频装置，只允许一定频带范围内的信号通过，而极大地衰减其他频率成分。滤波器能够滤除检测系统中由于各种原因引入的噪声和干扰，还可以滤除信号调制过程中的载波等无用信号，分离各种不同的频率信号，提取感兴趣的频率成分并且对系统的频率特性进行补偿。

滤波器按构成滤波器的元件类型分为 RC、RL 滤波器等，按电路性质可分为有源滤波器和无源滤波器，按信号处理模式可以分为模拟滤波器和数字滤波器，按滤波器通频带范围可分为低通、高通、带通、带阻滤波器。如图 1 – 16 所示为四种实际滤波器的幅频特性。从图中可以看到：低通滤波器的通频带为 $0 \sim f_2$，高通滤波器的通频带为 $f_2 \sim +\infty$，带通滤波器的通频带为 $f_1 \sim f_2$，带阻滤波器的通频带为 $0 \sim f_1$ 与 $f_2 \sim +\infty$（阻带为 $f_1 \sim f_2$）。

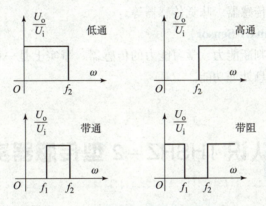

图 1 – 16　四种典型滤波器的幅频特性

如图 1 – 17（a）所示的一阶 RC 低通滤波器是无源的，无源滤波电路的滤波参数随负载变化而变化，而图 1 – 17（b）所示的有源滤波电路的滤波参数不随负载变化。无源滤波电路可用于高电压大电流的电路，有源滤波电路是信号处理电路，其输出电压和电流的大小受有源元件自身参数和供电电源的限制。

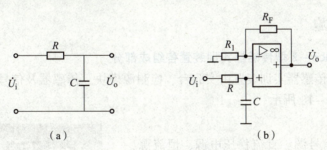

图 1 – 17　一阶 RC 滤波器
(a) 无源；(b) 有源

四、传感器的发展趋势

当前，传感器技术的主要发展动向是开展基础研究，发现新现象，开发传感器的新材料和新工艺；实现传感器的集成化与智能化。

1. 发现新现象，开发新材料

新现象、新原理、新材料是发展传感器技术，研究新型传感器的重要基础，每一种新原理、新材料的发现都会伴随着新的传感器种类诞生。

2. 集成化，多功能化

传感器向敏感功能装置发展，向集成化方向发展，尤其是半导体集成电路技术及其开发思想的应用。如采用微细加工技术 MEMS（Micro – Electro – Mechanical System）制作微型传感器；采用厚膜和薄膜技术制作传感器等。

3. 向未开发的领域挑战

现在开发的传感器大多为物理传感器，今后应积极开发、研究化学传感器和生物传感器，特别是智能机器人技术的发展。需要研制各种模拟人的感觉器官的传感器，如已有的机器人力觉传感器、触觉传感器、味觉传感器等。

4. 智能传感器（Smart Sensor）

智能传感器是具有判断能力、学习能力的传感器。事实上是一种带微处理器的传感器，它具有检测、判断和信息处理功能。

任务 认识 THSRZ – 2 型传感器实训装置

一、任务目标

通过本任务的学习，帮助学生了解 THSRZ – 2 型传感器实训装置的结构，熟悉装置各部分的作用，学会 THSRZ – 2 型传感器实训装置各部分输出参数的调节和使用方法。

二、任务实施

1. 认识 THSRZ – 2 型传感器实训装置各组成部分

THSRZ – 2 型传感器实训装置由实验台、检测源模块、传感器及信号处理电路、数据采集卡组成，如图 1 – 18 所示。

（1）实验台

实验台上有信号源、直流稳压电源、恒流源、数字式仪表、计时器和高精度的温度调节仪。信号源可以输出两种不同的信号，一种是 1 ~ 10 kHz 的音频信号，U_{p-p} 在 0 ~ 17 V 范围可调；另一种是 1 ~ 30 Hz 的低频信号，U_{p-p} 在 0 ~ 17 V 范围可调，并且有短路保护功能，如图 1 – 19 所示。

五组直流稳压电源是 +24 V、±15 V、+5 V、±2 ~ ±10 V 分五挡输出、0 ~ 5 V 可调电源，带短路保护功能。实验台自带的恒流源是 0 ~ 20 mA 连

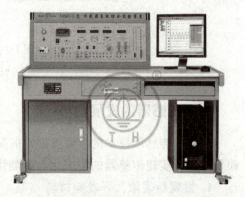

图 1 – 18 THSRZ – 2 型传感器实训装置

续可调输出，最大输出电压为 12 V，如图 1-20 所示。

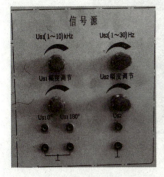

图 1-19 信号源

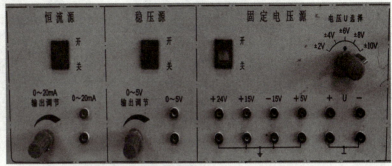

图 1-20 直流稳压电源和恒流源

实验台上有直流电压表、直流毫安表和频率/转速表三种数字式仪表。其中直流电压表的量程为 0~20 V，分为 200 mV、2 V、20 V 三挡、精度为 0.5 级。直流毫安表的量程为 0~20 mA，三位半数字显示、精度为 0.5 级，有内测、外测功能。频率/转速表的频率测量范围为 1~9 999 Hz，转速测量范围为 1~9 999 r/min。三种数字式仪表外形如图 1-21 所示。

除了以上这些仪器设备外，实验台上还有能够在 0~9 999 s 范围内，精确到 0.1 s 计时的计时器和用于温度测量的高精度智能温度调节仪，这种温度调节仪具有多种输入输出规格、人工智能调节以及参数自整定功能，先进控制算法，温度控制精度达 ±0.5 ℃，如图 1-22 所示。

图 1-21 数字式仪表

图 1-22 智能温度调节仪

（2）检测源模块

检测源模块分为加热源、转动源、振动源 3 个模块，如图 1-23 所示。如图 1-23（a）所示为加热源，其采用 0~220 V 交流电源加热，内部配有风扇，温度可控制在室温至 120 ℃。如图 1-23（b）所示为转动源，其采用 2~24 V 直流电源驱动，转速可在 0~3 000 r/min 范围内调节。如图 1-23（c）所示为振动源，其振动频率为 1~30 Hz（连续可调），共振频率为 12 Hz 左右。

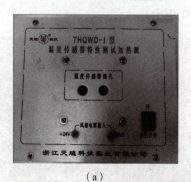

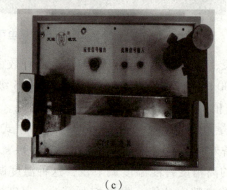

图 1-23　检测源模块

(a) 加热源；(b) 转动源；(c) 振动源

（3）各种传感器

THSRZ-2 型传感器实验装置自带了很多种传感器，如电阻应变式传感器、差动变压器、电容传感器、霍尔位移传感器、扩散硅压力传感器、光纤位移传感器、电涡流传感器、压电加速度传感器、磁电传感器、Pt100 热电阻、AD590、K 型热电偶、E 型热电偶、Cu50 热电阻、PN 结温度传感器、NTC 传感器、PTC 传感器、气敏传感器（对酒精敏感、可燃气体敏感）、湿敏传感器、光敏电阻、光电二极管、红外传感器、磁阻传感器、光电开关传感器、霍尔开关传感器、扭矩传感器、PSD 位移传感器、光电编码器、长光栅传感器等。这些传感器有些直接固定在实验模块上，形成一个整体，有些需要另行安装在相对应的实验模块中。如图 1-24 所示的红外传感器就是直接做在传感器实验模块上的，而图 1-25 所示的 Pt100 热电阻就需要和配套的温度传感器实验模块配合使用。各个具体的传感器及其对应的实验模块会在后面的项目中具体介绍。

（4）信号处理电路

信号处理电路包括电桥、电压放大器、差分放大器、电荷放大器、电容放大器、低通滤波器、涡流变换器、相敏检波器、移相器、I/V 转换电路、F/V 转换电路、直流电动机驱动等，这些信号处理电路也是做在对应的实验模块中。如图 1-26（a）所示的就是将移相器、相敏检波器、低通滤波器做在一个模块上的移相/相敏检波/低通滤波实验模块。如图 1-26（b）所示的是将电压放大器、I/V 转换电路、F/V 转换电路、直流电动机驱动做在一个模块上的信号转换模块。

项目一 传感器与检测技术基础知识

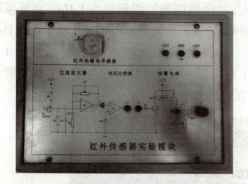

图1-24 红外传感器实验模块

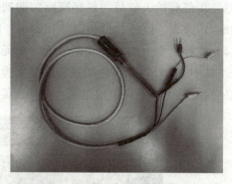

图1-25 Pt100热电阻

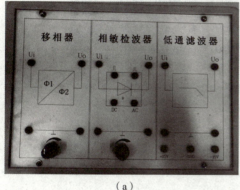

(a)

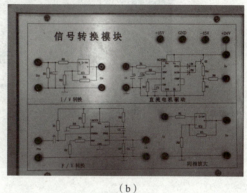

(b)

图1-26 信号处理电路

(a)移相/相敏检波/低通滤波实验模块；(b)信号转换模块

(5) 数据采集卡

THSRZ-2型传感器实验装置附带了一个高速USB数据采集卡，如图1-27所示。包含4路模拟量输入，2路模拟量输出，8路开关量输入/输出，14位A/D转换，A/D采样速率最大为400 kHz。并且配有相应的上位机软件，该软件配合USB数据采集卡使用，实时采集实验数据，对数据进行动态或静态处理和分析，实现双通道虚拟示波器的功能。

2. 检测实验台相关部件

1) 给实验台通电，将直流电源部分+15 V、-15 V、+5 V的正负极接到电压表上，用万用表检测是否显示+15 V、-15 V、+5 V。将电压选择挡分别打在±2 V、±4 V、±6 V、±8 V、±10 V，用万用表分别检测U_{out}

图1-27 数据采集卡

的"+""⊥"和"-""⊥"两端是否为电压挡所对应的电压值。旋转2~24 V输出调节，用万用表检测是否变化范围为2~24 V。

2) 将直流电压表挡位选择为20 V，将直流电源+15 V的正负极接到直流电压表上，检测直流电压表显示是否为15 V。

3)将低频输入信号"低频调幅"调到最大,"低频调频"调到最小 1 Hz,将低频输出到频率/转速表,旋转"低频调频"旋钮,用频率/转速表检测频率范围是否为 1~30 Hz。

4)在控制台上的"智能调节仪"单元中,"控制对象"选择"温度",并按图 1-28 接线。其中 Pt100 两个黄色的接线端接实验台上两个蓝色的接线柱,红色接线端接实验台上黑色的接线柱,打开调节仪电源,检测智能调节仪是否能正常显示室温。

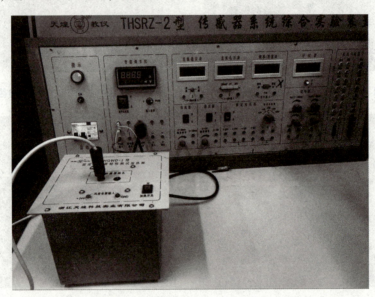

图 1-28 THSRZ-2 型传感器实训接线图

5)将 2~24 V 可调直流电压加到转动源电源输入端(注意 +、-),转盘转动平稳;然后将 +5 V 和 GND 接霍尔传感器和光电传感器的电源输入端,用示波器观察是否有输出波形,调节 2~24 V 可调直流电压观察波形变化。

6)从低频信号输入端输入低频信号,将低频信号发生器的"低频调幅"打到最大位置,调节"低频调频"旋钮,使振动梁振动,在 13.3 Hz 左右振幅达到最大,检测振动源是否正常。

3. 任务内容和评分标准(见表 1-1)

表 1-1 认识 THSRZ-2 型传感器实训装置评分表

任务内容	配分	评分标准	得分
认识本任务所需仪器设备及器材	10	遗漏一个仪器设备及器材,扣 2 分,最多扣 10 分	
检测直流电源输出电压	10	1)挡位输出调节错误,扣 5 分; 2)万用表使用错误,扣 5 分	
检测数字式仪表输出电压	10	1)接线错误,每个扣 5 分; 2)直流电压表量程选错,扣 5 分	
检测信号源低频信号	10	1)接线错误,每个扣 5 分; 2)频率/转速表转换开关选择错误,扣 5 分	

项目一 传感器与检测技术基础知识

续表

任务内容	配分	评分标准	得分
检测智能温度调节仪输出温度	10	1）接线错误，每个扣5分； 2）"控制对象"选错，扣5分	
检测转动源输出电压	10	1）接线错误，每个扣5分； 2）示波器使用错误，扣5分	
检测振动源共振频率	20	1）接线错误，每个扣2分，最多扣10分； 2）频率/转速表转换开关选择错误，扣5分； 3）示波器使用错误，扣5分	
团队协作意识	10	小组共同完成项目，组员缺乏合作意识，扣10分	
正确使用设备和工具	10	只要不符合安全操作要求，就从总分中扣除	
总得分		教师签字	

三、任务拓展

从刚才的任务中了解了 THSRZ-2 型传感器实验装置的组成和各部分的作用，通过技能训练关于检测源模块只是了解了振动源和转动源的使用。加热源如何使用？读者可以自己尝试一下，本书也会在以后的任务中一一展开说明。

阅读材料

传感器在汽车中的应用

随着汽车行业的快速发展和人们对于汽车安全性、环保性、舒适性、通信和娱乐的需求日益增长，传感器在汽车上的应用也随之不断扩大，它们在汽车电子稳定性控制系统（包括轮速传感器、陀螺仪以及刹车处理器）、车道偏离警告系统和盲点探测系统（包括雷达、红外线或者光学传感器）各个方面都得到了使用。

1. 发动机控制传感器

发动机管理系统（简称 EMS），其采用各种传感器，是整个汽车传感器的核心，传感器种类丰富，包括温度传感器、压力传感器、位置和转速传感器、流量传感器、气体浓度传感器和爆震传感器等。这些传感器将发动机吸入空气量、冷却水温度、发动机转速与加减速等状况转换成电信号送入控制器，控制器将这些信息与储存信息比较、精确计算后输出控制信号。EMS 不仅可以精确控制燃油供给量，以取代传统的化油器，而且可以控制点火提前角和怠速空气流量等，极大地提高了发动机的性能。如图 1-29 所示是汽车发动机用传感器。

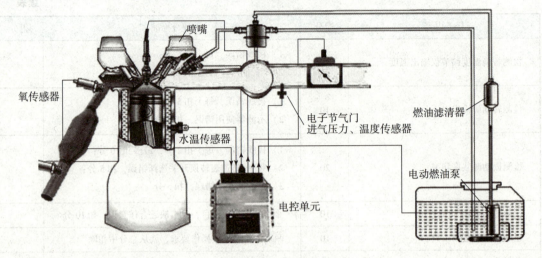

图1-29　汽车发动机用传感器

2. 底盘和主轴上的传感器

底盘、悬架和主轴上的传感器主要包括：转向传感器、车轮角速度传感器、侧滑传感器、横向加速度传感器。这里及往后将重点介绍ABS（Anti-locked Braking System）防抱死制动系统的传感器，如图1-30所示。

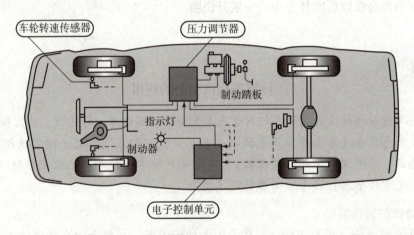

图1-30　防抱死制动系统（ABS）

ABS的主要作用是改善整车的制动性能，提高行车安全性，防止在制动过程中车轮抱死（即停止滚动），从而保证驾驶员在制动时还能控制方向，并防止后轴侧滑。其工作原理为：紧急制动时，依靠装在各车轮上高灵敏度的车轮转速传感器，一旦发现某个车轮抱死，计算机立即控制压力调节器使该轮的制动分泵泄压，使车轮恢复转动，达到防止车轮抱死的目的。ABS的工作过程实际上是"抱死—松开—抱死—松开"的循环工作过程，使车辆始终处于临界抱死的间隙滚动状态，有效克服紧急制动时由车轮抱死产生的车辆跑偏现象，防止车身失控等情况的发生。

3. 车身系统常用传感器

车身控制用传感器主要用于提高汽车的安全性、可靠性和舒适性等。由于其工作条件不像发动机和底盘那么恶劣，一般工业用传感器稍加改进就可以应用。需要解释的是车身上使用的传感器大多都是外置设备，可以由车主喜好自由选择进行组装。因此，车身使用的传感器种类繁多且差异性较大，如表 1-2 所示为常用的车身传感器种类和用途。

表 1-2 车身用传感器

传感器名称	作用
温度传感器、湿度传感器、风量传感器、日照传感器	用于自动空调系统
加速度传感器	用于安全气囊系统中
车速传感器	用于门锁控制
光传感器	用于亮度自动控制
超声波传感器、激光传感器	用于倒车控制
距离传感器	用于保持车距
图像传感器	用于消除驾驶员盲区
罗盘传感器、陀螺仪和车速传感器	用于导航系统的传感器

由于汽车传感器在汽车电子控制系统中的重要作用和快速增长的市场需求，世界各国对其理论研究、新材料应用和新产品开发都非常重视。未来的汽车用传感器技术，总的发展趋势是微型化、多功能化、集成化和智能化。利用微电子机械系统（MEMS）技术和计算机辅助设计技术可以设计出低成本、高性能的微型传感器。

复习与训练

一、填空

1. 依据传感器的工作原理，通常传感器由 _____ 、_____ 和转换电路三部分组成，它是能把外界 _____ 转换成 _____ 的器件和装置。
2. 传感器的基本特性包含 _____ 、_____ 、迟滞性、_____ 、分辨力和漂移。
3. 传感器的输入输出特性指标可分为 _____ 和动态指标两大类，线性度和灵敏度是传感器的 _____ 指标，而频率响应特性是传感器的 _____ 指标。
4. 传感器的灵敏度是指稳态下，_____ 变化量与 _____ 变化量的比值，对 _____ 传感器来说，其灵敏度是常数。
5. 任何测量都不可能 _____ ，都存在 _____ 。

6. 常用的基本电量传感器包括_____、电感式和电容式传感器。
7. 作为传感器的核心部件，直接感受被测物理量并对其进行转换的元件称为_____。
8. 传感器在输入按同一方向连续多次变动时所得特性曲线不一致的程度称为_____。

二、简答

1. 什么是传感器？传感器由哪几部分组成？分别起到什么作用？
2. 举几个传感器应用典型案例，查阅资料明确案例中所使用的传感器的名称和类别。
3. 传感器在装配生产线中广泛应用，请根据知识链接查询生产线中传感器的选择原则。
4. 衡量传感器基本特性的主要指标有哪些？说明它们的含义。
5. 传感器就在你我身边，如电冰箱、电饭煲中的温度传感器，空调中的温度和湿度传感器，煤气灶中的煤气泄漏传感器，水表、电表、电视机和影碟机中的红外遥控器，照相机中的光传感器，汽车中燃料计和速度计等。请通过网络了解这些传感器的发展和应用情况。
6. 简述传感器的分类。
7. 测量误差的表现形式有哪些？
8. 用测量范围为 $-50 \sim 150$ kPa 的压力传感器测量 140 kPa 压力时，传感器测得示值为 142 kPa，求该示值的绝对误差、相对误差和引用误差。

项目二

力和压力检测

项目简介

力的检测在工程应用中极为重要，往往是确定设备安全使用的主要性能指标，在工况监测中广泛应用，如压力加工、水坝强度监测、机械制造等。又如气动设备需要进行压力检测，以防压力过大，对人员造成伤害。还有飞机气流分布、机翼的抖动等均要使用压力传感器进行检测。

力学量的检测在行业上主要使用电阻应变片将受力转换为应变，进而改变电阻引起电路参量变化。除了电阻应变以外，随着现代半导体技术的发展，压阻式、压磁式和压电式传感器也得到了长足发展，丰富了力的检测方法。如图2-1所示为一些常用压力传感器示例。

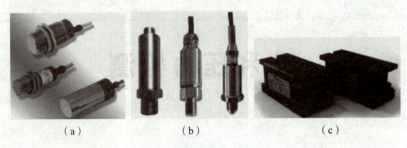

图2-1 常用压力传感器

(a) 电阻应变式传感器；(b) 压阻式传感器；(c) 压电式传感器

相关知识

一、电阻应变式传感器

电阻应变式测力传感器多应用于工程检测上，如水坝、桥梁、涵洞等结构件的应力监测，也应用于变形测试和振动检测等行业中，在称重检测中也得到广泛的应用。

1. 应变效应

导体或半导体材料在受到外界力（拉力或压力）作用时，产生机械变形，机械变形导致其阻值变化，这种因形变而使其阻值发生变化的现象称为"应变效应"。

以金属电阻丝为例，其电阻与金属材料的电阻率及其几何尺寸有关，未受力之前的金属电阻丝的电阻 R 为：

$$R = \rho \frac{L}{A} \quad (2-1)$$

式中 ρ——金属电阻丝的电阻率；

L——金属电阻丝的长度；

A——金属电阻丝的截面积。

如图2-2所示，当金属电阻丝受到外力作用时，导体或半导体的阻值随其机械应变而变化，因为当电阻丝受到拉力 F 作用时，将伸长 ΔL，横截面积相应减小 ΔA，电阻率将因变

形而改变 $\Delta \rho$，故引起电阻值相对变化量为：

$$\frac{\Delta R}{R} = K_0 \varepsilon \qquad (2-2)$$

式中　K_0——金属电阻丝的灵敏度，为常数；

　　　ε——金属电阻丝的轴向应变，$\varepsilon = \frac{\Delta L}{L}$。

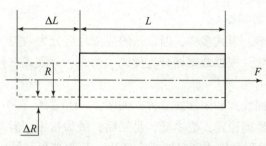

图 2-2　电阻应变效应示意图

由式（2-2）可知金属电阻丝的电阻相对变化量与轴向应变成正比关系，从而可以通过测量电阻的变化，得知金属材料应变的大小。金属电阻丝的灵敏度受两个因素影响：一个是受力后材料几何尺寸的变化；另一个是受力后材料的电阻率发生的变化。金属材料的灵敏度以受力后几何尺寸的变化为主，不同的金属材料虽然灵敏度有所差异，但是一般都在 1~2 之间。而半导体材料则相反，受力后电阻率发生很大的变化，所以灵敏度比金属材料大几十倍。

2. 电阻应变片的测量原理

实际应用时，通常将电阻丝做成电阻应变片后用于测量机械应变，如图 2-3 所示的是电阻应变片的结构示意图。以电阻应变片为例，将金属电阻丝排列成栅网状粘贴在绝缘基片上，上面覆盖一层薄膜，电阻丝两端焊有引出线，使它们变成一个整体，这就是电阻应变片的基本结构。图中电阻应变片的有效工作部分称为敏感栅，l 为敏感栅的长度，b 为敏感栅的宽度。

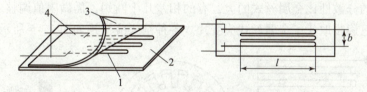

图 2-3　电阻应变片的结构示意图

1—敏感栅；2—基片；3—覆盖层薄膜；4—引线

用电阻应变片测量试件的应变或应力时，首先将电阻应变片贴在试件表面，在外力作用下，试件产生微小机械变形，应变片随之发生变形，导致应变片电阻也发生相应变化。只要测得应变片电阻值变化量 ΔR 时，便可得到试件的应变值 ε，根据应力和应变的关系，得到应力值：

$$F = AE\varepsilon = \frac{AE}{K_0} \cdot \frac{\Delta R}{R} \qquad (2-3)$$

式中　F——试件的受力；

ε——试件的应变；

E——试件材料的弹性模量；

A——试件的横截面积。

由式（2-3）可知，试件受力 F 正比于电阻值的相对变化量 $\Delta R/R$。在应变片的灵敏度 K_0 和试件的横截面积 A 以及弹性模量 E 均已知的情况下，只要测得 $\Delta R/R$ 的数值，就可知试件所受的应力 F 的大小。

3. 电阻应变片的种类和结构

电阻应变片种类繁多，形式多样，但常用的应变片可分为两类：金属电阻应变片和半导体应变片。金属电阻应变片根据敏感栅分为丝式、箔式、薄膜式三种。

(1) 金属丝式应变片

金属丝式应变片有回线式和短接式二种。如图 2-4（a）、(c) 所示为回线式金属丝式应变片，其制作简单，性能稳定，成本低，易粘贴，最为常用，但其应变横向效应较大。如图 2-4（b）、(d) 所示为短接式金属丝式应变片，其两端用直径比栅线直径大 5~10 倍的镀银丝短接。优点是克服了横向效应，但制造工艺复杂。

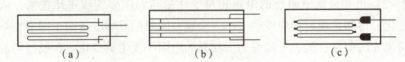

图 2-4 丝式应变片

(a) 回线式；(b)、(c) 短接式

(2) 金属箔式应变片

金属箔式应变片是利用照相制版或光刻技术将厚 0.003~0.01 mm 的金属箔片制成所需图形的敏感栅，也称为应变花。其优点为：①可制成多种复杂形状尺寸准确的敏感栅，其栅长可做到 0.2 mm，以适应不同的测量要求；②与被测件粘贴结面积大；③散热条件好，允许电流大，提高了输出灵敏度；④横向效应小；⑤蠕变和机械滞后小，疲劳寿命长。但箔式应变片电阻值的分散性比金属丝式的大，有的相差几十欧姆，需做阻值调整。在常温下，金属箔式应变片已逐步取代了金属丝式应变片。各种箔式应变片如图 2-5 所示。

图 2-5 箔式应变片

(3) 金属薄膜应变片

金属薄膜应变片是采用真空蒸发或真空沉淀等方法在薄的绝缘基片上形成 0.1 μm 以下

的金属电阻薄膜的敏感栅,最后再加上保护层。它的优点是应变灵敏度系数大,允许电流密度大,工作范围广。

4. 电阻应变片的测量转换电路

由于机械应变一般都很小,要把微小应变引起的微小电阻值的变化（5×10^{-4} ~ 10^{-1} Ω）直接使用欧姆表测量出来非常困难。因此要把电阻相对的变化 $\Delta R/R$ 测量出来需要设计专用的测量电路,通常采用不平衡电桥测量微小的电阻值变化。实际应用中,常采用直流电桥作为不平衡电桥测量阻值的变化。

（1）直流电桥的平衡条件

直流电桥的基本形式如图 2-6（a）所示。R_1、R_2、R_3、R_4 称为电桥的桥臂,R_L 为其负载（可以是测量仪表内阻或其他负载）。当 $R_L \to +\infty$（开路）时,电桥的输出电压 U_o 应为:

$$U_o = U_i \left(\frac{R_1}{R_1 + R_2} - \frac{R_3}{R_3 + R_4} \right) \tag{2-4}$$

当电桥平衡时,$U_o = 0$,由式（2-4）可得:

$$R_1 \cdot R_4 = R_2 \cdot R_3 \tag{2-5}$$

式（2-5）称为电桥平衡条件。

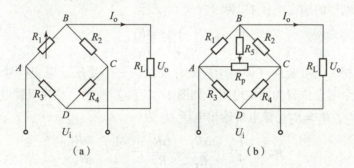

图 2-6　直流电桥测量电路
（a）基本测量电路；(b) 调零测量电路

在实际测量中,电桥的 4 个桥臂可以由应变片来替代,微小应变引起微小电阻的变化,电桥则输出不平衡电压的微小变化。一般直流电桥的输出需要加入放大器放大,由于放大器的输入阻抗可以比桥路输出电阻高得多,所以此时仍视电桥为开路情况。为了获得最大的电桥输出,常采用全等臂电桥（$R_1 = R_4 = R_2 = R_3$）。当应变片受力时,若应变片电阻变化为 ΔR_1、ΔR_2、ΔR_3、ΔR_4,当每个桥臂的电阻变化量 $\Delta R_i \ll R_i$ 时,电桥输出电压 U_o 为:

$$U_o = \frac{U_i}{4} \left(\frac{\Delta R_1}{R_1} - \frac{\Delta R_2}{R_2} + \frac{\Delta R_3}{R_3} - \frac{\Delta R_4}{R_4} \right) = \frac{U_i}{4} K (\varepsilon_1 - \varepsilon_2 + \varepsilon_3 - \varepsilon_4) \tag{2-6}$$

实际应用时,R_1、R_2、R_3 和 R_4 不可能严格相等,所以在未受力时,桥路的输出电压 U_o 也不一定为零,所以在直流电桥中一般设有调零电路,如图 2-6（b）所示。调节 R_p 可使电桥平衡,输出电压为零,图中的 R_5 为限流电阻。

(2) 直流电桥的工作方式

根据不同的要求，直流电桥有不同的工作方式，如图 2-7 所示有单臂电桥、双臂电桥（半桥）、全桥三种工作方式。

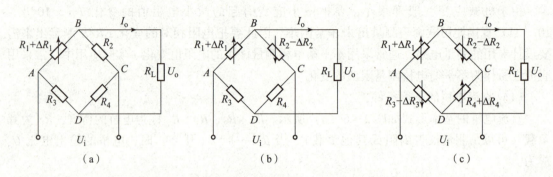

图 2-7 电桥测量电路
(a) 单臂电桥；(b) 双臂电桥；(c) 全桥

单臂电桥就是将电桥中的一个桥臂用应变片来代替，其余 3 个桥臂为固定电阻。如图 2-7 (a) 所示。假设 R_1 为应变片，R_2、R_3 和 R_4 为固定电阻，应变片受力后产生的电阻变化量为 ΔR_1，则电桥的输出电压 U_o 为

$$U_o = \frac{1}{4} U_i \frac{\Delta R_1}{R_1} \tag{2-7}$$

将两个应变相反的应变片（即一个应变片受拉，一个受压，应变符号相反）接入电桥的相邻臂上，其余两个桥臂为固定电阻，如图 2-7 (b) 所示，称为双臂电桥或者半桥。若图中 $\Delta R_1 = -\Delta R_2$，$R_1 = R_2$，该电桥输出电压 U_o 为：

$$U_o = \frac{1}{4} U_i \left(\frac{\Delta R_1}{R_1} - \frac{\Delta R_2}{R_2} \right) = \frac{1}{2} U_i \frac{\Delta R_1}{R_1} \tag{2-8}$$

将 4 个桥臂都用应变片替换，且两个应变片受拉，两个应变片受压，两个应变符号相同应变片的接入相对臂上，则构成全桥电路，如图 2-7 (c) 所示。若满足 $\Delta R_1 = -\Delta R_2 = \Delta R_3 = -\Delta R_4$，$R_1 = R_2 = R_3 = R_4$，则输出电压 U_o 为：

$$U_o = \frac{U_i}{4} \left(\frac{\Delta R_1}{R_1} - \frac{\Delta R_2}{R_2} + \frac{\Delta R_3}{R_3} - \frac{\Delta R_4}{R_4} \right) = U_i \frac{\Delta R_1}{R_1} \tag{2-9}$$

由式 (2-9) 可知，全桥的输出灵敏度最高，是双臂电桥（半桥）的两倍，单臂电桥的四倍。并且采用双臂电桥（半桥）和全桥的工作方式可以实现温度补偿。在应变片实际使用时，除了应变会引起应变片电阻值变化，温度的变化也会引起应变片电阻值的变化。采用双臂电桥（半桥）或者全桥时，温度引起应变片的电阻值变化 ΔR_t 相同，代入式 (2-8)、式 (2-9) 后，ΔR_t 可以相互抵消，实现温度自动补偿。

5. 电阻应变式传感器的应用

电阻应变式传感器主要用于力、压力、加速度等参量的测量，将应变片贴在各类弹性体上，并且将其接到测量转换电路，构成各类应变式传感器，下面就分别介绍几种电阻应变式力、压力、加速度传感器的结构及工作原理。

(1) 电阻应变式力传感器

电阻应变式力传感器根据弹性体的不同可以分成柱式、环式和悬臂梁三种。

柱式应变式力传感器分为空心、实心两种，其结构是在圆筒或圆柱上按一定方式粘贴应变片，如图2-8 (a) 所示。应变片粘贴在弹性体外壁应力分布均匀的中间部分，对称地粘贴多片，然后接入电路构成差动电桥。汽车的称重传感器可以采用柱式力传感器。

环式应变式力传感器的弹性元件是圆形或扁形吊环，将电阻应变片贴在应变最大的地方，如图2-9所示，再接入差动电桥。在相同的情况下，环形弹性元件比柱式弹性元件抗载偏心能力强，测力范围大。环式应变式力传感器适合制作电子吊钩秤。

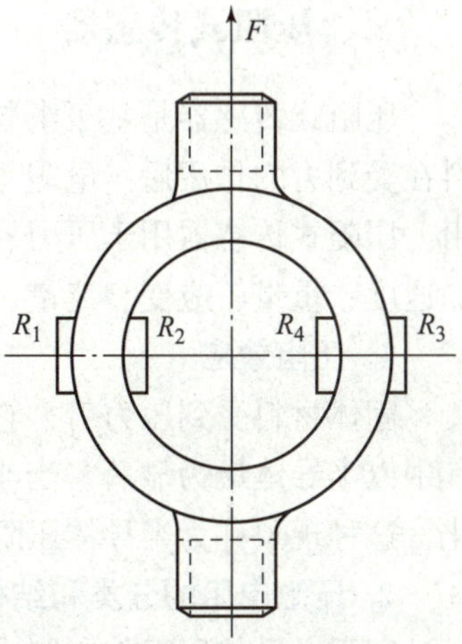

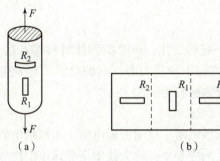

图 2-9 环式应变式力传感器

图 2-8 柱式应变式力传感器
(a) 结构；(b) 侧面展开图

家用的电子秤一般采用悬臂梁式应变式力传感器，如图2-10所示，当外力作用在悬臂梁的自由端时，固定端产生的应变最大，此位置上下两侧分别粘有4只应变片，R_1、R_4 同侧；R_3、R_2 同侧，这两侧的应变方向刚好相反，且大小相等，可构成差动全桥，悬臂梁式应变式力传感器适用于测量500 kg以下荷重。

(2) 电阻应变式压力传感器

电阻应变式压力传感器也适合气体和液体的压力测量，常见的此类传感器采用的弹性元件是薄壁圆筒。如图2-11所示为电阻应变式圆筒型压力传感器，被测流体压力P作用于筒体内部，沿筒周向贴应变片，检测应变，并将其通过测量转换电路检测出压力的变化。电阻应变式圆筒型压力传感器一般用于管道、枪（炮）受力测量。

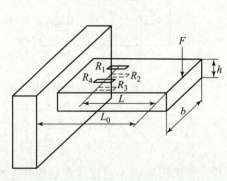

图 2-10 悬臂梁式应变式力传感器

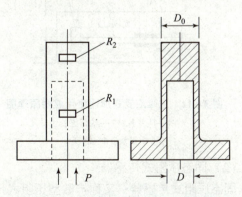

图 2-11 电阻应变式圆筒型压力传感器

(3) 电阻应变式加速度传感器

如图2-12为电阻应变式加速度传感器的原理图。传感器由质量块、悬臂梁和底座组成。应变片贴在悬臂梁根部的两侧。如将底座固定在被测物体上，物体以加速度 a 运动时，质量块受到与加速度方向相反的惯性力 $F = ma$。该力致使悬臂梁发生变形，从而引起应变片电阻值变化。

二、压阻式传感器

压阻式传感器是基于半导体材料（单晶硅）的压阻效应原理制成的传感器，单晶硅材料在受到力的作用后，电阻率发生变化，通过测量电路就可得到正比于力变化的电信号输出。压阻式传感器用于压力、拉力、压力差和可以转变为力的变化的其他物理量（如液位、加速度、重量、应变、流量、真空度）的测量。

1. 压阻效应

固体材料受到压力后，它的电阻率将发生一定的变化，所有的固体材料都有这个特点，其中以半导体最为显著。当半导体材料在某一方向上承受力时，它的电阻率将发生显著变化，这种现象称为半导体压阻效应，常用的半导体材料为硅。

2. 压敏电阻的分类和结构

利用半导体压阻效应制成的电阻称为固态压敏电阻，也叫力敏电阻。用压敏电阻制成的器件有两类：一种是利用半导体材料制成粘贴式的应变片，称为体型半导体电阻应变片；另一种是在半导体的基片上用集成电路的工艺制成扩散型压敏电阻，用它作传感器元件制成的传感器，称为固态压阻式传感器，也叫扩散型压阻式传感器。

(1) 体型半导体电阻应变片

体型半导体电阻应变片如图2-13所示，与电阻应变片相同，也是由敏感元件、基底和引线组成，所不同的是应变片的敏感栅是用半导体材料制成的。体型半导体应变片最突出的优点是灵敏度高，这为它的应用提供了有利条件。另外，由于机械滞后小、横向效应小以及它本身体积小等特点，扩大了体型半导体应变片的使用范围。其最大的缺点是温度稳定性差、灵敏度离散程度大（由于晶向、杂质等因素的影响）以及在较大应变作用下非线性误差大，给使用带来了一定困难。

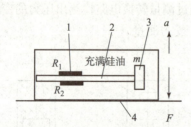

图2-12 电阻应变式加速度传感器原理图

1—应变片；2—悬臂梁；
3—质量块；4—底座

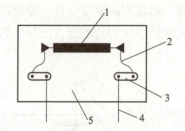

图2-13 体型半导体电阻应变片

1—半导体；2—引出线；3—焊接电极；
4—外引线；5—基底

(2) 固态压阻式传感器

固态压阻式传感器，又称扩散型压阻式传感器，它采用集成工艺直接在硅膜片上按一定晶向制成扩散压敏电阻，直接通过硅膜片感受被测压力。如图 2-14 所示为压阻式压力传感器内部结构，硅膜片的一面是与被测压力连通的高压腔，另一面是可以与大气连通也可以封闭并抽成真空的低压腔。当硅膜片受压时，膜片的变形将使扩散电阻的阻值发生变化，硅膜片上的扩散电阻通常构成桥式测量电路，相对的桥臂电阻是对称布置的，电阻变化时，电桥输出电压与硅膜片所受压力差成对应关系；如果低压腔与大气相连，输出电压对应于"表压"相当于大气压的压力；如果低压腔封闭并抽成真空，输出电压对应于"绝对压力"。

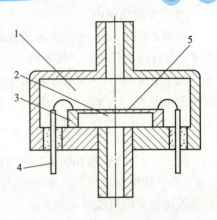

图 2-14 压阻式压力传感器结构简图
1—低压腔；2—高压腔；3—硅杯；
4—引线；5—硅膜片

固态压阻式传感器体积小，结构比较简单，使用广泛，动态响应也好，灵敏度高，能测出十几帕的微压，长期稳定性好，滞后和蠕变小，频率响应高，但测量准确度受到非线性和温度的影响。

3. 压阻式传感器的测量电路

若采用固态压阻式传感器测量压力，当硅膜片受压时，硅膜片的变形将使扩散电阻的阻值发生微小变化，但微小的电阻变化很难测量出来。因此，在实际使用时，通常采用恒压源供电和恒流源供电桥式测量电路来测量微小的电阻值变化。

（1）恒压源供电

如图 2-15（a）所示为恒压源供电电桥测量电路。假设 4 个扩散电阻的起始阻值都相等且为 R，当有应力作用时，其中两个电阻的阻值增加，增加量为 ΔR，另外两个电阻的阻值减小，减小量为 ΔR。另外，由于温度影响，使每个电阻都有 ΔR_t 的变化量。若忽略温度的影响，$\Delta R_t = 0$，电桥的输出电压为：

$$U_{SC} = \frac{U \Delta R}{R} \qquad (2-10)$$

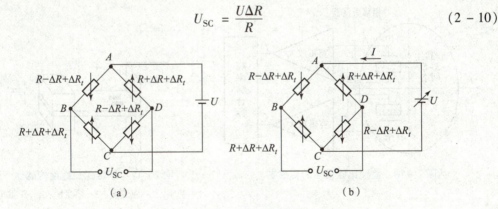

图 2-15 压阻式传感器测量电路
（a）恒压源供电；（b）恒流源供电

由式（2-10）可知电桥输出电压与 $\Delta R/R$ 成正比，同时又与电源电压 U 成正比，表明电桥的输出与电源电压的大小与精度都有关。如 $\Delta R_t \neq 0$ 时，则 U_{SC} 与 ΔR_t 有关，而且电桥输出电压与温度的关系是非线性的，所以用恒压源供电时，不能消除温度的影响。

(2) 恒流源供电

如图 2-15（b）所示为恒流源供电电桥测量电路，4 个扩散电阻的起始阻值都相等且为 R，当有应力作用时，其中两个电阻的阻值增加，增加量为 ΔR，另外两个电阻的阻值减小，减小量为 ΔR；另外由于温度影响，使每个电阻都有 ΔR_t 的变化量，电桥两个支路的电阻相等，即 $R_{ABC}=R_{ADC}=2(R+\Delta R_t)$，电桥的输出电压为：

$$U_{SC}=\frac{1}{2}I(R+\Delta R+\Delta R_t)-\frac{1}{2}I(R-\Delta R+\Delta R_t)=I\Delta R \quad (2-11)$$

由式（2-11）可知恒流源电桥的输出电压与电阻的变化量成正比，同时也与电源电流 I 成正比，即输出电压与恒流源的供给电流大小与精度有关，不受温度影响，故固态压阻式传感器通常采用恒流源供电方式。

4. 压阻式传感器应用

压阻式传感器广泛应用于航天、航空、石油化工、动力机械、生物医学工程、气象、地质、地震测量等各个领域。根据压阻效应制成的压阻式传感器主要用来测量压力和加速度，常见的压阻式传感器有扩散型压阻式压力传感器、差频压阻式压力传感器和压阻式加速度传感器，扩散型压阻式压力传感器在之前的知识中已介绍过。

（1）差频压阻式压力传感器

在实际应用中，为了提高压阻式压力传感器的灵敏度和克服零点漂移，一般都采用差频输出的形式。也就是在选择适当的晶向和扩散电阻的位置，做成两套相移振荡器并连接宽带放大器和频率综合器，将其组合在一起构成差频压阻式压力传感器，如图 2-16 所示。

（2）压阻式加速度传感器

如图 2-17 所示，压阻式加速度传感器利用单晶硅作为悬臂梁，在其根部扩散出 4 个电阻。当悬臂梁（应变梁）自由端的质量块有加速度作用时，悬臂梁受到弯矩作用，产生应力，使 4 个电阻阻值发生变化。

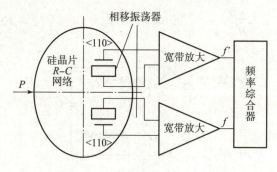

图 2-16 差频压阻式压力传感器

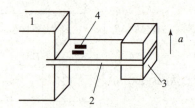

图 2-17 压阻式加速度传感器
1—基座；2—应变梁；3—质量块；4—扩散电阻

三、压电式传感器

压电式传感器是以某些电介质的压电效应为基础，在外力作用下，在电介质的表面产生电荷，从而实现非电量测量。压电式传感器的敏感元件是力敏元件，所以它能测量最终能变换为力的非电量，例如动态力、动态压力、振动、加速度等，但不能用于静态参数的测量。

1. 压电效应

某些电介质在沿一定方向受到压力或拉力作用而发生变形时，其表面上会产生电荷；若将外力去掉时，它们又重新回到不带电的状态，这种现象就称为"正压电效应"，如图2-18（a）所示。在电介质的两个电极面上，如果加以交流电压，那么电介质能产生机械变形，即在电极方向上有伸缩的现象，这种现象称为"电致伸缩效应"，也叫作"逆压电效应"，如图2-18（b）所示。能产生压电效应的电介质称为压电材料或者压电元件，依据压电效应研制的一类传感器称为压电传感器。常见的压电材料有石英、钛酸钡、锆钛酸铅等。

在晶体的弹性限度内，压电材料受力后，产生的电荷 Q 和所施的力 F 之间的关系是：

$$Q = dF \qquad (2-12)$$

式中　d——压电材料的压电系数。

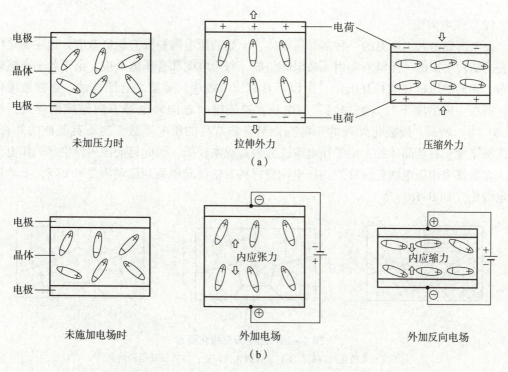

图2-18　压电效应原理图
（a）正压电效应——外力使晶体产生电荷；（b）逆压电效应——外加电场使晶体产生形变

2. 常用的压电材料

压电传感器中的压电材料有石英晶体、压电陶瓷、新型压电材料等。

（1）石英晶体

石英晶体是一种具有良好压电特性的天然晶体，压电系数 $d_{11} = 2.31 \times 10^{-12}$ C/N，理想的几何形状为正六面体晶柱，如图2-19所示。其压电常数和压电系数的温度稳定性相当好，在常温范围内几乎不随温度变化。石英晶体的突出优点是性能非常稳定，机械强度高，绝缘性能也相当好。但石英晶体价格昂贵，且压电系数比压电陶瓷低得多，因此一般仅用于标准仪器或要求较高的传感器中。

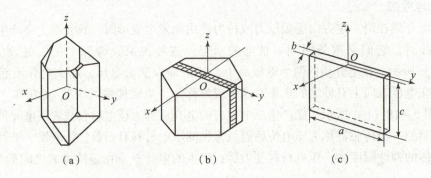

图 2-19　石英晶体

(a) 晶体外形；(b) 切割方向；(c) 晶片

(2) 压电陶瓷

压电陶瓷是人工制造的一种多晶压电体，原始的压电陶瓷没有压电效应，这主要是压电陶瓷的结构决定的。压电陶瓷由无数电畴组成，每个电畴都有压电效应，由于各个电畴杂乱分布，它们的压电效应相互抵消，所以不具有压电效应。要使之有压电性，必须做极化处理，即在一定温度下对其施加强直流电场，迫使电畴趋向外电场方向做规则排列，如图 2-20 (b) 所示。经极化处理的压电陶瓷具有非常高的压电系数，为石英晶体的几百倍，但机械强度较石英晶体差，由于压电陶瓷的制造成本较低，因此目前国内外生产的压电元件绝大多数都采用压电陶瓷。常用的压电陶瓷材料有锆钛酸铅系列压电陶瓷（PZT）及非铅系压电陶瓷（如 $BaTiO_3$ 等）。

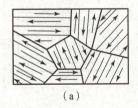 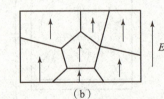 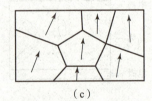

图 2-20　压电陶瓷极化处理

(a) 未极化的陶瓷；(b) 正在极化的陶瓷；(c) 极化后的陶瓷

(3) 新型压电材料

高分子压电材料又称压电聚合物，如偏聚氟乙烯（PVDF）（薄膜）及其他为代表的有机压电（薄膜）材料。这类材料是化学性能稳定的柔性材料，成型性能良好、耐冲击、弹性柔软性好，可制造大面积薄膜。它们可根据需要制成薄膜或电缆套管等形状，经极化处理后就显现出压电特性。具有不易破碎、防水性、可以大量连续控制等特点。在一些不要求测量准确度的场合，例如水声测量、防盗、振动测量等领域中获得应用。

3. 压电式传感器的等效电路

压电元件在承受沿敏感轴方向的外力作用后，就会产生正负等量电荷，所以可以把它看成是一个电荷发生器。又由于压电元件上聚集正负电荷的两个表面类似于电容器的两个极板，所以压电元件也可看成是一个电容器，其电容量为：

$$C_a = \frac{\varepsilon_0 \varepsilon_r S}{d} \qquad (2-13)$$

式中 ε_0——真空介电常数；

ε_r——压电材料的相对介电常数；

d——压电元件的厚度；

S——压电元件极板面积。

因此，可以把压电元件等效成一个与电容相并联的电荷源，也可以等效为一个电压源与电容串联，如图 2-21 所示。

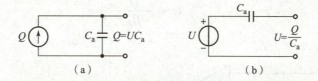

图 2-21 压电元件的等效电路

(a) 电荷源；(b) 电压源

压电式传感器与测量电路连接时，还应考虑连接线路的分布电容 C_c，放大电路的输入电阻 R_i，输入电容 C_i 及压电式传感器的内阻 R_a。所以压电式传感器的实际等效电路如图 2-22 所示。

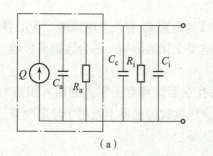
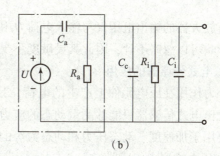

图 2-22 压电式传感器的实际等效电路

(a) 电荷源；(b) 电压源

4. 压电式传感器的测量电路

压电式传感器的输出信号非常微弱，因此需要接入一个前置放大器，前置放大器的作用有两个：一是把压电元件的高阻抗输出变为传感器的低阻抗输出；二是把传感器的微弱信号进行放大。根据压电式传感器的工作原理及其等效电路，它的输出可以是电压信号，也可以是电荷信号，因此设计前置放大器也有两种形式：电压放大器和电荷放大器。

(1) 电压放大器

串联输出型压电元件可以等效为电压源，如图 2-23 所示为电压放大器。理想情况下，电压放大器的输入电压为：

$$U_i = \frac{Q}{C_a + C_c + C_i} \qquad (2-14)$$

压电式电压放大器的特点是把压电元件的高输出阻抗变换为传感器的低输出阻抗,并保持输出电压与输入电压成正比。

(2) 电荷放大器

由于电压前置放大器的输出电压与电缆的分布电容 C_c 有关,当压电式传感器和电压放大器之间的连接电缆更换或长度发生变化时,连接电缆的分布电容 C_c 也发生变化,进而影响测量结果,所以现在常用的是电荷放大器。并联输出型压电元件可以等效为电荷源,电荷放大器实际上是一个具有反馈电容 C_f 的高增益运算放大器电路,如图 2-24 所示。电荷放大器的输出电压为:

$$U = -\frac{Q}{C_f} \tag{2-15}$$

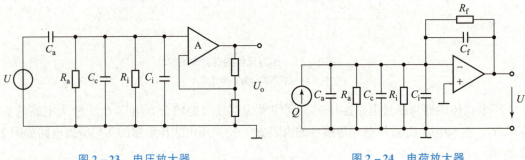

图 2-23 电压放大器　　　　图 2-24 电荷放大器

电荷放大器的输出电压仅与输入电荷 Q 和反馈电容 C_f 有关,电缆的分布电容 C_c 等其他因素的影响可以忽略不计,因此其灵敏度不受电缆变化的影响,适合远距离传输。

5. 压电式传感器的应用

当外力作用在压电元件上产生的电荷,只有在回路具有无限大的输入阻抗时才得到保存,因此压电式传感器只能够测量动态的应力,压电式传感器不能用于静态测量。压电式传感器主要用于加速度、动态压力和动态力等的测量。

(1) 压电式测力传感器

如图 2-25 所示为压电式测力传感器结构图,图中两片电荷极性相反的电极安装在钢壳中。压电片之间的导电片为一电极,钢壳为另一电极。作用力 F 通过上盖均匀地传递到压电片时,两电极间产生电动势差。这种传感器具有轻巧、频率响应范围宽等特点,适用于测量动态力、冲击力和短时间作用的静态力等。压电式测力传感器可用于机床动态切削力的测量。

(2) 压电式压力传感器

基于压电效应的压力传感器种类和型号繁多,按弹性敏感元件和受力机构的形式可分为膜片式和活塞式两类。

如图 2-26 所示为膜片式测压传感器结构图,它由基座、压电晶片、受压膜片及电极等组成。压电元件支撑于本体上,由膜片将被测压力传递给压电元件,则在压电晶片上产生电荷,此电荷经电荷放大器和测量电路放大和变换阻抗后就成为正比于被测压力的电信号。这种传感器的特点是体积小、动态特性好、耐高温等。

项目二　力和压力检测

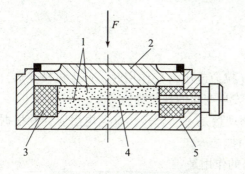

图2-25　压电式测力传感器
1—石英晶片；2—上盖；3—绝缘套；
4—电极；5—基座

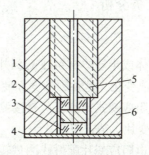

图2-26　膜片式测压传感器
1，3—压电元件；2—电极；4—膜片；
5—支撑螺杆；6—基座

（3）压电式加速度传感器

压电式加速度传感器的结构一般有纵向效应型、横向效应型和剪切效应型三种。纵向效应型是最常见的，如图2-27所示。当传感器感受振动时，质量块感受与传感器基座相同的振动，并受到与加速度方向相反的惯性力的作用，此力为 $F=ma$。这样，质量块就有一正比于加速度的交变力作用在压电片上。由于压电片压电效应，两个表面上就产生交变电荷，当振动频率远低于传感器的固有频率时，传感器的输出电荷（电压）与作用力成正比，也与试件的加速度成正比。

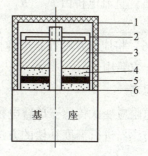

图2-27　压电式加速度传感器结构图
1—壳体；2—弹簧；3—质量块；
4，6—压电片；5—输出端

输出电量由传感器输出端引出，输入到前置放大器后就可以用普通的测量仪器测出试件的加速度，如在放大器中加进适当的积分电路，就可以测出试件的振动速度或位移。

任务一　电阻应变式传感器测量砝码重量

一、任务目标

通过本任务的学习，让学生了解电阻应变式传感器的结构和分类，掌握电阻应变片的工作原理，熟悉测量直流电桥的三种工作方式及其输出特性，并学会利用电阻应变片式传感器测量砝码重量。

二、任务分析

练习

(1) 导体或半导体材料在受到外界力（拉力或压力）作用时，产生机械变形，机械变形导致其阻值变化，这种因形变而使其阻值发生变化的现象称为_____。

(2) 电阻应变式传感器可直接测量的物理量是_____，金属电阻应变片根据敏感栅分为丝式应变片、箔式应变片、_____三种。

(3) 为电阻应变片配桥式测量转换电路的作用是_____。

(4) 电阻应变片直流电桥的三种接法是_____、_____、_____。直流电桥测量转换电路，因接法不同，灵敏度也不同，_____的灵敏度最大，实验证明输出电压与应变或受力成_____（线性/非线性）关系。

(5) 直流电桥由 R_1、R_2、R_3、R_4 顺时针构成 4 个桥臂，直流电桥平衡的条件为：_____（公式）。

(6) 将应变片贴在各类弹性体上，并且将其接入测量转换电路，构成各类应变片式传感器，主要用于_____、_____、_____等物理量的测量。

思考

电阻应变式传感器单臂电桥测量转换电路在测量时由于温度变化会产生误差吗？电阻应变式传感器进行温度补偿的方法是什么？

三、任务实施

1. 认识电阻应变式传感器及其实验模块

本任务所需的电阻应变式传感器已固定在实验模块中，如图 2-28（a）所示。

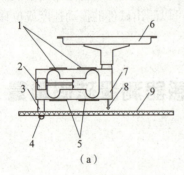
（a）

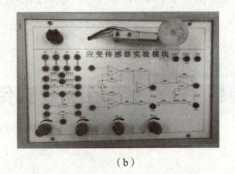
（b）

图 2-28 电阻应变传感器实验模块

（a）安装图；（b）实物图

1，5—应变片；2—引出线；3—固定垫圈；4—固定螺丝；
6—托盘；7—弹性体；8—限程螺丝；9—模板

除了应变传感器实验模块外，本任务的实施还要用到托盘、砝码、数显表、直流稳压源及万用表。

2. 电阻应变式传感器测量力的工作原理

4 个金属箔式应变片（$R_1 \sim R_4$）分别贴在悬臂梁的上下两侧，在悬臂梁一端安装上托盘，再将其中一个金属箔式应变片 R_1 依次接入直流电桥，构成单臂直流电桥，通过差动放大电路输出。完成了直流电桥和差动放大电路的调零后可以开始砝码的称重。

当被测重物放至托盘上时，悬臂梁一端受到压力发生形变，应变片随悬臂梁产生形变，悬臂梁上侧的两个应变片被拉伸，下侧的两个应变片被压缩，再将应变片电阻微小变化通过直流电桥转换成电压的变化。

3. 任务实施步骤

1）差分放大电路调零。从实验台直流稳压电源模块接入 ±15 V 电源，将差动放大电路的输入端 U_i 短接，输出端 U_{o2} 接直流电压表，选择 2 V 挡。检查无误后，合上实验台电源开关，打开直流稳压电源开关，将电位器 R_{W3} 增益调到最大位置（顺时针转到底），调节电位器 R_{W4} 使电压表显示为 0 V，如图 2-29 所示。调零完毕后，关闭直流稳压电源开关。

图 2-29　差分放大电路调零接线图

注意：R_{W3}、R_{W4} 的位置确定后不能改动。

2）单臂电桥的接线。拔掉差分放大电路输入端的短接线，如图 2-30 所示连线，将应变式传感器的其中一个应变电阻（如 R_1）接入电桥与 R_5、R_6、R_7 构成一个单臂直流电桥。图中单臂电桥的输入电压 ±4 V 由实验台的可调电压源接入。

3）单臂电桥输出调零。在悬臂梁一端加上托盘，并且将直流电桥输出接到差动放大器的输入端 U_i，检查接线无误后，合上实验台直流稳压电源开关，预热 5 min，调节 R_{W1} 使直流电压表显示为零。

4）采用单臂电桥对砝码称重。在应变式传感器托盘上放置一只标准砝码（20 g），读取直流电压表的数值，并记录在表 2-1 中，依次增加砝码和读取相应的直流电压表的数值，直到 200 g 砝码加完，记录实验结果，填入表 2-1。

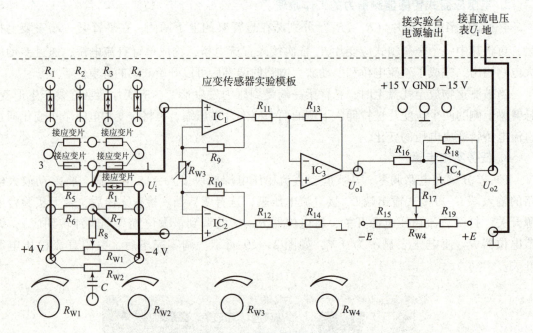

图 2-30 单臂电桥接线图

表 2-1 砝码重量（质量）和单臂电桥输出电压关系

重量(质量)/g										
电压/mV										

5）实验结束后，关闭实验台电源，整理好实验设备。

4. 数据处理

根据表 2-1 数据绘制砝码重量（质量）和单臂电桥输出电压关系（U_o-m 曲线），如图 2-31 所示。

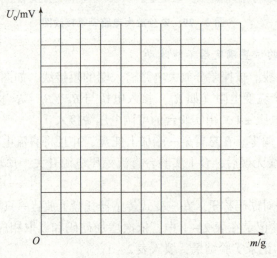

图 2-31 U_o-m 曲线

5. 任务内容和评分标准

任务内容和评分标准见表 2-2。

表 2-2 电阻应变式传感器测量砝码重量（单臂电桥）评分表

任务内容	配分	评分标准	得分
认识本任务所需仪器设备及器材	10	遗漏一个仪器设备及器材，扣 2 分，最多扣 10 分	
差动放大器调零	20	1）接线错误，扣 5 分，最多扣 10 分； 2）调零不正确，每处扣 5 分，最多扣 10 分	
单臂电桥接线	20	接线错误，每处扣 5 分，最多扣 20 分	
单臂电桥调零	10	调零不正确，扣 10 分	
单臂电桥测量砝码重量	20	读数不正确，每次扣 5 分，最多扣 20 分	
团队协作意识	10	小组共同完成项目，组员缺乏合作意识，扣 10 分	
正确使用设备和工具	10	只要不符合安全操作要求，就从总分中扣除	
总得分		教师签字	

四、任务拓展

采用电阻应变式传感器实验模块来进行称重实验，其中测量转换电路接成单臂电桥的形式。由前面的知识可知，全桥（全等臂电桥）的输出灵敏度最高，是双臂电桥（半桥）的两倍，单臂电桥的四倍。并且采用双臂电桥（半桥）和全桥的工作方式可以实现温度补偿。请同学们按照下面的实验步骤自己动手将测量转换电路接成全桥（全等臂电桥）的形式，并验证全桥（全等臂电桥）灵敏度。

1. 仪器设备及器材

应变式传感器实验模块、托盘、砝码、直流电压表、±15 V、±4 V 电源、万用表（自备）。

2. 工作原理

直流电桥接成全桥形式时，受力性质相同的两只应变片接到电桥的对边，不同的接入邻边，如图 2-32 所示，当应变片初始值相等，变化量也相等时，直流电桥输出电压为：

$$U_o = U_i \frac{\Delta R_1}{R_1} \quad (2-16)$$

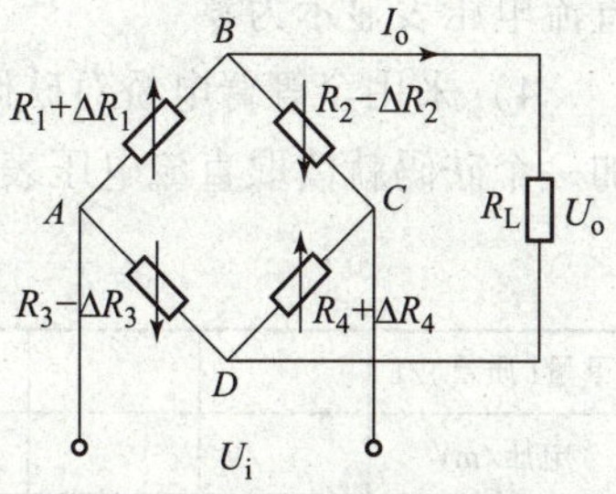

式中 U_i——电桥电源电压；

图 2-32 全桥测量转换电路

$\frac{\Delta R_1}{R_1}$——电阻应变片阻值相对变化率。

式（2-16）表明，全桥输出灵敏度是单臂电桥的四倍，非线性误差得到进一步改善。

3. 实验内容与步骤

1）差分放大电路调零。从实验台直流稳压电源模块接入 ±15 V 电源，将差动放大电路

的输入端 U_i 短接,输出端 U_{o2} 接直流电压表,选择 2 V 挡。检查无误后,合上实验台电源开关,打开直流稳压电源开关,将电位器 R_{W3} 增益调到最大位置(顺时针转到底),调节电位器 R_{W4} 使电压表显示为 0 V,如图 2-29 所示。调零完毕后,关闭直流稳压电源开关。

2)全等臂电桥的接线。保持差分放大电路 R_{W3}、R_{W4} 的位置不变,拔掉单臂电桥的接线,如图 2-33 所示连线。将电阻应变片 R_1、R_2、R_3、R_4 接入电桥组成全桥工作方式,输入电压 ±4 V 由实验台的可调电压源接入。

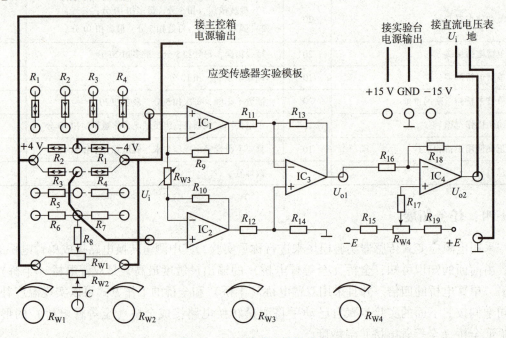

图 2-33 全等臂电桥接线图

3)全等臂电桥输出调零。在悬臂梁一端加上托盘,并且将直流电桥输出接到差动放大器的输入端 U_i,检查接线无误后,合上主控台直流稳压电源开关,预热 5 min,调节 R_{W1} 使直流电压表显示为零。

4)采用全等臂电桥对砝码称重。在托盘上依次放上 10 个标准砝码(每个 20 g),每增加一个砝码就读取直流电压表的数值,并记录在表 2-3 中。

表 2-3 砝码重量(质量)和单臂电桥输出电压关系

重量(质量)/g										
电压/mV										

5)实验结束后,关闭实验台电源,整理好实验设备。

4. 数据处理

根据记录的实验数据,计算并比较单臂、全等臂电桥的灵敏度和非线性误差,并将得到的结论与理论计算进行比较。

5. 任务内容和评分标准

任务内容和评分标准见表 2-4。

表 2-4 电阻应变式传感器测量砝码重量（全等臂电桥）评分表

任务内容	配分	评分标准	得分
认识本任务所需仪器设备及器材	10	遗漏一个仪器设备及器材，扣 2 分，最多扣 10 分	
差动放大器调零	20	1）接线错误，扣 5 分，最多扣 10 分； 2）调零不正确，每处扣 5 分，最多扣 10 分	
全等臂电桥接线	20	接线错误，每处扣 5 分，最多扣 20 分	
全等臂电桥调零	10	调零不正确，扣 10 分	
全等臂电桥测量砝码重量	20	读数不正确，每次扣 5 分，最多扣 20 分	
团队协作意识	10	小组共同完成项目，组员缺乏合作意识，扣 10 分	
正确使用设备和工具	10	只要不符合安全操作要求，就从总分中扣除	
总得分		教师签字	

任务二　压阻式传感器测量气体压力

一、任务目标

通过本任务的学习，让学生了解压阻效应及压阻式传感器的结构，掌握压阻式传感器的工作原理，并学会利用压阻式传感器测量气体压力。

二、任务分析

练习

（1）当半导体材料在某一方向上承受力时，它的电阻率将发生显著变化，这种现象称为半导体_____，常用的半导体材料为硅。

（2）采用集成工艺直接在硅膜片上按一定晶向制成扩散压敏电阻，制成集应力敏感与力电转换于一体的力学量传感器，称为_____传感器。当硅膜片感受被测压力后，_____发生变化，通过测量电路就可得到正比于力变化的_____输出。

（3）当硅膜片受压时，膜片的变形将使扩散电阻的阻值发生微小变化，但微小的电阻变化很难测量出来。因此，在实际使用时，通常采用_____供电和_____供电桥式测量电路来测量微小的电阻值变化，_____供电不受温度影响。

（4）压阻式传感器主要用于_____、_____、_____和可以转变为力的变化的其他物理量（如液位、加速度、重量、应变、流量、真空度）的测量和控制。

思考

压阻式传感器测量电路分为恒压源供电和恒流源供电两种形式，请结合前面知识总结这两种测量电路的区别。一般固态压阻式传感器通常采用哪种测量电路？

三、任务实施

1. 认识压阻式传感器及其实验模块

摩托罗拉公司设计出 MPX10 系列压阻式传感器，内部结构如图 2-34（a）所示。该压力传感器有两个输入口，P_1 端为正压力输入口，P_2 端为负压力输入口，对外有 4 个引出脚，1 脚接地、2 脚为 U_{o+}、3 脚接 +5 V、4 脚为 U_{o-}。MPX10 系列压阻式传感器实物如图 2-34（b）所示，传感器已安装在配套实验模块中，如图 2-35 所示。

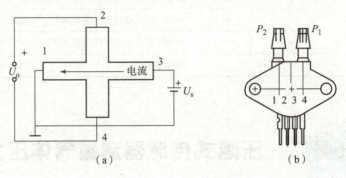

图 2-34 MPX10 系列压阻式传感器
(a) 内部结构；(b) 实物

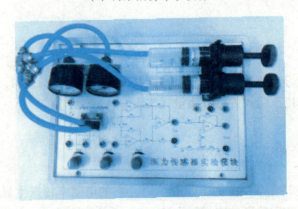

图 2-35 压力传感器实验模块

除了压力传感器实验模块外，本任务的实施还要用到直流电压表及直流稳压电源。

2. 压阻式传感器测量气体压力工作原理

当 MPX10 系列压阻式传感器的硅膜片没有外加压力作用时，内部电桥处于平衡状态；当传感器硅膜片受力后其电阻值发生变化时，电桥失去平衡；当给 1、3 脚施加一个恒定电压源，2、4 脚两端的输出电压 U_o 与硅膜片所受的压力成正比，当 P_1 端输入的气体压力比 P_2 端输入的气体压力大时，压力传感器输出为正，反之为负。

3. 任务实验步骤

1）气路连接和调试。观察如图 2-36 所示的气路，气室 1 的压力为 P_1，通过气压计 1 显示其压力大小，同理气室 2 的压力为 P_2，通过气压计 2 显示其压力大小，将气室 1、2 的活塞退到 17 mL 处，此时两个气室的压力相等，相对于大气压均为 0 MPa。

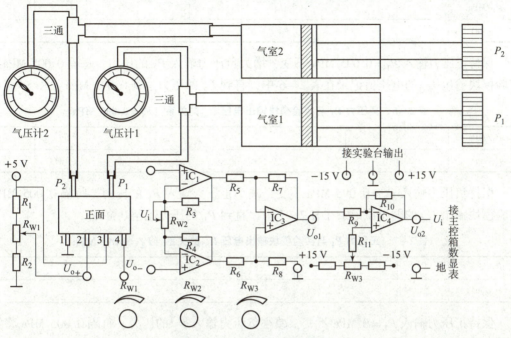

图 2-36 压力传感器接线图

2）差分放大电路调零。从实验台直流稳压电源模块接入 ±15 V 电源，将差动放大电路的输入端 U_i 短接，输出端 U_{o2} 接直流电压表，选择 200 mV 挡，调节 R_{W2} 到中间位置并保持不动。检查无误后合上实验台电源开关，打开直流稳压电源开关，调电位器 R_{W3} 使直流电压表显示为 0 V，如图 2-37 所示。调零完毕后，关闭实验台电源。

3）压阻式传感器调零。取下短路导线，从实验台将 +5 V 直流稳压电源接至压力传感器实验模块，并将 MPX10 压阻式传感器的输出接到差分放大电路的输入端 U_i，打开实验台电源，调节 R_{W1} 并使直流电压表显示为 0 V，如图 2-38 所示。

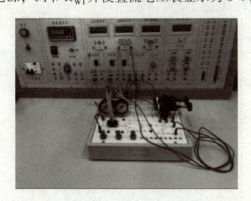

图 2-37 差分放大电路调零

图 2-38 压阻式传感器调零

4）压力差测量。保持负压力输入 $P_2 = 0$ MPa 不变，增大正压力输入 P_1 的压力，每隔 0.005 MPa 将实验模块输出 U_{o2} 的电压值记录在表 2-5 中，直到 P_1 的压力达到 0.095 MPa。

表 2-5　正压力 P_1 与实验模块输出电压 U_{o2} 的关系（$P_2 = 0$ MPa）

P_1/MPa										
U_{o2}/mV										

保持正压力输入 $P_1 = 0.095$ MPa 不变，增大负压力输入 P_2 的压力，每隔 0.005 MPa，将实验模块输出 U_{o2} 的电压值记录在表 2-6 中，直到 P_2 的压力达到 0.095 MPa。

表 2-6　负压力 P_2 与实验模块输出电压 U_{o2} 的关系（$P_1 = 0.095$ MPa）

P_2/MPa										
U_{o2}/mV										

保持负压力输入 $P_2 = 0.095$ MPa 不变，减小正压力输入 P_1 的压力，每隔 0.005 MPa 将实验模块输出 U_{o2} 的电压值记录在表 2-7 中，直到 P_1 的压力减至 0 MPa。

表 2-7　正压力 P_1 与实验模块输出电压 U_{o2} 的关系（$P_2 = 0.095$ MPa）

P_1/MPa										
U_{o2}/mV										

保持正压力输入 $P_1 = 0$ MPa 不变，减小负压力输入 P_2 的压力，每隔 0.005 MPa 将实验模块输出 U_{o2} 的电压值记录在表 2-8 中，直到 P_2 的压力减至 0 MPa。

表 2-8　负压力 P_2 与实验模块输出电压 U_{o2} 的关系（$P_1 = 0$ MPa）

P_2/MPa										
U_{o2}/mV										

5）实验结束后，关闭实验台电源，整理好实验设备。

4. 数据处理

1）根据表 2-5～表 2-8 的测量数据分别绘制压阻式传感器输入压力（P_1 或 P_2）与实验模块输出电压关系曲线（P_1（P_2）－U_{o2} 曲线），如图 2-39 所示。

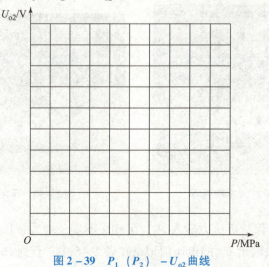

图 2-39　P_1（P_2）－U_{o2} 曲线

2) 根据表 2-5、表 2-6、表 2-7 和表 2-8 测量数据计算压阻式传感器灵敏度 S_n 及非线性误差 E。

5. 任务内容和评分标准

任务内容和评分标准见表 2-9。

表 2-9 压阻式传感器测量气体压力评分表

任务内容	配分	评分标准	得分
认识本任务所需仪器设备及器材	10	遗漏一个仪器设备及器材，扣 2 分，最多扣 10 分	
差分放大电路调零	20	1) 接线错误，每处扣 2 分，最多扣 10 分； 2) 差分放大电路调零不正确，每次扣 5 分，最多扣 10 分	
压阻式传感器调零	10	1) 接线错误，每处扣 2 分，最多扣 10 分； 2) 压阻式传感器调零不正确，扣 4 分	
压力差测量	40	1) 正、负压力值调节错误，每处扣 5 分，最多扣 10 分； 2) 电压表量程选择错误，每处扣 2 分，最多扣 10 分； 3) 读数不正确，每处扣 2 分，最多扣 20 分	
团队协作意识	10	小组共同完成项目，组员缺乏合作意识，扣 10 分	
正确使用设备和工具	10	只要不符合安全操作要求，就从总分中扣除	
总得分		教师签字	

四、任务拓展

根据压阻效应制成的扩散硅压阻式传感器除了用来测量压力和加速度，还可以用于测量液位。如果感兴趣，可按照下面的实验步骤自己动手完成实验，并记录实验结果。

1. 仪器设备及器材

应变传感器实验模块、JCY-3 液位、流量检测模块、直流电压表及直流稳压电源。

2. 工作原理

扩散硅压阻式传感器输出电压可以很好地反映加在敏感元件上压力的变化，据此可以检测液位的变化。

3. 实验步骤

1) 向储水箱注水。将 JCY-3 液位、流量检测装置的液位水箱出水阀门打开，通过液位水箱和出水阀门向储水箱注水，注满但不要溢出；随后关闭液位水箱出水阀门并打开液位水箱进水阀门。

注意：实验前检查各水箱内是否有杂物，若有应将流量计两端软管拧开，并向水箱内注水冲走杂物，以免堵塞流量计。

2) 差分放大电路调零。打开实验台电源，调节直流稳压电源的"电压选择"旋钮到 ±6 V，并将"+"的输出接至 JCY-3 液位、流量检测装置"传感器电源"端口，接线如图 2-40 所示。将 ±15 V 直流稳压电源接至应变传感器实验模块，实验模块输出端 U_{o2} 接实验台上直流电压表，直流电压表选择 200 mV 挡位，调节 R_{W3} 到适当位置，将输入端 U_i 短路，调节 R_{W4} 使差分放大电路输出电压 U_{o2} 为 0 V。

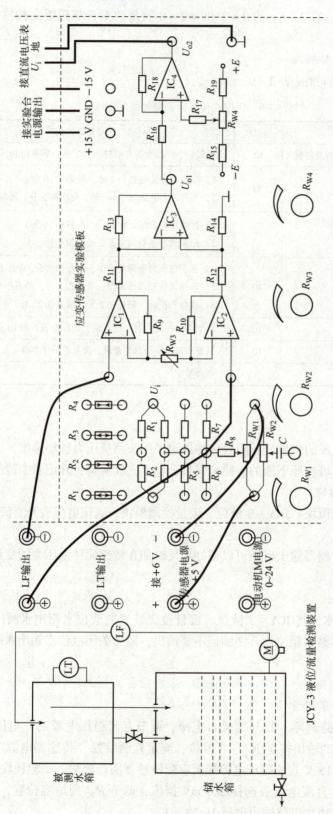

图 2-40 液位测量实验接线图

3）压阻式压力传感器调零。取下短路导线，从实验台将 +6 V 直流稳压电源接到应变传感器实验模块调零 R_{W1} 两端。JCY – 3 液位、流量检测装置的"LT 输出"正端接 R_{W1} 中间抽头（串接了一个电阻），"LF 输出"接差分放大电路输入 U_i 端，调节 R_{W1} 使差分放大电路输出电压 U_{o2} 为 0 V。

4）液位测量。将实验台上 +24 V 直流稳压电源输出接至 JCY – 3 液位、流量检测装置"电动机 M 电源"端，液位水箱注满水后将电动机电源断开。调节液位水箱出水阀使其有一个小的开度，让液位水箱的液位慢慢回落，直流电压表选择 20 V 挡位，每隔 5 mm 记录输出电压 U_{o2} 的数值，并将实验结果填入表 2 – 10 中。

表 2 – 10　水箱液位与实验模块输出电压的关系

H/mm	0.005	0.010	0.015	0.020	0.025	0.030	0.035	0.040	0.045
U_{o2}/V									

4. 任务内容和评分标准

任务内容和评分标准见表 2 – 11。

表 2 – 11　压阻式传感器测量液位评分表

任务内容	配分	评分标准	得分
认识本任务所需仪器设备及器材	10	遗漏一个仪器设备及器材，扣 2 分，最多扣 10 分	
差分放大电路调零	20	1）接线错误，每处扣 2 分，最多扣 10 分； 2）差分放大电路调零不正确，每次扣 5 分，最多扣 10 分	
压阻式传感器调零	10	1）接线错误，每处扣 2 分，最多扣 10 分； 2）压阻式传感器调零不正确，扣 4 分	
液位测量	40	1）液位调整方法错误，每处扣 5 分，最多扣 10 分； 2）电压表量程选择错误，每处扣 2 分，最多扣 10 分； 3）读数不正确，每处扣 2 分，最多扣 20 分	
团队协作意识	10	小组共同完成项目，组员缺乏合作意识，扣 10 分	
正确使用设备和工具	10	只要不符合安全操作要求，就从总分中扣除	
总得分		教师签字	

任务三　压电式传感器测量悬臂梁的振动

一、任务目标

通过本任务的学习，让学生了解压电效应及压电元件的分类，掌握压电式传感器的工作原理，并学会利用压电式传感器测量悬臂梁的振动频率。

二、任务分析

练习

（1）某些物质在沿一定方向受到压力或拉力作用而发生改变时，其表面上会产生电荷；若将外力去掉时，它们又重新回到不带电的状态，这种现象就称为_____效应。相反，在电介质的极化方向上施加电场，产生机械形变，去掉外加电场，电介质恢复原状态，这种现象称为_____效应。

（2）压电式传感器的输出信号非常微小，需要接入前置放大器，前置放大器分为_____和_____两种形式，_____的灵敏度不受电缆变化的影响，适合远距离传输。

（3）使用压电陶瓷制作的力或压力传感器可测量_____。

A. 人的体重　　　　　　　　　　B. 车刀的压紧力

C. 车刀在切削时感受到的切削力的变化量　　D. 自来水管中的水的压力

（4）动态力传感器中，两片压电片多采用_____接法，可增大输出电荷量；在电子打火机和煤气灶点火装置中，多片压电片采用_____接法，可使输出电压达上万伏，从而产生电火花。

A. 串联　　　　　　B. 并联　　　　　　C. 既串联又并联

思考

根据图 2-41 所示石英晶体切片上第一次受力情况下产生的电荷极性，查阅资料试标出其余三种受力情况下产生的电荷极性。

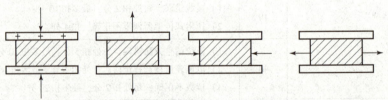

图 2-41　石英晶体切片受力产生电荷极性

三、任务实施

1. 认识压电式传感器及其实验模块

本任务中使用的压电式传感器如图 2-42 所示，与其配套的实验模块如图 2-43 所示。

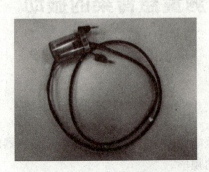
图 2-42　压电式传感器

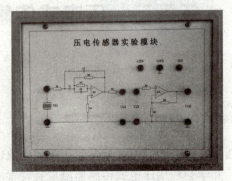
图 2-43　压电传感器实验模块

本任务中除了使用压电式传感器、压电式传感器实验模块外,还要用到振动源、低频振荡器及移相检波模块。

2. 压电式传感器测量悬臂梁振动的工作原理

压电式传感器由惯性质量块和压电陶瓷片等组成,将压电式传感器放置在振动源的悬臂梁上,悬臂梁振动时压电式传感器的质量块与悬臂梁一起以相同的频率振动,这样便有正比于加速度的交变力作用在压电陶瓷片上,由于正压电效应,压电陶瓷片表面产生电荷,电荷的极性和大小正比于交变的力信号。将这些电荷通过压电传感器实验模块和移相检波低通实验模块,转换成电压输出,通过测量输出电压就可以知道悬臂梁振动的频率。

3. 任务实施步骤

1) 压电式传感器的安装。如图2-44所示,将压电式传感器安装在振动源的圆盘上。

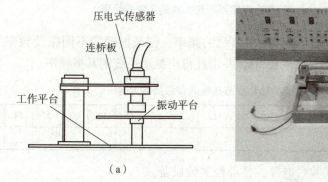

图2-44 压电式传感器安装图
(a) 安装图;(b) 实物图

2) 调节悬臂梁的振动幅度。将实验台上信号源的 U_{S2} 接到振动源的"低频输入"端,检查接线无误后,合上实验台电源开关,调节 U_{S2} 调幅到最大、频率调至适当位置,使悬臂梁的振幅逐渐增大。

3) 压电传感器实验模块、移相检波低通实验模块的接线。将压电式传感器的输出端接到压电传感器实验模块的输入端 U_{i1},再将压电传感器实验模块上的 U_{o1} 接 U_{i2},再将 U_{o2} 接上的移相检波低通实验模块的低通滤波器输入 U_i,最后将低通滤波器的输出 U_o 接示波器,具体的接线如图2-45所示,实物接线图如图2-46所示。

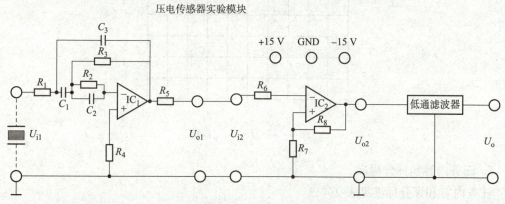

图2-45 压电式传感器测量振动的接线图

图 2-46 压电式传感器测量振动的实物接线图

4）测量共振频率。改变 U_{S2} 低频输出信号的频率，记录振动源不同振动频率下压电式传感器输出波形的幅值，填入表 2-12 中，并由此得出振动系统的共振频率。

表 2-12 悬臂梁振动频率与压电式传感器输出电压的关系

f/Hz	5	6	7	8	9	10	11	12	13	14	15	18	20	22	24	26	30
$U_{\text{p-p}}$/V																	

5）实验结束后，关闭实验台电源，整理好实验设备。

4. 数据处理

根据表 2-12 的测量数据绘制悬臂梁振动频率与压电式传感器输出电压的关系曲线（f-$U_{\text{p-p}}$ 曲线），如图 2-47 所示。

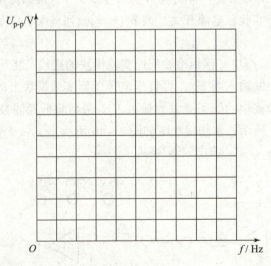

图 2-47 f-$U_{\text{p-p}}$ 曲线

5. 任务内容和评分标准

任务内容和评分标准见表 2-13。

项目二 力和压力检测

表 2-13 压电式传感器测量悬臂梁振动频率评分表

任务内容	配分	评分标准	得分
认识本任务所需仪器设备及器材	10	遗漏一个仪器设备及器材，扣2分，最多扣10分	
安装压电式传感器	10	压电式传感器安装位置错误，扣10分	
调节悬臂梁的振动幅度	20	1）接线错误，每处扣2分，最多扣10分； 2）振动幅度不是最大，扣10分	
压电传感器实验模块、移相检波低通实验模块的接线	20	接线错误，每处扣2分，最多扣20分	
测量共振频率	20	1）示波器使用错误，扣5分； 2）读数不正确，每处扣2分，最多扣10分； 3）共振频率选择错误，扣5分	
团队协作意识	10	小组共同完成项目，组员缺乏合作意识，扣10分	
正确使用设备和工具	10	只要不符合安全操作要求，就从总分中扣除	
总得分		教师签字	

四、任务拓展

压电式传感器除了可以测量物体的振动，还可以测量物体受到的动态力、物体的加速度等，请查阅相关的资料，找到压电式传感器测量物体的加速度的应用实例，并分析其结构和工作原理。

阅读材料

数控机床刀具切削力检测

在数控车床的加工过程中，切削力对整个加工过程有着重要的影响。首先，在切削过程中，切削力导致了切削热的产生，切削热会使刀具产生不同程度的磨损，进而降低刀具的耐用度与加工表面的质量，会影响整个加工过程。其次，可以根据切削力计算出切削功率的大小，选择合适的机床、刀具与夹具。最后，通过对切削力的测量可以保证数控机床顺利地运行，在数控加工中可以实时监控，有利于数控机床的自动加工，避免出现过载等问题。在研究数控车床切削力的时候，根据实际需要通常把总的切削力分解成 x、y、z 方向上3个互相垂直的力 F_x、F_y、F_z 来进行测量，如图2-48所示。

1. 数控车床切削力测量方法分类

数控车床切削力测量一般采用电阻应变式传感器设计组成的八角环测力仪，作为测定 x、y、z 三个方向切削力的传感器。其中的八角环是弹性元件，在环的内外壁相应的应变节点上分别粘贴四片电阻应变片，以克服测试过程中的交叉干扰，把四片电阻应变片按

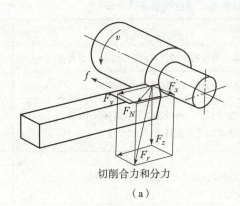

图 2-48　数控车床刀具切削过程
(a) 结构图；(b) 实物图

全桥方式连接，分别构成 3 个测量电桥，如图 2-49 所示。在数控车床车削时，切削力经工件转动传递于车刀上，再由车刀刀杆传递到八角环，八角环的变形使紧贴在其上的电阻应变片也随之变形，电阻值就会随之发生变化，测量转换电桥会输出与切削力成正比例的电信号，经过一系列处理后读出 3 个方向上的切削分力值 F_x、F_y、F_z。这种方法具有灵敏度高、量程范围大等优点，但是耗时大、误差大、测量精度较低，可以通过不同的数据处理方法提高测量精度。

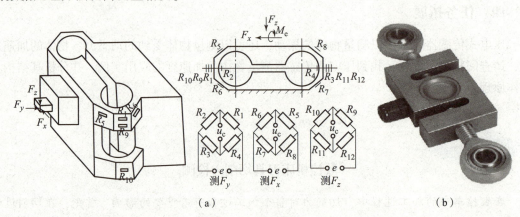

图 2-49　八角环测力仪
(a) 结构图；(b) 实物图

2. 基于单片机的数控车床切削力测量

利用单片机测量数控车床的切削力，系统设计一般为将力通过传感器进行测量，通过电桥放大器把信号进行放大，然后进行模/数转换，设计单片机进行信号处理，通过设计按键电路使 LED 数码管进行循环显示切削力的大小，设置通信接口，当切削力过大时进行过载报警。

电阻应变片和压电晶体是我们测量力的时候常用的传感器。其中电阻应变片具有灵活性大、适应性广、性能稳定等优点。在数控车床车削时，车削力经工件转动传递于车刀刀架上，使紧贴在上面的电阻应变片产生变形。无论应变片受拉伸使电阻丝直径变细，或者应变片受压缩变形使电阻丝直径变粗，都会使电阻值发生变化，从而产生电信号。

3. 基于虚拟分析仪的切削力测量

当今时代，科学技术迅速发展，计算机技术发展尤其迅速，有各种各样新式仪器，现在出现了一种基于计算机和软件的仪器——虚拟仪器。

切削力测量的传统方法需要用专门的测力仪、示波器、记录仪等，这种方法的局限性是只能测量力的数值，之后需要进行大量的数据分析与数据处理，才能得到经验公式。虚拟分析仪可以对作用在刀具上的力和力矩进行分析，对数据进行滤波、平滑等一系列的处理。虚拟仪器可以显示图形，这可以提高对测量数据的理解和解释，可对测量数据进行数据库管理，充分体现了计算机在数据计算、存储和显示等方面的巨大优势。在节省财力、人力的条件下，具有精确度高、速度快、稳定性高、使用方便等优点。

力信号可以应用八角环测力仪转换成电阻变化信号，再通过动态电阻应变仪将电阻变化信号转换成电压信号，通过 A/D 转换将电信号转换成数字信号，后面连接计算机，再通过虚拟分析仪对数据进行处理。

在数控机床车削加工中，利用虚拟分析仪对输出的电信号进行数据采集，可以得到切削力的值。通过实验可以得出，对各种电信号可以利用虚式信号分析仪器进行数据的采集、处理和分析。此种方法包含了各种仪器，方便使用，有很好的发展潜力。

复习与训练

一、填空

1. 半导体应变片的主要优点是_____。
2. 电阻应变式传感器的测量转换电路为直流电桥，电桥灵敏度高、线性好、有温度自动补偿功能的是_____。
3. 影响金属导电材料应变灵敏度 K_0 的主要因素是_____。
4. 制作应变片敏感栅的材料中，用得最多的金属材料是_____。
5. 压阻式固态压力传感器是利用硅的_____效应和集成电路技术制成的新型传感器。
6. 压电材料在使用中一般是两片以上，在以电荷作为输出的地方一般是把压电元件_____起来，而当以电压作为输出的地方一般是把压电元件_____起来。
7. 压电式传感器的输出信号非常微小，需要接入一个前置放大器，常用的前置放大器有_____和_____两种形式。
8. 电阻应变式传感器测量转换电路中要使直流电桥平衡，必须使相对桥臂的_____相等。

二、简答

1. 什么是电阻应变片的应变效应？

2. 电阻应变片根据采用的敏感栅材料分类可以分为哪几种？各自有什么特点？
3. 什么是压阻效应？
4. 压阻式传感器测量电路分为哪两种？哪种测量电路不受温度影响？
5. 什么是压电效应？
6. 简述压电式传感器前置放大器的作用及其两种形式各自的优缺点。
7. 压电式传感器一般用于测量哪些物理量？

项目三

温度检测

项目简介

温度是一个与人们生活环境有着密切关系的物理量，也是一种在生产、生活中需要测量和控制的重要物理量，它是表征物体冷热程度的物理量。从工业炉温、环境气温到人体温度，从空间、海洋探测到家用电器，各个领域都离不开测温和控温。

温度不能直接进行测量，只能借助于冷热不同的物体之间的热交换，以及物体的某些物理性质随冷热程度不同而变化的特性，来进行间接的测量。根据测温的方式，测温法可以分为接触式测温法与非接触式测温法两大类。

接触式温度测量的特点是感温元件直接与被测对象相接触，两者进行充分的热交换，最后达到热平衡，此时温度计的示值就是被测对象的温度。以接触式方法测温的有热电偶、热电阻、热敏电阻、压力温度计、双金属温度计以及玻璃温度计等，如图3-1（a）、（b）所示。接触式温度测量特别适合热容大、无腐蚀性对象的连续在线测温。

非接触式温度测量的特点是感温元件不与被测对象直接接触，而是通过接收被测物体的热辐射能实现热交换，据此测出被测对象的温度。具有不改变被测物体的温度分布，热惯性小，测温上限可设计得很高，便于测量运动物体的温度和快速变化的温度等优点。以接触式方法测温的仪表有红外辐射温度计、光学高温温度计等，如图3-1（c）所示。

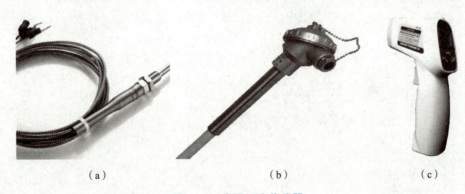

图3-1 常见温度传感器

(a) 热电阻温度传感器；(b) 热电偶温度传感器；(c) 红外辐射温度计

相关知识

一、热电偶

热电偶是温度测量仪表中一种常用的感温元件，它能将温度信号转换成热电动势信号，通过电气仪表的配合，就能检测出被测的温度。由于热电偶将温度转化成电量进行检测，使温度的测量、控制以及对温度信号的放大变换都很方便。

1. 热电效应

将两种不同的导体或半导体组成一个闭合回路，当两结合点的温度不同时，则在该回路中就会产生电动势,这种现象称为热电效应,产生的电动势称为热电动势。热电偶就是利用这种原理进行温度测量的,其中,直接用作测量介质温度的一端叫作测量端,又称为工作端或热端,另一端叫作冷端,又称自由端或参考端。冷端与显示仪表或配套仪表连接,显示仪表会指出热电偶所产生的热电动势,如图 3-2 所示。

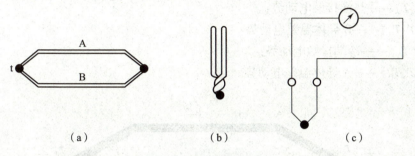

图 3-2 热电偶示意图
(a)热电偶回路;(b)热电偶结构;(c)热电偶电路连接图

热电偶就是根据此原理设计制作的将温差转换为电动势量的热电动势传感器。实验证明,热电偶回路的热电动势主要由接触电动势和温差电动势组成。

(1)接触电动势

两种不同的金属互相接触时,由于不同金属内自由电子的密度不同,在两金属 A 和 B 的接触点处会发生自由电子的扩散现象。自由电子将从密度大的金属 A 扩散到密度小的金属 B,使 A 失去电子带正电,B 得到电子带负电,从而产生接触电动势,如图 3-2(a)所示。接触电动势的大小与导体材料、结点的温度有关,与导体的直径、长度及几何形状无关。

(2)温差电动势

同一导体的两端温度不同时,高温端 T 的电子能量要比低温端 T_0 的电子能量大,因而从高温端跑到低温端的电子数比从低温端跑到高温端的要多,结果高温端 T 因失去电子而带正电,低温端 T_0 因获得多余的电子而带负电,这样,导体两端便产生了一个由高温端指向低温端的静电场 $e_A(T,T_0)$,该静电场阻止电子继续向低温端迁移,最后达到动态平衡。这样,导体两端便产生了电动势,我们称之为温差电动势,如图 3-3(b)所示。

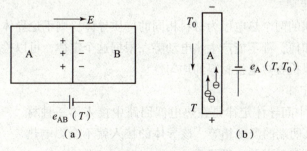

图 3-3 接触电动势和温差电动势示意图
(a)接触电动势;(b)温差电动势

(3) 热电偶回路的总热电动势

如图 3-4 所示，设两个不同的导体 A、B 组成热电偶的两结点温度分别为 T 和 T_0，则热电偶回路所产生的总电动势为：

$$E_{AB}(T,T_0) = e_{AB}(T) - e_{AB}(T_0) - e_A(T,T_0) - e_B(T,T_0) \quad (3-1)$$

式中 $e_{AB}(T)$——热端接触电动势；
$e_B(T,T_0)$——B 导体温差电动势；
$e_{AB}(T_0)$——冷端接触电动势；
$e_A(T,T_0)$——A 导体温差电动势。

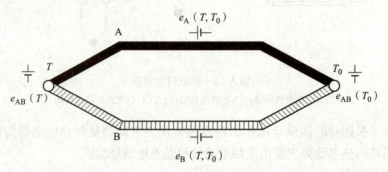

图 3-4 热电偶回路

经实践证明，在热电偶回路中接触电动势远远大于温差电动势，起主要作用的是接触电动势，温差电动势可忽略不计，则热电偶的热电动势可表示为

$$E_{AB}(T,T_0) = e_{AB}(T) - e_{AB}(T_0) \quad (3-2)$$

显然，热电动势的大小与组成热电偶的导体材料和两结点的温度有关。综上所述，得出如下结论：

1) 如果热电偶两材料相同，则无论结点处的温度如何，总热电动势为零。
2) 如果两结点处的温度相同，尽管 A、B 材料不同，总热电动势为零。
3) 当自由端 T_0 恒定时，热电动势只随测量端温度的变化而变化，只要用测量热电动势的方法就可以测得实际的温度。
4) 如果使冷端温度 T_0 保持不变，则热电动势便成为热端温度 T 的单一函数。

2. 热电偶的基本定律

(1) 均质导体定律

如果构成热电偶的两个热电极为材料相同的均质导体，则不论导体的截面和长度如何以及各处的温度分布如何，都不能产生热电动势。根据这个定律，可以检验两个热电极材料成分是否相同，也可以检查热电极材料的均匀性。

(2) 中间导体定律

如图 3-5 所示中间导体定律是在热电偶回路中接入第三种材料的导体 C，只要其两端的温度相等，该导体的接入就不会影响热电偶回路的总热电动势，总热电动势为：

$$E_{ABC}(T,T_0) = E_{AB}(T,T_0) \quad (3-3)$$

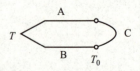

图 3-5 中间导体定律

（3）中间温度定律

热电偶在两结点温度分别为 T、T_n、T_0 时，热电动势等于该热电偶在结点温度为 T、T_n 和 T_n、T_0 相应热电动势的代数和，如图 3-6 所示。

$$E_{AB}(T, T_0) = E_{AB}(T, T_n) + E_{AB}(T_n, T_0) \tag{3-4}$$

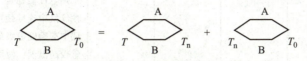

图 3-6 中间温度定律

3. 热电偶的材料和种类

（1）热电偶的材料

为了保证在工业现场应用可靠，并具有足够的精度，热电偶的热电极材料在被测温度范围内应满足：配制成的热电偶应具有较大的热电动势，并希望热电动势与温度之间呈线性关系或近似线性关系；能在较宽的温度范围内使用，并且在长期工作后物理化学性能与热电性能都比较稳定；电导率要求高，电阻温度系数要小；易于复制，工艺简单，价格便宜。

（2）热电偶的种类

常用热电偶可分为标准热电偶和非标准热电偶两大类。所谓标准热电偶是指国家标准规定了其热电动势与温度的关系、允许误差、并有统一的标准分度表的热电偶，它有与其配套的显示仪表可供选用。非标准热电偶在使用范围或数量级上均不及标准热电偶，一般也没有统一的分度表，主要用于某些特殊场合的测量。我国从 1988 年 1 月 1 日起，热电偶和热电阻全部按 IEC 国际标准生产，并指定 S、B、N、K、R、J、T、E 八种标准热电偶为我国统一设计型热电偶，如表 3-1 所示。

表 3-1 八种国际通用热电偶特性表

名称	分度号	测温范围 /℃	100 ℃时的热电动势 /mV	1 000 ℃时的热电动势 /mV	特点
铂铑$_{30}$ - 铂铑$_6$[①]	B	50 ~ 1 820	0.033	4.834	该热电偶在室温下，其热电动势很小，故在测量时一般不用补偿导线，可忽略冷端温度变化的影响；因热电动势较小，故需配用灵敏度较高的显示仪表；测温上限高，性能稳定，准确度高；价格昂贵；只适用于高温域的测量
铂铑$_{13}$ - 铂	R	-50 ~ 1 768	0.647	10.506	使用上限较高，准确度高，性能稳定，复现性好；但热电动势较小，不能在金属蒸气和还原性气氛中使用，在高温下连续使用时特性会逐渐变坏，价昂；多用于精密测量

续表

名称	分度号	测温范围 /℃	100 ℃时的热电动势 /mV	1 000 ℃时的热电动势 /mV	特点
铂铑$_{10}$－铂	S	－50～1 768	0.646	9.587	热电性能稳定、抗氧化性强、宜在氧化性气氛中连续使用；精度高，在所有热电偶中准确度等级最高，通常用作标准或测量较高温度；使用范围较广，均匀性及互换性好。主要缺点有：微分热电动势较小，因而灵敏度较低；价格较贵，机械强度低，不适宜在还原性气氛或有金属蒸气的条件下使用
镍铬－镍硅	K	－270～1 370	4.096	41.276	适宜在氧化性及惰性气体中连续使用，不适宜在真空、含硫、含碳气氛及氧化还原交替的气氛下裸丝使用；其热电动势与温度的关系近似线性，价格便宜，是目前用量最大的热电偶
镍铬硅－镍硅	N	－270～1 300	2.744	36.256	是一种新型热电偶，各项性能均比 K 型热电偶好，适宜于工业测量
镍铬－铜镍（锰白铜）	E	－270～800	6.319	—	热电动势比 K 型热电偶大 50% 左右，线性好，耐高湿度、价廉；但不能用于还原性气氛；多用于工业测量
铁－铜镍（锰白铜）	J	－210～760	5.269	—	价格低廉，在还原性气体中较稳定；但纯铁易被腐蚀和氧化；多用于工业测量
铜－铜镍（锰白铜）	T	－270～400	4.279	—	价廉，加工性能好，离散性小，性能稳定，线性好，准确度高；铜在高温时易被氧化，测温上限低；多用于低温域测量。可作 －200～0 ℃温域的计量标准

①：铂铑$_{30}$表示该合金含70%的铂和30%的铑，以下类推。

除了上述标准热电偶之外，在某些特殊条件下，例如超高温、超低温等，也应用一些特殊热电偶，因目前还没有达到国际标准化程度，非标准热电偶在使用范围或数量级上均不及标准热电偶，一般也没有统一的分度表。

4. 热电偶的结构

热电偶的结构形式有普通型热电偶、铠装型热电偶和薄膜型热电偶等。

（1）普通型热电偶

如图 3－7 所示，普通型热电偶工业上使用最多，它一般由热电偶丝、绝缘套管、保护套管和接线盒组成。

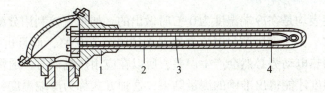

图 3-7 普通型热电偶的结构
1—接线盒；2—保护套管；3—绝缘套管；4—热电偶丝

普通型热电偶按其安装时的连接形式可分为固定螺纹连接、固定法兰连接、活动法兰连接、无固定装置等多种形式。

（2）铠装型热电偶

如图 3-8 所示，铠装型热电偶又称套管热电偶，是将热电极、绝缘材料和金属保护管组合在一起经拉伸加工成型的。铠装型热电偶的主要优点是测温端热容量小，机械强度高，挠性好、耐高压、反应时间短、坚固耐用，可安装在结构复杂的装置上（如狭小的弯曲管道），应用十分广泛。

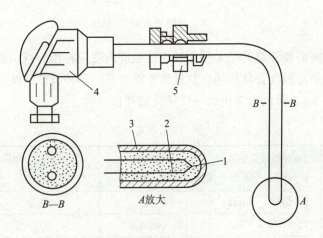

图 3-8 铠装型热电偶示意图
1—热电极；2—绝缘材料；3—金属套管；4—接线盒；5—固定装置

（3）薄膜型热电偶

薄膜型热电偶是由两种薄膜热电极材料用真空蒸镀、化学涂层等办法蒸镀到绝缘基板上而制成的一种特殊热电偶。由于热电偶可以做得很薄，测表面温度时不影响被测表面的温度分布，具有热容量小、动态响应反应速度快等特点，热响应时间达到微秒级，适用于微小面积上的表面温度以及瞬时变化的动态温度测量。如图 3-9 所示为片状薄膜型热电偶，它采用真空蒸镀法将两种电极材料蒸镀到绝缘基板上，上面再蒸镀一层二氯化硅薄膜作为绝缘和保护层。

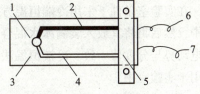

图 3-9 铁—镍薄膜型热电偶
1—测量结点；2—Fe 膜；3—衬底；4—Ni 膜；
5—接头夹；6—Fe 丝；7—Ni 丝

5. 热电偶的冷端温度补偿

热电偶的分度表均是在冷端温度为 0 ℃ 时做出的，如果直接利用分度表测温，必须把冷端温度保持为 0 ℃。由于实际测量时冷端的温度往往高于 0 ℃，而且也不是恒定的，这时，测得热电偶产生的热电动势必然会产生误差，所以在应用热电偶时，通常需要进行必要的修正和处理冷端的温度才能得出准确的测量结果，这种方式称为冷端温度补偿。

目前，热电偶冷端温度补偿主要有以下几种处理方法：

（1）补偿导线法

所谓补偿导线，实际上是一对材料的化学成分不同的导线，在 0~100 ℃ 温度范围内与配接的热电偶有一致的热电特性，但价格相对要便宜。如图 3–10 所示，若利用补偿导线，将热电偶的冷端延伸到温度恒定的场所（如仪表室），其实质是相当于将热电极延长。

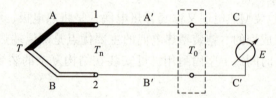

图 3–10　热电偶与补偿导线连接

补偿导线使用时需要注意的是必须在规定的温度内使用补偿导线，两根补偿导线与热电偶的两个热电极的结点温度必须相同，且极性不能接反；各种补偿导线只能与对应型号的热电偶配合使用。表 3–2 所示为常用的补偿导线型号和参数。

表 3–2　常用的补偿导线型号和参数

补偿导线型号	配用热电偶型号 （正极 – 负极）	补偿导线 （正极 – 负极）	导线外皮颜色	
			正	负
BC	B（铂铑$_{30}$ – 铂铑$_6$）	铜 – 铜	红	灰
SC	S（铂铑$_{10}$ – 铂）	铜 – 铜镍 0.6①	红	绿
RC	R（铂铑$_{13}$ – 铂）	铜 – 铜镍 0.6	红	绿
KCA	K（镍铬 – 镍硅）	铁 – 铜镍 22	红	蓝

①：铜镍 0.6 表示该合金含 99.4% 的铜和 0.6% 的镍，以下类推。

（2）冷端恒温法

在实验室条件下采用冷端恒温方式，也称为冰浴法。通常是把冷端放在盛有绝缘油的试管中，然后再将其放入装满冰水混合物的保温容器中，使冷端保持 0 ℃，这时热电偶输出的热电动势与分度值一致。冷端恒温法消除了 T_0 不等于 0 ℃ 而引入的误差，此种方法一般只适用于实验室中。

（3）电桥补偿法

电桥补偿法是仪表中最常用的一种处理方法，它利用不平衡电桥产生的电动势来补偿热电偶因冷端温度变化而引起的热电动势变化值，可以自动地将冷端温度校正到补偿电桥的平衡温度上。

电桥补偿法的工作原理如图3-11所示,它由3个电阻温度系数较小的锰铜丝绕制的电阻 R_1、R_2、R_3 及电阻温度系数较大的铜丝绕制的电阻 R_{Cu} 和稳压电源组成。补偿电桥与热电偶冷端处在同一环境温度,当冷端温度变化引起的热电动势 $E_{AB}(T, T_0)$ 变化时,由于 R_{Cu} 的阻值随冷端温度变化而变化,适当选择桥臂电阻和桥路电流,就可以使电桥产生的不平衡电压 U_{ab} 补偿由于冷端温度 T_0 变化引起的热电动势变化量,从而达到自动补偿的目的。

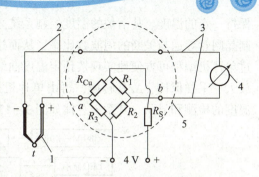

图3-11 电桥补偿法

1—热电偶;2—补偿导线;3—铜导线;
4—指示仪表;5—冷端补偿器

(4) 仪表机械零点调整法

当热电偶通过补偿导线连接显示仪表时,如果热电偶冷端温度不是0℃,但十分稳定(如恒温车间或有空调的场所),可预先将有零位调整器的显示仪表的指针从刻度的初始值调至已知的冷端温度值上,这时显示仪表的示值即为被测量的实际温度值。这种方法有一定的误差,但是方便实施,在工业上常采用。

6. 热电偶传感器的应用

(1) 炉温的测量

热电偶传感器目前在工业生产中得到了广泛的应用,并且可以选用与热电偶配套的显示仪表和记录仪来进行显示和记录。如图3-12所示为利用热电偶测量炉温的系统示意图。

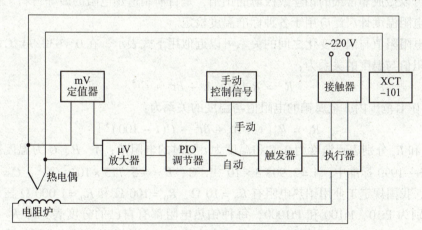

图3-12 热电偶测量炉温系统示意图

图中mV定值器给出设定温度的相应电压值,如热电偶的实际热电动势与定值器的输出值有偏差,则说明炉温偏离给定值,此偏差经放大器送入调节器,再经过晶闸管触发器去控制晶闸管执行器,从而调整炉丝的加热功率,消除偏差,达到温控的目的。

(2) 盐浴炉温度的测量

盐浴炉是用熔融盐液作为加热介质,将工件浸入盐液内加热的工业炉。盐浴炉在热处理设备中占有重要的位置,它是利用熔盐作为电阻发热体,利用电极将电流引入熔盐中,当电流流过浴盐时,电能便转换为热能而使浴盐温度升高,控制电流的通断或大小,就可使浴盐保持一定的温度。盐浴炉的温度控制系统采用晶闸管调功实现盐浴炉的温度控制,即通过控制晶闸管导通与关断的周波数比率,从而达到调功的目的。晶闸管的触发由单片机控制,通过单片机编程可方便地实现按预定温度曲线进行加热。盐浴炉炉温由热电偶感应,通过信号放大、采样保持、A/D 转换,再由单片机进行数据处理及线性化校正,以实现盐浴炉实际温度的检测和显示。其系统总体如图 3 – 13 所示。

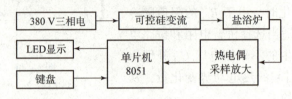

图 3 – 13　盐浴炉温度控制系统总框图

二、热电阻

热电阻是利用导体材料的电阻随温度变化而变化的特性来实现对温度的测量。热电阻是中低温区最常用的一种温度检测器。它的主要特点是测量精度高,性能稳定。目前应用较多的热电阻材料主要有铂、铜、镍、铁等。

1. 常用的几种热电阻

(1) 铂热电阻

铂热电阻的物理、化学性能在高温和氧化性介质中很稳定,并具有良好的工艺性能,易于提纯,可以做成非常细的铂丝或极薄的铂箔,是目前制造热电阻的最好材料。铂电阻主要作为标准电阻温度计广泛应用于各种标准温度检定。

铂热电阻阻值与温度变化之间的关系可以近似用下式表示,在 0 ~ 630.74 ℃范围内,金属铂的电阻值与温度的关系为:

$$R_t = R_0 [1 + At + Bt^2 + Ct^3] \tag{3 – 5}$$

在 – 190 ~ 0 ℃范围内,金属铂的电阻值与温度的关系为:

$$R_t = R_0 [1 + At + Bt^2 + C(t - 100)^3] \tag{3 – 6}$$

式中,R_0 和 R_t 分别表示温度为 0 ℃和温度为 t ℃时的电阻值;A、B、C 为温度系数。在国际温标 ITS—1990 标准中,$A = 3.9083 \times 10^{-13}/℃$,$B = -5.775 \times 10^{-7}/℃^2$,$C = -4.183 \times 10^{-12}/℃$。我国规定工业用铂热电阻有 $R_0 = 10\ \Omega$、$R_0 = 100\ \Omega$ 和 $R_0 = 1000\ \Omega$ 三种,对应的分度号分别为 Pt10、Pt100 和 Pt1000,每种铂热电阻都有自己的分度表,即 $R_t - t$ 关系表。只要测量得到铂热电阻的阻值就可以通过分度表找到对应的温度,目前常用的是 Pt100。

(2) 铜热电阻

由于铂是贵重金属,故在一些测量精度要求不高,测温范围不大的情况下,可以采用铜热电阻来代替铂热电阻进行测温,从而降低成本,同时也能达到精度要求。温度在 – 50 ~ 150 ℃范围内,铜热电阻阻值与温度关系几乎是线性的,可用下式近似表示:

$$R_t = R_0 (1 + \alpha t) \tag{3 – 7}$$

式中　R_t——温度为 t ℃时的电阻值;

　　　R_0——温度为 0 ℃时的电阻值;

　　　α——铜热电阻的电阻温度系数,$\alpha = 4.28 \times 10^{-3}/℃$。

与铂热电阻相比，铜热电阻的温度系数要大一些。目前常用的铜热电阻有 $R_0 = 50\ \Omega$ 和 $R_0 = 100\ \Omega$ 两种，它们的分度号为 Cu50 和 Cu100，其中常用的是 Cu50。

2. 热电阻的结构

热电阻广泛应用于各种条件下的温度测量，目前常见的结构由普通型热电阻、铠装型热电阻和端面型热电阻等。普通型热电阻主要由电阻丝、绝缘管、保护套管和接线盒等部分组成。如图 3-14 所示为普通型铂热电阻的结构。

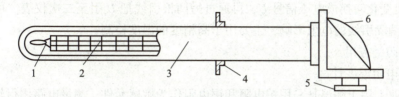

图 3-14 普通型铂热电阻的结构

1—铂电阻丝；2—绝缘管；3—保护套管；4—安装固定件；5—引线口；6—接线盒

铠装型热电阻比普通型热电阻直径小，它的外径一般为 $\phi 2 \sim 8$ mm，易弯曲，抗震性好，适合安装在普通型热电阻无法安装的场合。在保护套管和热电阻之间填充绝缘材料粉末，常用的绝缘材料有氧化镁、氧化铝等，使其具有很强的抗污染和优良的机械强度。

端面型热电阻感温元件由特殊处理的电阻丝材绕制，紧贴在温度计端面。它与一般轴向热电阻相比，能更正确和快速地反映被测端面的实际温度，适用于测量轴瓦和其他机件的端面温度。

3. 热电阻的引线连接方式

热电阻是把温度变化转换为电阻值变化的一次元件，通常需要把电阻信号通过引线传递到计算机控制装置或者其他一次仪表上。工业用热电阻安装在生产现场，与控制室之间存在一定的距离，因此热电阻的引线对测量结果会有较大的影响。目前热电阻的引线方式有二线制、三线制、四线制三种，如图 3-15 所示。

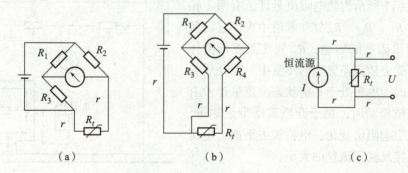

图 3-15 热电阻的引线方式

(a) 二线制；(b) 三线制；(c) 四线制

（1）二线制接线

二线制接线即在热电阻的两端各连接一根导线来引出电阻信号。这种引线方法很简单，但由于连接导线必然存在引线电阻 r，r 大小与导线的材质和长度因素有关，因此这种引线方式只适用于测量精度较低的场合。

(2) 三线制接线

三线制接线即在热电阻的根部的一端连接一根引线,另一端连接两根引线。这种方式通常与电桥配套使用,可以减小热电阻与测量仪表之间连接导线的电阻因环境温度变化所引起的测量误差,是工业过程控制中最常用的引线电阻。

(3) 四线制接线

四线制接线即在热电阻的根部两端各连接两根引线,其中两根引线为热电阻提供恒定电流 I,把电阻变化转换成电压信号 U,再通过另两根引线把 U 引至二次仪表。可见这种引线方式可完全消除引线的电阻影响,主要用于高精度的温度检测。

4. 热电阻的应用

(1) 热电阻温度计

通常工业上用于测温是采用铂电阻和铜电阻作为敏感元件,测量电路用得较多的是电桥电路。为了克服环境温度的影响,常采用如图 3-16 所示的三线制电桥电路。由于采用这种电路,热电阻的两根引线的电阻值被分配在两个相邻的桥臂中,则由于环境温度变化引起的引线电阻值变化造成的误差被相互抵消。

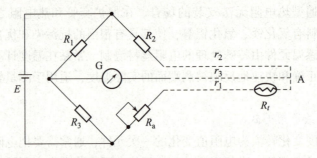

图 3-16 热电阻的测量电路

(2) 热电阻流量计

如图 3-17 所示为热电阻流量计,有两个铂热电阻探头 R_{t1}、R_{t2},R_{t1} 放在管道中央,它的散热情况受介质流速的影响,R_{t2} 放在温度与流体相同,但不受介质流速影响的小室中。当介质处于静止状态时,电桥处于平衡状态,流量计没有指示,当介质流动时,由于介质流动带走热量,温度的变化引起阻值变化,电桥失去平衡,电流计的指示直接反映了流量的大小。

三、热敏电阻

热敏电阻是利用半导体的电阻值随温度的变化而显著变化的特性来实现测温的。半导体热敏

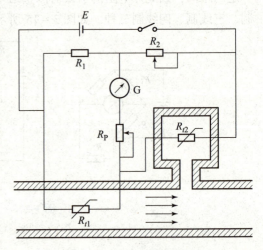

图 3-17 热电阻流量计的原理图

电阻因其电阻温度系数大、灵敏度高、热惯性小、反应速度快、体积小、结构简单、易于实现远距离测量等特点得到广泛应用,特别适于在 -100~300 ℃ 测温。

1. 热敏电阻的工作原理

热敏电阻的测温原理是基于半导体电阻值随着温度的变化而变化的特性。只要测量出感温热敏电阻的阻值变化，就可以测量出温度。半导体热敏电阻的阻值和温度的关系为：

$$R_t = Ae^{B/t} \tag{3-8}$$

式中 R_t 为温度 t 时对应的电阻值；A、B 是取决于半导体材料和结构的常数。

2. 热敏电阻的分类

热敏电阻主要有三种类型，即正温度系数型（PTC）、负温度系数型（NTC）和临界温度系数型（CTR）。三类热敏电阻的温度—电阻特性曲线如图 3-18 所示。

（1）正温度系数型（PTC）

正温度系数型（PTC）热敏电阻主要由 $BaTiO_3$（钛酸钡）系列材料制成。其温度—电阻特性曲线如图 3-18 所示，呈非线性，热敏电阻的阻值随温度升高而增大，且有斜率最大的区域，当温度超过某一数值时，其电阻值朝正的方向快速变化。PTC 热敏电阻通常用作各种电器的过热保护、发热源的定温控制、电路的限流元件。

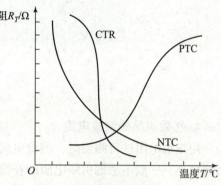

图 3-18 三类热敏电阻的温度—电阻特性曲线

（2）负温度系数型（NTC）

负温度系数型（NTC）热敏电阻主要由一些过渡金属氧化物半导体陶瓷制成。其温度—电阻特性曲线如图 3-18 所示，热敏电阻的阻值随温度升高而减小，且有明显的非线性。NTC 热敏电阻具有很高的负电阻温度系数，特别适用于 -100～+300 ℃测温，主要用于物体表面温度、温差、温场等的测量，也可以用于自动控制及电子线路的热补偿线路。

（3）临界温度系数型（CTR）

临界温度系数型（CTR）热敏电阻主要由 VO_3（氧化钒）系列材料制成。其温度—电阻特性曲线如图 3-18 所示，在某个温度范围内随温度升高电阻值急剧下降，曲线斜率在此区段特别陡，灵敏度极高。CTR 热敏电阻主要用作温度开关。

3. 热敏电阻的结构

热敏电阻是由一些金属氧化物，如钴（Co）、锰（Mn）、镍（Ni）等的氧化物采用不同比例配方，高温烧结而成。其结构主要由热敏探头、绝缘套管、引线等构成，如图 3-19 所示。

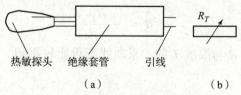

图 3-19 热敏电阻的结构与符号
（a）结构；（b）符号

根据不同的使用要求，可以把热敏电阻做成不同的形状和结构，其典型结构有圆片型、柱型、珠型、杆型、管型、平板型、扁圆型、垫圈型，珠型和圆片型热敏电阻外形如图3-20所示。

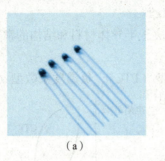
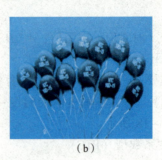

图3-20 热敏电阻的外形
(a) 珠型；(b) 圆片型

4. 热敏电阻的测量电路

用热敏电阻进行测温时，测量电路一般采用电桥电路。由于引线电阻对热敏电阻的测量影响极小，一般不考虑引线电阻的补偿，但由于热敏电阻的非线性特性，则在测量电路的设计和选择时必须考虑线性化处理。这里简单介绍一种热敏电阻非线性的线性化网络处理方法，如图3-21所示。

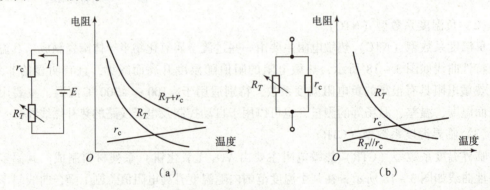

图3-21 热敏电阻常用补偿线路
(a) 串联补偿电路；(b) 并联补偿电路

图3-21 (a) 中热敏电阻 R_T 与补偿电阻 r_c 串联后的等效电阻为 $R = R_T + r_c$，只要 r_c 的阻值选择恰当，总可以使温度在某一范围内跟电阻的导数呈线性关系，从而电流 I 与温度 T 呈线性关系。图3-21 (b) 中热敏电阻 R_T 与补偿电阻 r_c 并联后的等效电阻为：

$$R = \frac{r_c R_T}{r_c + R_T} \tag{3-9}$$

从图中可看出，等效电阻 R 与温度 T 的关系曲线变得比较平坦，因而可以在某一温度范围内得到线性化输出。

5. 热敏电阻的应用

（1）温度测量

如图3-22所示为热敏电阻点温计，使用时先将切换开关S旋到1处接通校正电路，调

节 R_6 使显示仪表的指针转至测量上限,用以消除由于电源 E 电压变化产生的误差。当热敏电阻感温元件插入被测介质后,再将切换开关旋到 2 处,接通测量电路,这时显示仪表的示值即为被测介质的温度值。

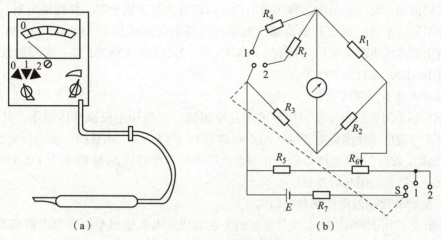

图 3 – 22 热敏电阻点温计

(a) 实物图;(b) 电路图

(2) 温度补偿

如图 3 – 23 所示为由热敏电阻 R_t 构成的动圈仪表中的热敏电阻温度补偿电路,动圈仪表都是由锰铜丝制成的,锰铜丝具有正的温度系数,它的电阻率随温度增高而电阻增大,这会使仪表产生测量误差,所以需要负温度系数的热敏电阻进行温度补偿,从而抵消由于温度变化所产生的误差。

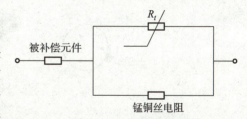

图 3 – 23 动圈仪表中热敏电阻温度补偿电路

(3) 流量测量

利用热敏电阻上的热量消耗和介质流速的关系可以测量管道内介质流量,测量原理同热电阻。

四、集成温度传感器

集成温度传感器也称为温度传感器集成电路(简写为温度 IC),它是利用晶体管 PN 结的电流与电压特性与温度的关系,把敏感元件、放大电路和补偿电路等部分集成化,并把它们封装在同一壳体里的一种一体化温度检测元件。在使用集成温度传感器时,只需要很少的外围元器件,即可制成温度检测仪表。集成温度传感器具有体积小、测温精度高、稳定性好、重复性好、线性优良、抗干扰能力强等优点,有些集成温度传感器还具有温度控制功能,因此集成温度传感器在温度测控领域应用十分广泛。

1. 集成温度传感器的工作原理

集成温度传感器的测温原理是基于 PN 结的温度特性,硅二极管或晶体管的 PN 结在结电流一定时,正向压降 U_D 以 $-2\ \text{mV}/\text{℃}$ 变化,通过测量 PN 结的正向电压就可以得到对应的温度值,其测温范围一般在 -50 ~ +150 ℃。

2. 集成温度传感器的分类

集成温度传感器按信号输出形式分为模拟输出和数字输出两种类型,其中模拟输出型又包括电流输出型、电压输出型,数字输出型又可以分为开关输出型、并行输出型、串行输出型等几种不同的形式。典型的电流输出型集成电路温度传感器为 AD590、LM134 等;典型的电压输出型集成电路温度传感器有 μPC616A/C、LM135、AN6701 等;典型的数字输出型传感器有 DS1820、ETC - 800 等。

3. AD590 集成温度传感器

AD590 是美国模拟器件公司生产的单片电流输出型两端集成温度传感器,其表征为一个输出电流与温度成比例的电流源。AD590 共有 I、J、K、L、M 五挡,在出厂前已经校准,其中 M 挡精度最高,I 挡精度最低,在测温范围内的非线性误差 M 挡小于 ±0.3 ℃,I 挡小于 ±10 ℃,I 挡在应用时需校正。

(1) AD590 集成温度传感器的结构

AD590 是利用 PN 结正向电流与温度的关系制成的电流输出型两端温度传感器。AD590 的外形和符号如图 3 - 24 所示。它采用金属壳三脚封装,其中 1 脚为电源正端 $V+$;2 脚为电流输出端 I_o;3 脚为管壳,一般不用。

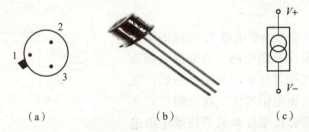

图 3 - 24 集成温度传感器 AD590 的封装、外形及符号

(a) 金属封装;(b) 外形;(c) 符号

(2) AD590 集成温度传感器的工作原理

AD590 等效于一个高阻抗的恒流源,其输出阻抗 >10 MΩ,能大大减小因电源电压变动而产生的测温误差。对应于热力学温度 T,每变化 1 K,输出电流变化 1 μA。其输出电流 I_o(μA)与热力学温度 T(K) 严格成正比。其电流灵敏度表达式为:

$$\frac{I}{T} = \frac{3k}{eR}\ln 8 \tag{3-10}$$

式中,k、e 分别为波尔兹曼常数和电子电量;R 是内部集成化电阻。令 $k/e = 0.0862$ mV/K,$R = 538$ Ω,代入式 (3-10) 中得到:

$$\frac{I}{T} = 1 \text{ μA/K} \tag{3-11}$$

由式 (3-11) 可知,热力学温度 T 每变化 1 K,输出电流 I 变化 1 μA,因此,AD590 的输出电流 I_o 的微安数就代表着被测温度的热力学温度值 (K)。

(3) AD590 集成温度传感器的基本测温电路

1) 基本测温电路。AD590 集成温度传感器的基本测温电路如图 3 - 25 (a) 所示,因

为流过 AD590 的电流 I_o 与热力学温度成正比（1 μA/K），当电位器 R_L 的电阻为精密电阻时，起着将 AD590 输出的电流转换为电压的作用，通过调节电位器 R_L 使输出电压 U_o = 1 mV/K。

2）测量摄氏温度电路。如图 3-25（b）所示为测量摄氏温度的电路，该电路采用运算放大器构成反相加法器来实现电流—电压的变换。电位器 R_P 用于调整零点，R_f 用于调整运放的增益。在 0 ℃时调整 R_P，使输出 U_o = 1 V。在室温下进行校验，例如室温为 25 ℃，那么 U_o = 0.25 V。

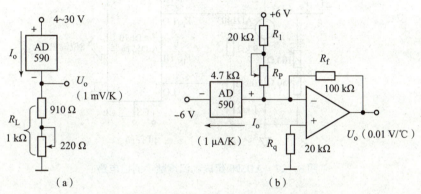

图 3-25 AD590 测温电路

(a) 基本测温电路；(b) 测量摄氏温度电路

4. 集成温度传感器的应用

集成温度传感器除了可以组成基本的测温电路或测量摄氏温度电路，还可以构成温度变送器，与控制仪表相连将测得温度显示出来；也可通过 A/D 转换器将电压信号转换为数字信号输出，达到温度数字测控的目的。

（1）温度变送器

如图 3-26 所示为 AD590 组成的输出为 4~20 mA 的温度变送器电路原理图，该电路将 AD590 原来的 1 μA/K 的输出放大到 1 mA/℃，所以补偿到 17 ℃时对应的电流是 4 mA，33 ℃时对应的电流是 20 mA。该电路能直接兼容 DDZ-Ⅲ型仪表，可以与 DDZ-Ⅲ型的显示或控制仪表相连，将测得的温度显示出来，或者用于温度的测控。R_T 为一可调电阻器，选择合适的电阻，AD590 在其测量范围内的任意温度都可以线性测定。

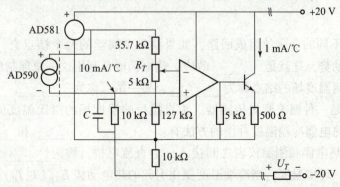

图 3-26 AD590 组成的温度变送器

（2）温度数字测控电路

如图 3-27 所示为 AD590 组成的输出为数字信号的温度数字测控电路原理图，通过一个 A/D 转换器 AD670 将 AD590 传来的电压信号转换为 8 位数字信号输出，这一数字信号既可以传到下一级显示出来，也可以与单片机相连，达到进行温度数字测控的目的。

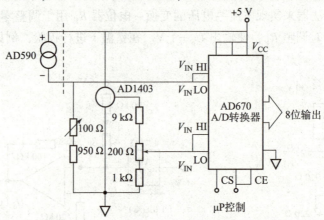

图 3-27　AD590 组成的温度数字测控电路

任务一　K 型热电偶测量加热源温度

一、任务目标

通过本任务的学习，帮助学生了解热电效应，了解热电偶的材料、结构和通用热电偶，掌握热电偶冷端温度补偿及其方法，学会使用 K 型热电偶测量加热源温度。

二、任务分析

练习

（1）将两种不同的金属丝组成回路，如果两种金属丝的两个结点有_____，在回路内就会产生热电动势，这就是_____效应，热电偶就是利用这一原理制成的一种温差测量传感器，置于被测温度场的结点称为_____，另一结点称为_____。

（2）热电偶是一种温差测量传感器。为直接反映温度场的摄氏温度值，需对其自由端进行_____。热电偶冷端温度补偿的方法有：_____、_____和_____。如图 3-28 所示，它是在热电偶和测温仪表之间接入一个直流电桥，称为_____。补偿电桥与热电偶冷端处在同一环境温度，当冷端温度变化引起的热电动势 $E_{AB}(T, T_0)$ 变化时，由于 R_{Cu} 的阻值随冷端温度变化而变化，适当选择桥臂电阻和桥路电流，就可以使电桥产生的不平衡

电压 U_{ab} 补偿由于冷端温度 T_0 变化引起的热电动势变化量,从而达到自动补偿的目的。

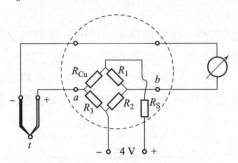

图 3-28 电桥补偿原理图

思考

用一支分度号为 K(镍铬-镍硅)的热电偶测量温度源的温度,工作时的参考端温度(室温)$T_0 = 20\ ℃$,而测得热电偶输出的热电动势(经过放大器放大的信号,假设放大器的增益 $k = 10$)为 32.7 mV,则 $E(T, T_0) = 32.7\ \text{mV}/10 = 3.27\ \text{mV}$,那么热电偶测得温度源的温度是多少呢?

三、任务实施

1. 认识 K 型热电偶及其实验模块

本任务所使用的 K 型热电偶如图 3-29 所示,温度传感器实验模块如图 3-30 所示。除了 K 型热电偶和温度传感器实验模块外,本任务的实施还要用到直流稳压电源、智能调节仪、Pt100 热电阻、温度源、连接线等。

图 3-29 K 型热电偶　　　　图 3-30 温度传感器实验模块

2. 热电偶测温的工作原理

热电偶是一种使用最多的温度传感器,它的原理是热电效应,即两种不同的导体或半导体 A 或 B 组成一个回路,其两端相互连接,只要两结点处的温度不同,一端温度为 T,另一端温度为 T_0,则回路中就有电流产生,即回路中存在电动势,该电动势被称为热电动势。经过推理换算,得出

$$E_{AB}(T, T_0) = e_{AB}(T) - e_{AB}(T_0) \tag{3-12}$$

即所产生的热电动势是被测温度的函数,即可通过测量电动势计算所测温度。

3. 任务实施步骤

1)智能调节仪温控电路接线。按照加热源、风扇电源和温度传感器顺序接线。加热源接交流 0~220 V 电源;风扇电源通过"继电器输出"接直流 24 V;在控制台上的"智能调节仪"单元中"输入"选择"Pt100"。根据图 3-31(a)所示将安装在 Pt100 热电阻安装在温度传感器特性测试加热源上实验模块中,并与智能调节仪相连,安装好后实物图如图 3-31(b)所示。

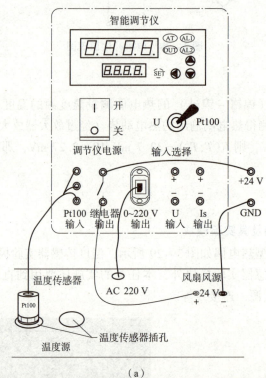

(a)

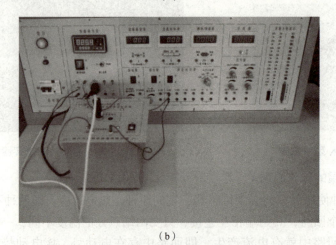

(b)

图 3-31 加热源接线图
(a)示意图;(b)实物图

2)设定加热源的初始温度。闭合电源开关,包括智能调节仪电源,此时智能调节仪显示的初始值为室温,将设定温度改为实验所需的初始温度 50 ℃,单击智能调节仪面板上的"SET"按钮,则设定值的末位被选中,如果需要改变高位的值,请按左键"◀",而改变值的大小请按上"▲"或下"▼"键。设定完毕,再次单击"SET"按钮,新的设定值(小于 120)就被确定。

3)将 K 型热电偶插入加热源。智能调节仪显示框的数值开始跳动,最终趋于设定值 50 ℃,在另一个温度传感器插孔中插入 K 型热电偶温度传感器。

4)差分放大器调零。将 ±15 V 直流稳压电源接入温度传感器实验模块中。温度传感器实验模块的输出 U_{o2} 接实验台直流电压表。将温度传感器实验模块上差动放大器的输入端 U_i 短接,调节 R_{W3} 到最大位置,再调节电位器 R_{W4} 使直流电压表显示为零。

5)热电偶测温。拿掉短路线,按图 3-32(a)接线,并将 K 型热电偶的两根引线中热端(红色)接 a,冷端(绿色)接 b,实物接线图如图 3-32(b)所示。改变加热源的温度,每隔 5 ℃记下 U_{o2} 的输出值。直到温度升至 120 ℃,并将实验结果填入表 3-3。

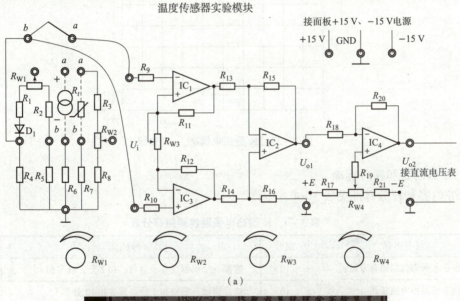

(a)

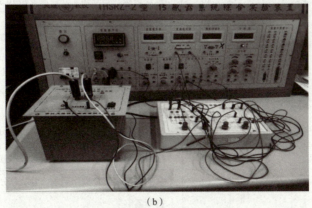

(b)

图 3-32 K 型热电偶测温接线图
(a)示意图;(b)实物图

表 3-3　K 型热电偶输出电压与温度的关系

T/℃										
U_{o2}/V										

6）实验结束后，关闭实验台电源，整理好实验设备。

4. 数据处理

根据表 3-3 数据绘制 K 型热电偶的输出电压与温度的关系曲线（$U_o - T$ 曲线），如图 3-33 所示。

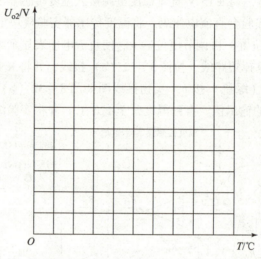

图 3-33　K 型热电偶 $U_o - T$ 曲线

5. 任务内容和评分标准

任务内容和评分标准见表 3-4。

表 3-4　K 型热电偶温度测量评分表

任务内容	配分	评分标准	得分
认识本任务所需仪器设备及器材	10	遗漏一个仪器设备及器材，扣 2 分，最多扣 10 分	
智能调节仪温控电路接线	10	接线错误，每处扣 2 分，最多扣 10 分	
设定加热源的初始温度	10	设置错误，扣 10 分	
将 K 型热电偶插入加热源	10	操作不正确，扣 10 分	
差分放大器调零	20	1）接线错误，每处扣 2 分，最多扣 10 分； 2）调零不正确，扣 10 分	
热电偶测温	20	1）温度设置错误，每处扣 5 分，最多扣 10 分； 2）读数不正确，每处扣 2 分，最多扣 10 分	
团队协作意识	10	小组共同完成项目，组员缺乏合作意识，扣 10 分	
正确使用设备和工具	10	只要不符合安全操作要求，就从总分中扣除	
总得分		教师签字	

四、任务拓展

将测得的输出电压除以差分放大器的放大倍数，得到实际的输出电压值，并将该数值与 K 型热电偶的分度表进行对照，可以发现测量的热电动势偏小。那是因为热电偶的分度表均是在冷端温度为 0 ℃时做出的，而以上实验在室温下完成，冷端温度等于室温，测得热电偶产生的热电动势必然会有误差，所以通常需要进行冷端温度补偿。在温度传感器实验模块上有一个补偿电桥，可以利用它实现冷端温度补偿，请自己动手做一做。

1. 仪器设备及器材

直流稳压电源、直流电压表、智能调节仪、Pt100 热电阻、K 型热电偶、加热源、温度传感器实验模块。

2. 工作原理

本实验利用电桥补偿法实现热电偶冷端温度补偿，补偿电桥安装在温度传感器实验模块上。补偿电桥在 0 ℃时达到平衡（亦有 20 ℃平衡）。当热电偶自由端温度升高时（>0 ℃）热电偶回路电动势 U_{ab} 下降，由于补偿器中，PN 呈负温度系数，其正向压降随温度升高而下降，促使 U_{ab} 上升，其值正好补偿热电偶因自由端温度升高而降低的电动势，达到补偿目的。

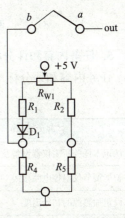

图 3-34 电桥补偿法

3. 实验步骤

1) 重复以上任务实施步骤中的 1)~4)。

2) 接入补偿电桥。拿掉短路导线，按图 3-34 接线，并将 K 型热电偶的两个引线分别接入模块 b、a 两端（红接 a，蓝接 b）；调节 R_{W1} 使温度传感器输出 U_{o2} 电压值为 AE_2。（A 为差动放大器的放大倍数、E_2 为 K 型热电偶 50 ℃时对应输出的热电动势）。

3) K 型热电偶测温。改变加热源温度，每隔 5 ℃记下 U_{o2} 的输出值，直到温度升至 120 ℃，并将实验结果填入表 3-5。

表 3-5　K 型热电偶输出电压与温度的关系

T/℃													
U_{o2}/V													

4) 实验结束后，关闭实验台电源，整理好实验设备。

4. 数据处理

根据表 3-5 的实验数据，作出 K 型热电偶输出电压与温度的关系曲线（U_o-T 曲线），如图 3-35 所示。

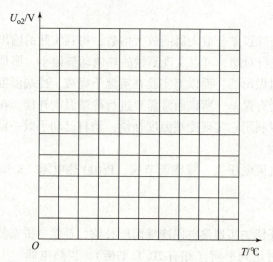

图 3-35　冷端温度补偿后的 K 型热电偶 $U_o - T$ 曲线

5. 任务内容和评分标准

任务内容和评分标准见表 3-6。

表 3-6　K 型热电偶冷端温度补偿评分表

任务内容	配分	评分标准	得分
认识本任务所需仪器设备及器材	10	遗漏一个仪器设备及器材，扣 2 分，最多扣 10 分	
智能调节仪温控电路接线	10	接线错误，每处扣 2 分，最多扣 10 分	
设定加热源的初始温度	10	设置错误，扣 10 分	
将 K 型热电偶插入加热源	10	操作不正确，扣 10 分	
差分放大器调零	10	1）接线错误，每处扣 2 分，最多扣 6 分； 2）调零不正确，扣 4 分	
接入补偿电桥	10	接线错误，每处扣 5 分，最多扣 10 分	
热电偶测温	20	1）温度设置错误，每处扣 5 分，最多扣 10 分； 2）读数不正确，每处扣 2 分，最多扣 10 分	
团队协作意识	10	小组共同完成项目，组员缺乏合作意识，扣 10 分	
正确使用设备和工具	10	只要不符合安全操作要求，就从总分中扣除	
总得分		教师签字	

任务二 Pt100 热电阻测量加热源温度

一、任务目标

通过本任务的学习,帮助学生了解热电阻的分类,掌握金属热电阻的工作原理,学会使用 Pt100 热电阻测量加热源温度。

二、任务分析

练习

(1) 热电阻常用的有_____和_____两种,Pt100 测温范围是_____,Cu50 测温范围是_____,确定温度范围时要留一定的余量,比如测的介质温度一般在 130 ℃时,选择 Cu50 就不合适,因为余量太小,很可能最高温度就超过 150 ℃而无法测量。目前,_____一般用于测量室温;_____则应用较广,如蒸汽的温度测量、烤箱的温度测量等。

(2) 目前热电阻的引线方式有_____、_____和_____三种,其中_____可以消除环境温度变化所引起的测量误差,是工业过程控制中最常用的引线电阻。

思考

如何根据传感器的测温范围和精度要求选用相应的热电阻材料?

三、任务实施

1. 认识 Pt100 热电阻传感器

本任务所使用的 Pt100 热电阻传感器如图 3 - 36 所示,除了 Pt100 热电阻传感器 (2 只),任务的实施还要用到直流稳压电源、智能调节仪、加热源、温度传感器实验模块。

2. Pt100 热电阻测量温度的工作原理

利用导体电阻随温度变化的特性,热电阻用于测量时,要求其材料电阻温度系数大,稳定性好,电阻率高,电阻与温度之间最好有线性关系。当温度变化时,感温元件的电阻值随温度而变化,这样就可将变化的电阻值通过测量电路转换成电信号,即可得到被测温度。

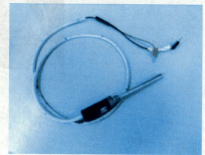

图 3 - 36 Pt100 热电阻传感器

3. 任务实施步骤

1) 重复任务一中任务实施步骤中的 1)~2)。

2) 将 Pt100 热电阻插入加热源。将加热源的温度稳定在 50 ℃时,在加热源另一个温度传感器插孔中插入 Pt100 热电阻。

3）差分放大器调零。参考任务一中任务实施步骤4）。

4）Pt100 热电阻测温。拔掉短接线，实物接线如图 3－37（a）所示，实物如图 3－37（b）所示，并将 Pt100 的 3 根引线插入温度传感器实验模块中 R_t 两端（其中颜色相同的两个接线端是短路的）。将电桥的输出接到差动放大器的输入 U_i，记下模块输出 U_{o2} 的电压值。改变加热源的温度，每隔 5 ℃记下 U_{o2} 的输出值，直到温度升至 120 ℃，并记录实验结果，填入表 3－7 中。

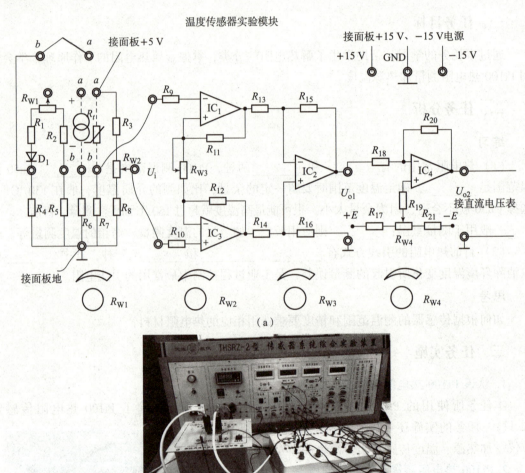

图 3－37 Pt100 测量加热源温度接线图

（a）接线电路图；（b）实物图

表 3－7 Pt100 测温电路输出电压与温度的关系

T/℃											
U_{o2}/V											

5）实验结束后，关闭实验台电源，整理好实验设备。

4. 数据处理

1）根据表 3 – 7 数据绘制 Pt100 热电阻的输出电压与温度的关系曲线（U_o – T 曲线），如图 3 – 38 所示。

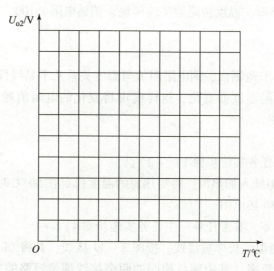

图 3 – 38　Pt100 热电阻 U_o – T 曲线

2）分析 Pt100 的温度特性曲线，并计算其非线性误差和灵敏度。

5. 任务内容和评分标准

任务内容和评分标准见表 3 – 8。

表 3 – 8　Pt100 热电阻温度测量评分表

任务内容	配分	评分标准	得分
认识本任务所需仪器设备及器材	10	遗漏一个仪器设备及器材，扣 2 分，最多扣 10 分	
智能调节仪温控电路接线	10	接线错误，每处扣 2 分，最多扣 10 分	
设定加热源的初始温度	10	设置错误，扣 10 分	
将 Pt100 热电阻插入加热源	10	操作不正确，扣 10 分	
差分放大器调零	20	1）接线错误，每处扣 2 分，最多扣 6 分； 2）调零不正确，扣 4 分	
Pt100 热电阻测温	20	1）温度设置错误，每处扣 5 分，最多扣 10 分； 2）读数不正确，每处扣 2 分，最多扣 10 分	
团队协作意识	10	小组共同完成项目，组员缺乏合作意识，扣 10 分	
正确使用设备和工具	10	只要不符合安全操作要求，就从总分中扣除	
总得分		教师签字	

四、任务拓展

常用的热电阻有铂热电阻 Pt100 和铜热电阻 Cu50 两种，铜热电阻 Cu50 的测温范围为

−50 ~ 150 ℃，加热源的温度控制在 0 ~ 120 ℃，正好也在铜热电阻 Cu50 的测温范围内，请试着用铜热电阻 Cu50 测量加热源温度，并根据测量数据说说在相同的温度变化下，哪种热电阻的阻值变化大。

1. 仪器设备及器材

智能调节仪、温度源、温度传感器实验模块、铂热电阻 Pt100、铜热电阻 Cu50、±15 V 电源、数显单元。

2. 工作原理

温度在 −50 ~ 150 ℃ 范围内，铜电阻阻值与温度关系几乎是线性的，当温度变化时，铜热电阻 Cu50 的电阻值随温度而变化，这样就可将变化的电阻值通过测量电路转换为电信号，即可得到被测温度。

3. 实验步骤

1）重复任务一中任务实施步骤 1）~ 2）。

2）将 Cu50 热电阻插入加热源。将加热源的温度稳定在 50 ℃ 时，在加热源另一个温度传感器插孔中插入 Cu50 热电阻。

3）差分放大器调零。参考任务一中任务实施步骤 4）。

4）Cu50 热电阻测温。拔掉短接线，按图 3 − 39 接线，并将 Cu50 的 3 根引线插入温度传感器实验模块中 R_t 两端（其中颜色相同的两个接线端是短路的），同时将电阻 R_6 和 R_7 并联。将电桥的输出接到差动放大器的输入 U_i，记下模块输出 U_{o2} 的电压值。改变加热源的温度，每隔 5 ℃ 记下 U_{o2} 的输出值，直到温度升至 120 ℃，并记录实验结果，填入表 3 − 9 中。

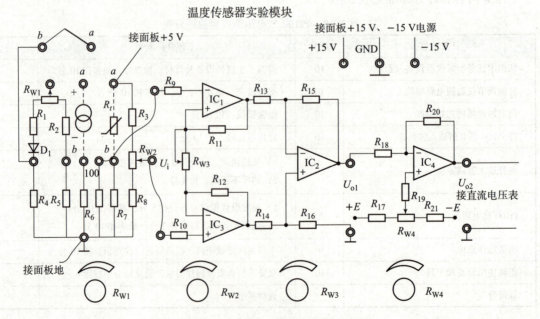

图 3 − 39　Cu50 测量加热源温度接线图

表 3-9 Cu50 测温电路输出电压与温度的关系

$T/°C$										
U_{o2}/V										

5）实验结束后，关闭实验台电源，整理好实验设备。

4. 任务内容和评分标准

任务内容和评分标准见表 3-10。

表 3-10 Cu50 热电阻温度测量评分表

任务内容	配分	评分标准	得分
认识本任务所需仪器设备及器材	10	遗漏一个仪器设备及器材，扣 2 分，最多扣 10 分	
智能调节仪温控电路接线	10	接线错误，每处扣 2 分，最多扣 10 分	
设定加热源的初始温度	10	设置错误，扣 10 分	
将 Cu50 热电阻插入加热源	10	操作不正确，扣 10 分	
差分放大器调零	20	1）接线错误，每处扣 2 分，最多扣 6 分； 2）调零不正确，扣 4 分	
Cu50 热电阻测温	20	1）温度设置错误，每处扣 5 分，最多扣 10 分； 2）读数不正确，每处扣 2 分，最多扣 10 分	
团队协作意识	10	小组共同完成项目，组员缺乏合作意识，扣 10 分	
正确使用设备和工具	10	只要不符合安全操作要求，就从总分中扣除	
总得分		教师签字	

任务三 热敏电阻实现加热源温度控制

一、任务目标

通过本任务的学习，帮助学生了解热敏电阻的分类，掌握热敏电阻的特性和应用，学会使用热敏电阻测量加热源温度。

二、任务分析

练习

（1）热敏电阻根据温度—电阻特性不同分成_____、_____和_____三大类。一般 NTC 型热敏电阻测量范围较宽，主要用于_____；而 PTC 型热敏电阻的温度范围较窄，一般用于_____，也用于彩电中做自动消磁元件。CTR 型热敏电阻主要用作_____。

（2）正温度系数的热敏电阻 PTC 通常是由在_____为主的成分中加入少量 Y_2O_3 和 Mn_2O_3 构成的烧结体，其电阻随温度增加而增加。

3. 由于热敏电阻的非线性特性，在测量电路的设计和选择时必须考虑_____处理，即在热敏电阻测量电路中串联_____电阻，使温度在某一范围内跟电阻的导数呈线性关系，从而电流与温度呈线性关系。

思考

如果你手中有一个热敏电阻，想把它作为一个 0 ~ 50 ℃ 的温度测量电路，你认为该怎样实现？

三、任务实施

1. 认识 PTC 热敏电阻及其实验模块

本任务所使用的 PTC 热敏电阻如图 3-40 所示，配套使用的温度传感器实验模块同任务一。本任务的实施除了 PTC 热敏电阻和温度传感器实验模块，还要用到直流电压表、直流稳压电源、智能调节仪、Pt100 热电阻、加热源、万用表、连接线等。

2. PTC 热敏电阻测温原理

热敏电阻工作原理同金属热电阻一样，也是利用电阻随温度变化的特性测量温度，所不同的是热敏电阻用半导体材料作为感温元件。

图 3-40　PTC 热敏电阻

本任务采用 PTC 热敏电阻，适用的温度范围为 -50 ~ 150 ℃，主要用于过热保护及温度开关。PTC 电阻与温度的关系可近似表示为：

$$R_T = R_{T_0} e^{B(T-T_0)} \tag{3-13}$$

式中　R_T——绝对温度为 T 时热敏电阻的阻值；

R_{T_0}——绝对温度为 T_0 时热敏电阻的阻值；

B——正温度系数热敏电阻的热敏指数。

3. 任务实施步骤

1）重复 Pt100 温度控制实验任务一中任务实施步骤 1）~2），从室温开始设置加热源的温度值。

2）将 PTC 热敏电阻插入加热源。当加热源温度达到 50 ℃ 时，将 PTC 热敏电阻插入加热源另一个温度传感器插孔中。

3）PTC 热敏电阻测温。将万用表打到电阻挡测量，通过改变智能调节仪的设定值来改变加热源的温度，每 5 ℃ 记下 PTC 阻值 R，直到温度上升至 120 ℃，并将实验结果填入表 3-11 中。

表 3-11　热敏电阻 PTC 电阻与温度的关系

$T/℃$														
R/Ω														

4）实验结束后，关闭实验台电源，整理好实验设备。

4. 数据处理

根据表 3-11 的实验数据绘制 PTC 热敏电阻的温度—电阻特性（$T-R$ 曲线），如图 3-41 所示。

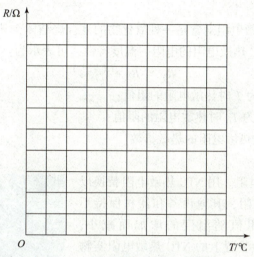

图 3-41　PTC 热敏电阻 $T-R$ 曲线

5. 任务内容和评分标准

任务内容和评分标准见表 3-12。

表 3-12　PTC 热敏电阻温度测量评分表

任务内容	配分	评分标准	得分
认识本任务所需仪器设备及器材	10	遗漏一个仪器设备及器材，扣 2 分，最多扣 10 分	
智能调节仪温控电路接线	10	接线错误，每处扣 2 分，最多扣 10 分	
设定加热源的初始温度	10	设置错误，扣 10 分	
将 PTC 热敏电阻插入加热源	10	操作不正确，扣 10 分	
PTC 热敏电阻测温	40	1）温度设置错误，每处扣 5 分，最多扣 10 分； 2）万用表使用不正确，每处扣 5 分，最多扣 15 分； 3）读数不正确，每处扣 2 分，最多扣 10 分	
团队协作意识	10	小组共同完成项目，组员缺乏合作意识，扣 10 分	
正确使用设备和工具	10	只要不符合安全操作要求，就从总分中扣除	
总得分		教师签字	

四、任务拓展

热敏电阻根据温度—电阻特性不同分成 PTC 热敏电阻、NTC 热敏电阻、CTR 热敏电阻三大类，THSRZ-2 型传感器实验装置上也配有 NTC 热敏电阻，利用它来测量加热源的温度，看看和 PTC 热敏电阻测量结果有何区别，思考哪一种热敏电阻的温度—电阻特性曲线线性度更好,更适合测量温度。

1. 仪器设备及器材

NTC 热敏电阻、温度传感器实验模块、直流电压表、直流稳压电源、智能调节仪、Pt100 热电阻、加热源、万用表、连接线等。

2. 工作原理

负温度系数 NTC 热敏电阻通常是一种氧化物的复合烧结体,其电阻随温度升高而降低,具有负的温度系数,NTC 热敏电阻的电阻—温度特性,可表示为:

$$R_T = R_{T_0} e^{B\left(\frac{1}{T} - \frac{1}{T_0}\right)} \qquad (3-14)$$

式中 R_T——绝对温度为 T 时热敏电阻的阻值;

R_{T_0}——绝对温度为 T_0 时热敏电阻的阻值;

B——负温度系数热敏电阻的热敏指数。

3. 实验步骤

1)认识 NTC 热敏电阻。用 NTC 热敏电阻替换以上实验中的 PTC 热敏电阻,其他设备和器材保持不变。NTC 热敏电阻的阻值随温度的增加而减小,THSRZ-2 型传感器实验装置上的 NTC 热敏电阻实物如图 3-42 所示。

2)重复 PTC 热敏电阻测温实验步骤1),从室温开始设置加热源的温度值。

3)将 NTC 热敏电阻插入加热源。当加热源温度达到 50 ℃时,将 NTC 热敏电阻插入加热源另一个温度传感器插孔中。

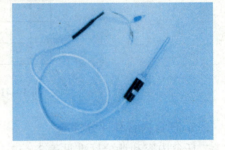

图 3-42 NTC 热敏电阻

4)NTC 热敏电阻测温。将万用表打到电阻挡测量,通过改变智能调节仪的设定值来改变加热源的温度,每 5 ℃记下 NTC 阻值 R,直到温度上升至 120 ℃。并将实验结果填入表 3-13 中。

表 3-13 NTC 热敏电阻与温度的关系

$T/℃$											
$R/Ω$											

5)实验结束后,关闭实验台电源,整理好实验设备。

4. 任务内容和评分标准

任务内容和评分标准见表 3-14。

表 3-14 NTC 热敏电阻温度测量评分表

任务内容	配分	评分标准	得分
认识本任务所需仪器设备及器材	10	遗漏一个仪器设备及器材,扣2分,最多扣10分	
智能调节仪温控电路接线	10	接线错误,每处扣2分,最多扣10分	
设定加热源的初始温度	10	设置错误,扣10分	

续表

任务内容	配分	评分标准	得分
将 NTC 热敏电阻插入加热源	10	操作不正确，扣 10 分	
NTC 热敏电阻测温	40	1）温度设置错误，每处扣 5 分，最多扣 10 分； 2）万用表使用不正确，每处扣 5 分，最多扣 15 分； 3）读数不正确，每处扣 2 分，最多扣 10 分	
团队协作意识	10	小组共同完成项目，组员缺乏合作意识，扣 10 分	
正确使用设备和工具	10	只要不符合安全操作要求，就从总分中扣除	
总得分		教师签字	

任务四　AD590 集成温度传感器测量加热源温度

一、任务目标

通过本任务的学习，帮助学生了解集成温度传感器的分类，掌握集成温度传感器的工作原理和基本测温电路，学会使用集成温度传感器测量加热源温度。

二、任务分析

练习

（1）AD590 集成温度传感器是把_____、_____及_____集成在同一芯片上的温度传感器。AD590 能直接给出正比于绝对温度的理想线性输出，在一定温度下，相当于一个恒流源，一般用于_____（测温范围）之间温度测量。

（2）AD590 等效于一个高阻抗的恒流源，其输出阻抗 >10 MΩ，能大大减小因电源电压变动而产生的测温误差。对应于热力学温度 T，每变化 1 K，输出电流变化_____。

（3）AD590 集成温度传感器的基本测温电路中，当电位器的电阻为精密电阻时，起着将 AD590 输出的电流转换为电压的作用，通过调节电位器使输出电压为_____。

思考

通过基本测温电路将 AD590 输出的电流转换为电压，AD590 的输出电压的毫伏数就代表着被测温度的热力学温度值（K），请思考如何利用 AD590 集成温度传感器测量摄氏温度。

三、任务实施

1. 认识 AD590 集成温度传感器及其实验模块

本任务所使用的 AD590 集成温度传感器如图 3 – 43 所示，配套使用的温度传感器实验模块同任务一。本任务的实施除了 AD590 集成温度传感器和温度传感器实验模块,还要用到直流电压表、直流稳压电源、智能调节仪、Pt100 热电阻、加热源、万用表、连接线等。

2. AD590 集成温度传感器测温原理

本实验仪采用电流输出型 AD590 集成温度传感器,在一定温度下,相当于一个恒流源。因此不易受接触电阻、引线电阻、电压噪声的干扰,具有很好的线性特性。AD590 的灵敏度(标定系数)为 1 μA/K,只需要一种 +4 ~ +30 V 电源(本实验用 +5 V),即可实现温度到电流的线性变换,然后在终端使用一只取样电阻(本实验中为传感器调理电路单元中 $R_2 = 100\ \Omega$)即可实现电流到电压的转换,使用十分方便。

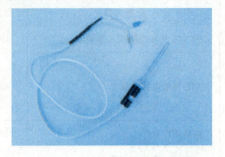

图 3 - 43 AD590 集成温度传感器

3. 任务实施步骤

1)重复 Pt100 温度控制实验任务一中任务实施步骤 1) ~ 2),从室温开始设置加热源的温度值。

2)将 AD590 集成温度传感器插入加热源。当加热源温度达到 50 ℃时,将 AD590 集成温度传感器插入加热源另一个温度传感器插孔中。

3)差分放大器调零。参考任务一中任务实施步骤 4)。

4)AD590 集成温度传感器测温。拿掉短路线,按图 3 - 44 接线,并将 AD590 两端引线按插头颜色(一端红色,一端蓝色)插入温度传感器实验模块中(红色对应 a,蓝色对应 b),将 R_6 两端接到差动放大器的输入 U_i,记下模块输出 U_{o2} 的电压值,改变温度源的温度,每隔 5 ℃记下 U_{o2} 的输出值,直到温度升至 120 ℃,并将实验结果填入表 3 - 15 中。

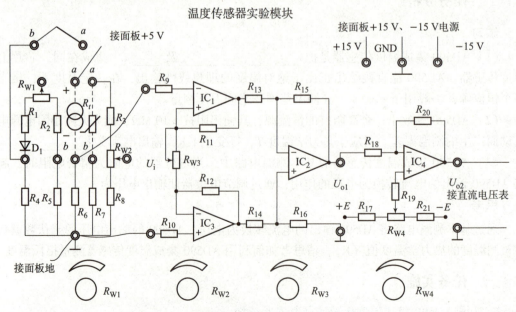

图 3 - 44 AD590 集成温度传感器测温电路接线图

表 3–15　AD590 集成温度传感器输出电压与温度的关系

T/℃										
U_{o2}/V										

5）实验结束后，关闭实验台电源，整理好实验设备。

4. 数据处理

1）根据表 3–15 的实验数据绘制 AD590 集成温度传感器输出电压与温度的关系（T–U_{o2} 曲线），如图 3–45 所示。

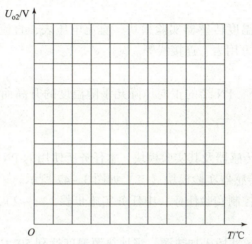

图 3–45　AD590 集成温度传感器 T–U_{o2} 曲线

2）根据表 3–15 记录的实验数据计算在此范围内集成温度传感器的非线性误差。

5. 任务内容和评分标准

任务内容和评分标准见表 3–16。

表 3–16　AD590 集成温度传感器温度测量评分表

任务内容	配分	评分标准	得分
认识本任务所需仪器设备及器材	10	遗漏一个仪器设备及器材，扣 2 分，最多扣 10 分	
智能调节仪温控电路接线	10	接线错误，每处扣 2 分，最多扣 10 分	
设定加热源的初始温度	10	设置错误，扣 10 分	
将 AD590 集成温度传感器插入加热源	10	操作不正确，扣 10 分	
差分放大器调零	20	1）接线错误，每处扣 5 分，最多扣 10 分； 2）调零不正确，扣 10 分	
AD590 集成温度传感器测温	20	1）温度设置错误，每处扣 5 分，最多扣 10 分； 2）读数不正确，每处扣 2 分，最多扣 10 分	
团队协作意识	10	小组共同完成项目，组员缺乏合作意识，扣 10 分	
正确使用设备和工具	10	只要不符合安全操作要求，就从总分中扣除	
总得分		教师签字	

四、任务拓展

集成温度传感器的测温原理是基于 PN 结的温度特性,实验证明,在正向电流保持不变的情况下,半导体 PN 结的正向导通电压与温度变化呈线性关系,所以利用 PN 结也可以构成温度传感器,测温范围为 -50 ~ +150 ℃。THSRZ-2 型传感器实验装置也配有 PN 结温度传感器,请动手做一做,利用 PN 结温度传感器测量加热源温度,并且与 AD590 比较,哪种传感器测温更方便、实用。

1. 仪器设备及器材

PN 结温度传感器、温度传感器实验模块、直流电压表、直流稳压电源、智能调节仪、Pt100 热电阻、加热源、万用表、连接线等。

2. 工作原理

在恒流供电的条件下,PN 结的正向压降几乎随温度的升高而线性下降,这就是 PN 结温度传感器测温的根据。

3. 实验步骤

1)认识 PN 结温度传感器及其实验模块。本任务所使用的 PN 结温度传感器如图 3-46 所示,配套使用的温度传感器实验模块(二)如图 3-47 所示。

2)重复 Pt100 温度控制实验任务一中任务实施步骤 1)~2),从室温开始设置加热源的温度值。

3)将 PN 结温度传感器插入加热源。当加热源温度达到 50 ℃时,将 PN 结温度传感器插入加热源另一个温度传感器插孔中。

图 3-46 PN 结温度传感器

图 3-47 温度传感器实验模块(二)

4)PN 结温度传感器接线。按图 3-48 将 PN 结温度传感器接入温度传感器实验模块(二),从实验台接 15 V 直流稳压电源接至温度传感器实验模块(二)。温度传感器实验模块(二)的输出 U_o 接实验台直流电压表,电压表选择 20 V 挡。

5)PN 结温度传感器测温。打开实验台电源,改变智能调节仪的设定值,每隔 5 ℃记下 U_o 的输出值,直到温度升至 120 ℃,并将实验结果填入表 3-17 中。

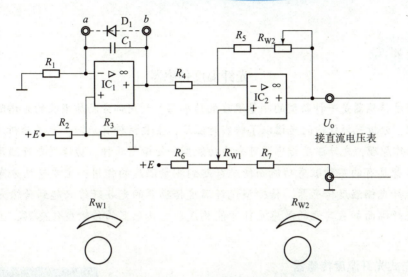

图 3-48 PN 结温度传感器测温电路接线图

表 3-17 PN 结温度传感器输出电压与温度的关系

T/℃											
U_o/V											

6) 实验结束后，关闭实验台电源，整理好实验设备。

4. 任务内容和评分标准

任务内容和评分标准见表 3-18。

表 3-18 PN 结温度传感器温度测量评分表

任务内容	配分	评分标准	得分
认识本任务所需仪器设备及器材	10	遗漏一个仪器设备及器材，扣 2 分，最多扣 10 分	
智能调节仪温控电路接线	10	接线错误，每处扣 2 分，最多扣 10 分	
设定加热源的初始温度	10	设置错误，扣 10 分	
将 PN 结温度传感器插入加热源	10	操作不正确，扣 10 分	
PN 结温度传感器接线	20	接线错误，每处扣 5 分，最多扣 10 分	
PN 结温度传感器测温	20	1) 温度设置错误，每处扣 5 分，最多扣 10 分； 2) 读数不正确，每处扣 2 分，最多扣 10 分	
团队协作意识	10	小组共同完成项目，组员缺乏合作意识，扣 10 分	
正确使用设备和工具	10	只要不符合安全操作要求，就从总分中扣除	
总得分		教师签字	

阅读材料

光纤温度传感器

光纤温度传感器是一种新型的测量温度的传感器，利用部分物质吸收的光谱随温度变化而变化的原理，分析光纤传输的光谱以了解实时温度，主要材料有光纤、光谱分析仪、透明晶体等，按照工作原理，光纤温度传感器可分为功能型和传输型两种。功能型光纤温度传感器利用光导纤维本身具有的某种敏感功能而使光纤起到测量温度的作用，主要包括分布式光纤温度传感器和光纤光栅温度传感器。传输型光纤温度传感器的光导纤维只起到传输光的作用，它是必须在光纤端面加装其他的敏感元件才能构成新型传感器的传输型传感器，主要有光纤荧光温度传感器。

1. 分布式光纤温度传感器

如图 3-49 所示为分布式光纤温度传感器，通常用在检测空间温度分布的系统，其原理最早是在 1981 年由英国南安普顿大学发现的。激光在光纤传输中的反射光主要有瑞利散射、拉曼散射和布里渊散射三部分。在激光通过光纤得到反射光的过程中，有一些参数对温度敏感，可通过检测得到温度值。基于拉曼散射（OTDR）的新分布式光纤传感器是目前的研究热点。

图 3-49　分布式光纤温度传感器

土耳其科学家 Gunes Yilmaz 开发出了一种分布式光纤温度传感器，此传感器的温度分辨率是 1 ℃，空间分辨率是 1.23 m。在我国很多科研机构也展开了对分布式光纤温度传感器的研究，例如，中国计量大学 1997 年发明出煤矿温度检测的传感器系统，其检测温度为 -49~150 ℃，温度分辨率为 0.1 ℃。分布式光纤温度传感器非常适合于电力系统变电站高压电器的温度监测。

2. 光纤光栅温度传感器

光纤光栅是一种新型的光子器件，它是在光纤中建立起的一种空间周期性的折射率分布，可以改变和控制光在光纤中的传播行为。利用光纤材料的光敏性（外界入射光子和纤芯内锗离子相互作用引起折射率的永久性变化），在纤芯内形成空间相位光栅，作用实质上是在纤芯内形成一个窄带的反射或透射的反射镜或滤波器。

光纤光栅传感器的工作原理是借助于某种装置将被测参量的变化转换为作用于光纤光栅上的应力或温度的变化，从而引起光纤光栅布拉格波长变化。由光纤光栅布拉格波长的变化测量出被测量的变化。即采用波长调制方式，将被测信息转化为特征波长的移动。实验测定，布拉格波长在 1 550 nm 附近的温度响应为 1×10^{-2} nm/℃。光纤光栅温度传感器就是采用这个原理进行温度测量的。光纤光栅温度传感器如图 3-50 所示。

与一般的光纤温度传感器相比，光纤光栅温度传感器尺寸小，检测量是波长信息，因此不受光源稳定性、光纤弯曲损耗、连接损耗和探测器老化等因素的影响，对环境干扰不敏感，且用波长编码，广泛应用于建筑、航天、石油化工、电力等行业。

3. 光纤荧光温度传感器

光纤荧光温度传感器是由多模光纤和在其顶部安装的荧光材料组成的，其工作原理建立在光致发光这一基本物理现象上，其实物如图3-51所示。荧光材料受到紫外线激发时发出荧光，其荧光强度与荧光材料的温度及激发光强度有关。对于某些荧光材料，在不同波长下的荧光发射具有不同的温度特性，且它们的荧光强度与激发光强度呈线性关系，所以发光强度的比值大小取决于激发光强度和材料的温度。

图3-50　光纤光栅温度传感器

图3-51　光纤荧光温度传感器

世界各国的高校都设计过此类传感器，例如，韩国汉城大学发现10 cm的双掺杂光纤，在其915 nm的地方所反射出的荧光强度所对应的温度指数是20～290 ℃；我国清华大学借用半导体GaAs原料来吸收光，进而以光随温度改变的原理，研发出了温度范围是0～160 ℃的光纤荧光温度传感器。光纤荧光温度传感器适合应用于高电压、强电磁（EMI/RFI/EMP）等特殊工业环境中的温度监测。

光纤温度传感器研究的方向将是：进一步提高传感器的精度、可靠性；提高抗干扰能力、稳定性，并简化器件结构，降低成本。积极开展光纤温度传感器新应用领域的研究，扩大应用范围。此外重点开发具有特殊测温要求的温度传感器，特别是2 500 ℃以上和-250 ℃以下的超高温和超低温温度传感器，并将光纤技术和微处理器更紧密的结合，发展数字化、集成化和自动化的光纤温度传感器。

复习与训练

一、填空

1. 在热电偶测温回路中经常使用补偿导线的主要目的是_____。
2. 热电偶是温度测量仪表中一种常用的感温元件，它能将_____转换成_____，通过电气仪表的配合，就能检测出被测的温度。
3. 热电效应产生的热电动势是由_____和_____两部分组成的，为了保证输出热电动势是被测温度的单值函数，必须保持冷端温度_____。
4. 在实验室中测量金属的熔点时，热电偶冷端温度补偿采用_____方法，可减小测量误差。

5. 常用热电偶可分为_____和_____两大类。

6. 热电偶的结构形式有_____、_____和_____等。

7. 热电阻是利用导体材料_____的特性来实现对温度的测量。每种热电阻都有自己的分度表，只要测量得到热电阻的阻值就可以通过分度表找到对应的温度，目前最常用的是_____。

8. 目前热电阻的引线方式有_____、_____和_____三种。

9. 利用热敏电阻对电动机实施过热保护，应选择_____型热敏电阻。

10. 模拟型集成温度传感器的输出形式可分为_____和_____两种。AD590 集成温度传感器摄氏温度测量电路，要在室温下进行校验，例如室温为 25 ℃，那么输出电压 U_o 为_____。

二、简答

1. 什么是热电效应？
2. 什么是接触电动势和温差电动势？
3. 什么是中间温度定律？什么是中间导体定律？
4. 冷端温度补偿的必要性及方法？
5. 简述热电偶与热电阻的测温原理的异同。

项目四

转速检测

项目简介

在数控机床中，速度传感器一般用于数控系统伺服单元的速度检测。速度传感器是一种将速度转变成电信号的传感器，既可以检测直线速度也可以检测角速度，常用的有测速发电机和脉冲编码器等。

转速测量的方法一般可分为两类：一类是直接法，即直接观测机械或电动机的机械运动，测量特定时间内机械旋转的圈数，从而测出机械运动的转速；另一类是间接法，即测量由于机械转动导致其他物理量的变化，从这些物理量的变化与转速的关系来得到转速。同时根据测量转速的传感器是否与转轴接触又可分为接触式和非接触式。目前国内外常用的测量转速的传感器有光电传感器、霍尔传感器、电涡流传感器、磁电传感器、磁敏传感器等，如图4－1所示为一些常用转速传感器示例。

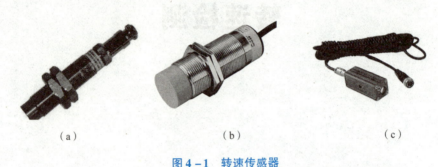

图4－1 转速传感器
(a) 磁电式；(b) 霍尔式；(c) 光电式

相关知识

一、霍尔传感器

霍尔传感器是基于霍尔效应的一种传感器。1879年，美国物理学家霍尔首先在金属材料中发现了霍尔效应，但由于金属材料的霍尔效应太弱而没有得到应用。随着半导体技术的发展，开始用半导体材料制成霍尔元件，由于它的霍尔效应显著而得到应用和发展。霍尔传感器广泛用于电磁量、压力、加速度、振动等方面的测量。

1. 霍尔效应及霍尔元件

置于磁场中的静止载流导体，当它的电流方向与磁场方向不一致时，载流导体上垂直于电流和磁场方向上的两个面之间产生电动势，这种现象称为霍尔效应，该电动势称为霍尔电动势。霍尔效应原理如图4－2所示。

霍尔元件多采用N型半导体，导电的载流子是自由电子，在垂直于半导体的磁场作用下，自由电子受到洛伦兹力F_L的作用，向d侧偏转，使d侧形成自由电子的堆积，这样，在c、d两侧形成一个电场E，该电场对自由电子的作用力与洛伦兹力方向相反，阻止自由

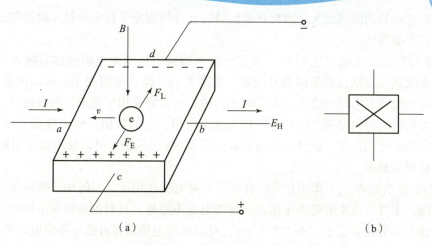

图 4-2 霍尔效应原理图
(a) 霍尔效应原理图；(b) 图形符号

电子向 d 侧偏转，随着自由电子堆积得越多，电场越强，则电场力 F_E 越大，而洛伦兹力保持不变，当电场力和洛伦兹力相等时，达到动态平衡，此时在 c、d 两侧形成的电动势就是霍尔电动势。

据实验可知，霍尔电动势和通过半导体薄片的电流以及施加在薄片上的磁场有关，故霍尔电动势为：

$$E_H = R_H \frac{IB}{d} = K_H IB \tag{4-1}$$

式中，R_H 为霍尔系数；$K_H = R_H/d$ 为霍尔元件的灵敏度，表示一个霍尔元件在单位控制电流和单位磁感应强度时产生的霍尔电动势的大小。从式（4-1）可知，E_H 正比于 I 和 B，当控制电流 I 保持恒定时，磁场 B 越强，霍尔电动势 E_H 越大。当磁场改变方向时，霍尔电动势 E_H 也随之改变方向。

霍尔电动势正比于激励电流及磁感应强度，其灵敏度与霍尔常数 R_H 成正比而与霍尔片厚度 d 成反比，为了提高灵敏度，霍尔元件常制成薄片形状。霍尔元件结构很简单，由霍尔片、引线和壳体组成。霍尔元件外形结构示意如图 4-3 所示。霍尔片是一块矩形半导体单晶薄片，引出四根引线。1、1′ 两根引线加激励电压或电流，称为激励电极；2、2′ 两根引线为霍尔输出引线，称为霍尔电极。霍尔元件壳体由非导磁金属、陶瓷或环氧树脂封装而成。

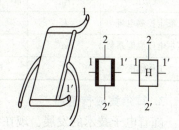

图 4-3 霍尔元件外形结构示意图

2. 霍尔元件的主要技术参数

1）额定功耗 P_o 和控制电流 I_c。在环境温度为 25 ℃ 时，允许通过霍尔元件的电流 I 和电压 U 的乘积，分为最小、典型和最大三挡，单位为 mW。当供给霍尔元件的电压确定后，根据额定功耗可知道额定控制电流 I_c。由于霍尔电动势随激励电流增大而增大，故在应用中总希望选用较大的控制电流。但控制电流增大，霍尔元件的功耗增大，元件的温度升高，从而引起霍尔电动势的温漂增大,因此每种型号的元件均规定了相应的最大激励电流,一般为几毫安到几十毫安。

2) 输入电阻 R_i 和输出电阻 R_o。霍尔元件两激励电极间的电阻值称为输入电阻。它的数值从几十欧到几百欧,视不同型号而定。温度升高,输入电阻变小,从而使输入电流 I_{ab} 变大,最终引起霍尔电动势变大,为了减小这种影响最好采用恒流源作为激励源。

两个霍尔电动势输出端之间的电阻称为输出电阻,它的数值与输入电阻为同一数量级。它也随温度的改变而改变,选择适当的负载电阻 R_L 与之匹配,可以使由温度引起的霍尔电动势的漂移减至最小。

3) 不平衡电动势 U_0。即霍尔元件在额定控制电流作用下,不施加外磁场时,霍尔元件的输出电压。不等位电动势是由于霍尔元件的电极不对称,材料的电阻率不均衡等因素造成的。不等位电动势通常很小,不大于 1 mV,可以采用电桥法来补偿不等位电动势。

4) 霍尔电动势温度系数 α。在一定的磁感应强度和控制电流下,温度每变化 1℃时,霍尔电动势变化的百分数称为霍尔电动势温度系数,它与霍尔元件的材料有关,一般约为 0.1%/℃。在要求较高的场合,应选择低温漂的霍尔元件。

常用国产霍尔元件的技术参数如表 4-1 所示。

表 4-1 常用国产霍尔元件的技术参数

参数名称	符号	单位	HZ-1	HZ-2	HZ-3
			材料(N 型)		
			Ge111	Ge112	Ge113
电阻率	ρ	$\Omega \cdot mm$	0.8~1.2	0.8~1.2	0.8~1.2
几何尺寸	$l \times b \times d$	mm	8×4×0.2	4×2×0.2	8×4×0.2
输入电阻	R_i	Ω	110(1±20%)	110(1±20%)	110(1±20%)
输出电阻	R_o	Ω	100(1±20%)	100(1±20%)	100(1±20%)
灵敏度	K_H	mV/(mA·T)	>12	>12	>12
额定控制电流	I_c	mA	20	15	25
霍尔电压温度系数	α	1/℃	0.5%	0.5%	0.5%
工作温度	T	℃	-40~45	-40~45	-40~45

3. 霍尔集成传感器

随着电子技术的发展,现在常用的都是霍尔集成电路,就是将霍尔元件和集成电路结合在一起做成的电路,使用非常方便。常用的霍尔集成传感器分为线性型和开关型两大类。

(1) 开关型霍尔集成传感器

开关型霍尔集成传感器是把霍尔元件的输出经过处理后输出一个高电平或低电平的数字信号。霍尔开关电路又称霍尔数字电路,由稳压器、霍尔元件、差分放大器、斯密特触发器和输出级组成。

典型的开关型霍尔集成传感器有 UGN-3020、UGN-3050 等,这种集成传感器一般对外为 3 只引脚,分别为电源、地及输出端。图 4-4(a)为开关型霍尔集成传感器 UGN-3020 的内部结构,其输出特性如图 4-4(c)所示。在外磁场的作用下,当磁感应强度超

过导通阈值 B_{op} 时,霍尔电路输出管导通,OC 门输出低电平。之后,B 再增加,仍保持导通。若外加磁场的 B 值降低到 B_{rp} 时,输出管截止,OC 门输出高电平。通常称 B_{op} 为工作点,B_{rp} 为释放点,$B_{op}-B_{rp}=B_H$ 称为回差。回差的存在使开关电路的抗干扰能力增强。开关型霍尔集成传感器常用于接近开关、速度检测及位置检测。

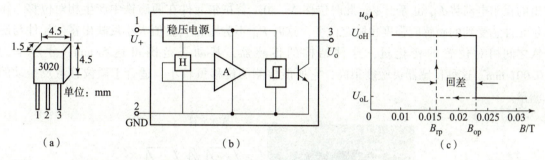

图 4-4 开关型霍尔集成传感器

(a) 外形图;(b) 内部结构框图;(c) 输出磁电特性曲线

(2) 线性型霍尔集成传感器

线性型霍尔集成传感器是把霍尔元件与放大线路集成在一起的传感器,其输出信号与磁感应强度成比例。通常由霍尔元件、差分放大器、差动输出电路及稳压源四部分组成,它的电路比较简单,用于精度要求不高的一些场合,内部结构如图 4-5(a)所示。

线性型霍尔集成传感器根据输出端的不同分为单端输出和双端输出两种,用得较多的为单端输出型,单端输出的霍尔传感器是一个三端器件,它的输出电压对外加磁场的微小变化能做出线性响应,通常将输出电压用电容交连到外接放大器,将输出电压放大到较高的电平。单端输出型线性集成传感器典型产品有 UGN3501、SL3501T,图 4-5(c)为双端输出型的传输特性,反映了输出电压和磁感应强度的关系。

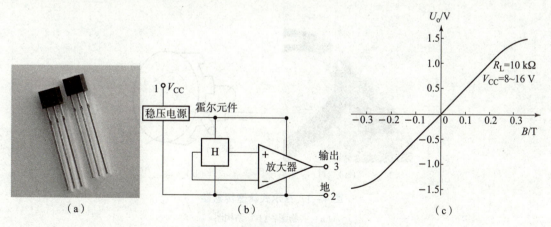

图 4-5 线性型霍尔集成传感器

(a) 外观图;(b) 内部结构框图(单端输出型);(c) 输出特性曲线(双端输出型)

霍尔集成传感器常用于转速测量、机械设备限位开关、电流检测与控制、保安系统、位置及角度检测等场合。

4. 霍尔传感器的应用

（1）霍尔式微位移传感器

如图 4-6 所示为霍尔式微位移传感器，磁场强度相同的两块永久磁铁，同极性相对地放置，霍尔元件处在两块磁铁的中间。由于磁铁中间的磁感应强度 $B=0$，因此霍尔元件输出的霍尔电动势 E_H 也等于零，此时位移 $\Delta x=0$。若霍尔元件在两磁铁中产生相对位移，霍尔元件感受到的磁感应强度也随之改变，这时 E_H 不为零，其量值大小反映出霍尔元件与磁铁之间相对位置的变化量，这种结构的传感器，其动态范围可达 5 mm，分辨率为 0.001 mm。这种传感器灵敏度很高，它所能检测的位移量较小，适合于微位移量及振动的测量。

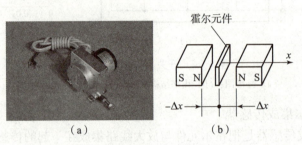

图 4-6 霍尔式微位移传感器

(a) 实物图；(b) 结构图

（2）霍尔式转速传感器

如图 4-7 所示为霍尔式转速传感器，磁性转盘的输入轴与被测转轴相连，当被测转轴转动时，磁性转盘随之转动，固定在磁性转盘附近的霍尔传感器便可在每一个小磁铁通过时产生一个相应的脉冲，检测出单位时间的脉冲数，便可知被测转速。磁性转盘上小磁铁数目的多少决定了传感器测量转速的分辨率。

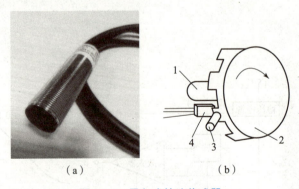

图 4-7 霍尔式转速传感器

(a) 实物图；(b) 结构图

1—输入轴；2—磁性转盘；3—小磁铁；4—霍尔传感器

（3）霍尔计数传感器

如图 4-8 所示，开关型霍尔集成传感器 UGN-3020 是具有较高灵敏度的集成霍尔元件，能感受到很小的磁场变化，因而可对金属零件进行计数检测。当钢球通过开关型霍尔集成传感器时，传感器可输出峰值 20 mV 的脉冲电压，该电压经运算放大器放大后，驱动半导体三极管工作，输出端便可接计数器进行计数，并由显示器显示检测数值。

（4）霍尔高斯计

如图 4-9 所示为霍尔高斯计实物图，霍尔高斯计用于检测磁场，也是霍尔式传感器最典型的应用之一，将高斯计探头放在被测磁场中，使磁力线和器件表面垂直，通电后即可输出与被测磁场的磁感应强度成线性正比的电压，霍尔高斯计的数字显示值即为被测材料表面磁场的大小。

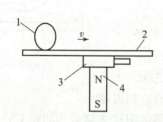

图 4-8　霍尔计数传感器

1—钢球；2—绝缘板；3—开关型霍尔集成传感器；4—磁铁

图 4-9　霍尔高斯计

1—霍尔元件；2—磁铁

二、电涡流传感器

电涡流传感器能准确测量被测体（必须是金属导体）与探头端面之间静态和动态的相对位移变化。电涡流传感器的工作原理是基于电涡流效应，准确测量被测体（必须是金属导体）与探头端面的相对位置。其特点是长期工作可靠性好、灵敏度高、抗干扰能力强、非接触测量、响应速度快、不受油水等介质的影响，常被用于对大型旋转机械的轴位移、轴振动、轴转速等参数进行长期实时监测，可以分析出设备的工作状况和故障原因，有效地对设备进行保护及预维修。

1. 电涡流传感器的工作原理

（1）电涡流效应

当金属导体置于变化的磁场中，导体表面就会有感应电流产生，从而在金属体内形成自行闭合的电涡流线，这种现象称为电涡流效应。

电涡流效应有利有弊，对于三相异步电动机来说，电涡流效应会导致铁芯发热，故采用导磁性能好的硅钢片叠压而成，以减小涡流。但是生产生活中也有利用电涡流效应工作的例子，比如工业上各类中高频感应加热装置就是利用电涡流效应对金属材料进行加热，生活中电磁炉也是利用该效应对食物进行加热的。

（2）电涡流传感器的工作原理

当高频信号源产生的高频电压施加到一个靠近金属导体的电感线圈 L_1 时，将产生高频交变磁场 H_1。如图 4-10 所示，被测导体置于交变磁场 H_1 中，被测导体就产生电涡流 i_2。i_2 在金属导体的纵深方向并不是均匀分布的，只集中在金属表面，因此被称为集肤效应。信号源的频率越高，集肤效应在金属表面越浅。

根据楞次定律，由电涡流产生的磁场 H_2 的反作用必然削弱线圈的磁场 H_1。由于磁场

H_2 的作用，电涡流要消耗一部分能量，导致传感器线圈的等效阻抗发生变化。线圈阻抗的变化完全取决于被测金属导体的电涡流效应。

电涡流线圈的阻抗变化与金属导体的几何形状、电导率 σ、磁导率 μ、表面因素 r、激励电流的频率 f、线圈到被测金属导体的距离 x 及用于励磁的正弦交流电流 i_1 等参数有关。电涡流线圈等效阻抗 Z 的函数表达式为：

$$Z = R + j\omega L = f(i_1, f, \mu, \sigma, r, x) \quad (4-2)$$

由于存在集肤效应，电涡流只能检测导体表面的各种物理参数。改变 f，可控制检测深度。激励源频率一般设定在 100 kHz ~ 1 MHz。频率越低，检测深度越深。

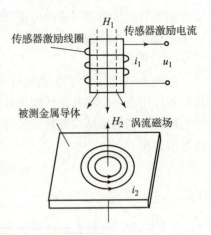

图 4-10 电涡流传感器原理图

利用集肤效应，可以将电涡流传感器制成金属探测器、扫雷器。

如果公式中的 i_1、f、μ、σ、r 不变，电涡流线圈的阻抗 Z 就成为间距 x 的单值函数，这样就成为非接触测量位移的传感器。如果控制 x、i_1、f 不变，就可以用来检测与表面电导率 σ 有关的表面温度、表面裂纹等参数，或者用来检测与材料磁导率 μ 有关的材料型号、表面硬度等参数。所以，电涡流传感器可以检测很多物理量，唯一要注意的就是电涡流传感器的检测对象必须是金属物体。

2. 电涡流传感器的结构

电涡流传感器的传感元件是一只线圈，俗称为电涡流探头。线圈结构如图 4-11 所示，用多股较细的绞扭漆包线（能提高 Q 值）绕制而成，置于探头的端部，外部用聚四氟乙烯等高品质因数塑料密封。

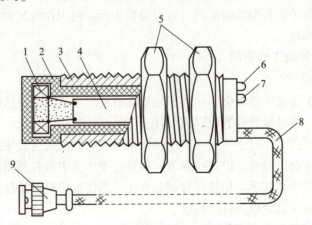

图 4-11 电涡流传感器探头结构

1—电涡流线圈；2—探头壳体；3—壳体上的位置调节螺纹；4—印制电路板；
5—夹持螺母；6—电源指示灯；7—阈值指示灯；8—输出屏蔽电缆线；9—电缆插头

一般厂家生产的电涡流传感器的常见技术参数主要是线性量程、线性范围、灵敏度等，表 4-2 为上海航振仪器仪表有限公司生产的 HZ891XL 系列电涡流位移传感器的部分技术参数。

表 4-2　HZ891XL 系列电涡流位移传感器的部分技术参数

探头直径	线性量程 /mm	线性范围 /mm	线性中点 /mm	非线性误差/%	最小被测面 /mm	灵敏度 /(V·mm^{-1})
φ5	1	0.25~1.25	0.75	±1	φ15	8
φ8	2	0.50~2.50	1.5	±1	φ20	8
φ11	4	1.0~5.0	3.0	±1	φ30	4
φ25	12	1.5~13.5	7.5	±1.5	φ50	0.8
φ50	25	2.5~27.5	15	±2	φ100	0.4

从表中可以看出电涡流探头的直径越大，检测的线性范围就越大，但是灵敏度越低。

3. 电涡流传感器的测量转换电路

（1）调幅（AM）式电路

石英晶体振荡器产生稳频、稳幅高频振荡电压用于激励电涡流线圈。金属材料在高频磁场中产生电涡流，引起电涡流线圈端电压的衰减，再经高频放大器、检波器、低频放大器电路，最终输出的直流电压 U_o 反映了金属体对电涡流线圈的影响，如图 4-12 所示。调幅式电路的缺点是电压放大器的放大倍数的漂移会影响测量精度，因此必须采取各种温度补偿措施。

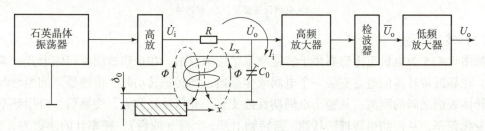

图 4-12　调幅式电路结构

（2）调频（FM）式电路

如图 4-13 所示，当电涡流线圈与被测体的距离 x 改变时，电涡流线圈的电感量 L 也随之改变，引起 LC 振荡器的输出频率变化，此频率可直接用计算机测量。如果要用模拟仪表进行显示或记录时，必须使用鉴频器，将 Δf 转换为电压 ΔU_0，所以调频式电路是以振荡器的频率 f 作为输出量。

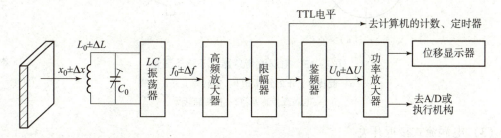

图 4-13　调频式电路结构

4. 电涡流传感器的应用

（1）位移测量

电涡流位移传感器是一种输出为模拟电压的电子器件，接通电源后，在电涡流探头的有效面（感应工作面）将产生一个交变磁场。当金属物体接近此感应面时，金属表面将吸取电涡流探头中的高频振荡能量，使振荡器的输出幅度线性地衰减，根据衰减量的变化，可计算出与被检物体的距离。这种位移传感器属于非接触测量，工作时不受灰尘等非金属因素的影响，寿命较长，可在各种恶劣条件下使用。

如图4-14所示，电涡流传感器用于位移测量，位移测量包含偏心、间隙、位置、倾斜、弯曲、变形、移动、圆度、冲击、偏心率、冲程、宽度等，来自不同应用领域的许多量都可归结为位移或间隙变化。

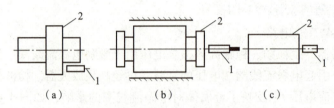

图4-14 电涡流传感器用于位移测量
(a) 测轴向振动；(b) 测轴位移；(c) 测膨胀系数
1—电涡流传感器；2—被测轴

（2）转速测量

如图4-15为电涡流传感器用于转速测量结构示意图。在金属被测旋转体上开一条或数条槽，在靠近旋转体的地方安装一个电涡流传感器，当转轴转动时，传感器周期性地改变着与旋转体表面之间的距离，其输出也周期性地变化，此信号经放大、变换后，可用频率计测出其变化频率，从而测得转轴的转速。若转轴上开 z 个槽（或齿），频率计的读数为 f（单位为Hz），则转轴的转速 n（单位为r/min）的计算公式为：

$$n = \frac{60f}{z} \tag{4-3}$$

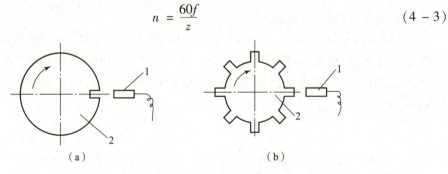

图4-15 电涡流传感器用于转速测量
(a) 旋转体上开2个槽；(b) 旋转体上开6个槽
1—电涡流传感器；2—被测旋转体

（3）电涡流式接近开关

电涡流式接近开关俗称电感接近开关，属于一种开关量输出的位置传感器。它由 LC 高频振荡器和放大处理电路组成，利用金属物体在接近这个能产生交变电磁场的振荡感辨头时，使物体内部产生电涡流。这个电涡流反作用于接近开关，使接近开关振荡能力衰减，内部电路的参数发生变化，由此识别出有无金属物体接近，进而控制开关的通或断。这种接近开关所能检测的物体必须是导电性能良好的金属物体。电涡流式接近开关应用在各种机械设备上实现位置检测、计数信号拾取等作用。

三、磁敏传感器

1. 磁敏传感器的工作原理（磁阻效应）

当一载流半导体置于磁场中，其电阻值会随磁场而变化的这种现象称为磁阻效应。在磁场作用下，半导体片内电流分布是不均匀的，改变磁场的强弱可影响电流密度的分布，故表现为半导体片的电阻变化。磁阻效应除了与材料有关外，还与磁敏电阻（磁敏传感器中的敏感元件）的形状有关。

如图 4-16（a）所示为 $L \gg W$ 的纵长方形片，由于自由电子的运动偏向一侧，必然产生霍尔效应，当霍尔电场施加的电场力与磁场对自由电子施加的洛伦兹力平衡时，自由电子的运动轨迹就不再偏移，所以长方形片中段的自由电子运动方向与 L 平行，只有两端才有所偏移，这样，自由电子的运动路径增长并不多，电阻加大也不多。

图 4-16（b）所示为 $L \ll W$ 的横长方形片，自由电子在偏转过程中，由于自由电子的运动路径增长较多，霍尔电动势降低，所以效果比图 4-16（a）明显。实验表明当 $B=1T$ 时，电阻可增大 10 倍（因为来不及形成较大的霍尔电场）。

图 4-16（c）是现在常用的磁敏电阻结构，即按图 4-16（b）的原理把多个横长方形片串联而成，片和片之间的金属导体将霍尔电动势短路掉，使之不能形成电场，于是电子的运动总是偏转的，电阻增加得比较多。

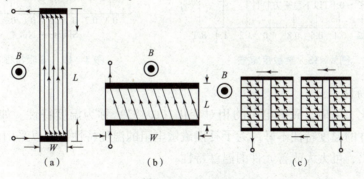

图 4-16 自由电子运动轨迹的偏移

(a) $L \gg W$；(b) $L \ll W$；(c) 常用的磁敏电阻结构

实际上，圆盘形的磁阻最大，故磁敏电阻大多做成圆盘结构，如图 4-17 所示。

2. 磁敏传感器的基本特性

（1）灵敏度

磁敏电阻的灵敏度一般是非线性的，且受温度的影响较大。磁阻元件的灵敏度用在一定磁场强度下的电阻变化率来表示，即磁场—电阻变化率特性曲线的斜率，如图 4-18 所示。在运算时常用求 R_B/R_0 得，R_0 表示无磁场情况下磁阻元件的电阻值，R_B 为施加磁感应强度时磁阻元件的电阻值。

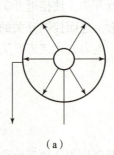
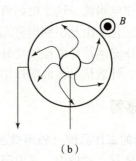

图 4-17 圆盘形磁敏电阻
(a) 无磁场作用时；(b) 有磁场作用时

（2）磁阻特性

某型号磁敏电阻的电阻值 R 随磁感应强度 B 变化的曲线如图 4-19 所示。磁敏元件的电阻值与磁场的极性无关，只随磁场强度的增加而增加。

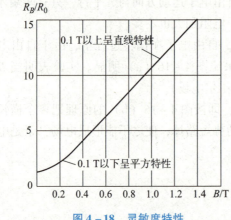

图 4-18 灵敏度特性　　　　　　图 4-19 磁阻特性

（3）温度特性

温度每变化 1 ℃时，磁敏电阻的相对变化（%/℃）称为温度特性。如图 4-20 所示，半导体磁阻元件的温度特性不好。为了补偿磁敏电阻的温度特性，可以采用两个磁敏电阻串联，用分压输出，可大大改善元件的温度特性。

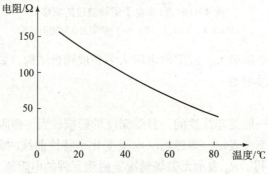

图 4-20 磁敏电阻的温度特性

3. 磁敏传感器的应用

目前，磁阻效应广泛用于磁传感器、磁力计、电子罗盘、位置和角度传感器、车辆探测、GPS 导航、仪器仪表、磁存储（磁卡、硬盘）等领域。

磁阻器件由于灵敏度高、抗干扰能力强等优点在工业、交通、仪器仪表、医疗器械、探矿等领域得到广泛应用，如数字式罗盘、交通车辆检测、导航系统、伪钞检别、位置测量等。如图 4-21 所示为磁敏电阻的应用。

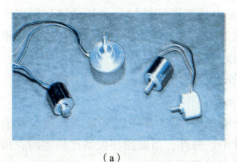
（a）

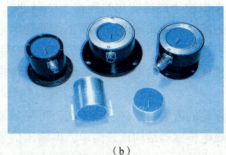
（b）

图 4-21 磁敏电阻的应用
(a) 磁敏电阻角度传感器；(b) 磁敏电阻倾斜角传感器

四、磁电传感器

磁电感应式传感器有时又简称为磁电传感器，是利用电磁感应原理将被测量（如振动、位移、转速等）转换成电信号的传感器。它不需要辅助电源就能把被测对象的机械量转换成易于测量的电信号，是有源传感器。由于它输出功率大且性能稳定，具有一定的工作带宽（10~1 000 Hz），所以得到普遍应用。

1. 磁电传感器的工作原理

如图 4-22 所示，根据电磁感应定律，一个 N 匝线圈相对静止地处于随时间变化的磁场中时，设穿过线圈的磁通为 Φ，则线圈内的感应电动势 e 与磁通变化率 $\mathrm{d}\Phi/\mathrm{d}t$ 有如下关系：

$$e = -N\frac{\mathrm{d}\Phi}{\mathrm{d}t} \quad (4-3)$$

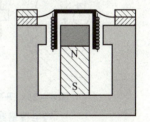

图 4-22 电磁感应原理

根据以上原理，人们设计出两种磁电传感器结构：恒磁通式和变磁通式。变磁通式又称为阻磁式。

2. 恒磁通式磁电传感器

若线圈相对磁场运动的速度为 v 或角速度为 ω，则所产生的感应电动势 e 为：

$$e = -NBlv \quad (4-4)$$
$$e = -NBS\omega \quad (4-5)$$

式中　l——线圈导线总长度（m）；

　　　B——线圈所在磁场磁感应强度（T）；

　　　v——线圈和磁铁间相对直线运动的线速度（m/s）；

　　　S——线圈所包围的面积（m²）；

ω——线圈和磁铁间相对旋转运动的角速度（rad/s）。

当结构参数确定后，B、l、N、S 均为定值，感应电动势 e 与线圈相对磁场的运动速度（v 或 ω）成正比，所以这类传感器的基本形式是速度传感器，能直接测量线速度或角速度，磁电感应式传感器只适用于动态测量。

3. 变磁通式磁电传感器

变磁通式磁电传感器一般做成转速传感器，产生感应电动势的频率作为输出，而电动势的频率取决于磁通变化的频率。变磁通式磁电传感器按结构分为开磁路和闭磁路两种。

开磁路变磁通式磁电传感器工作原理示意如图 4-23 所示。测量齿轮 4 安装在被测转轴上与其一起旋转。当齿轮旋转时，齿的凹凸引起磁阻的变化，从而使磁通发生变化，因而在线圈中感应出交变的电动势，其频率等于齿轮的齿数 z 和转速 n 的乘积，即：

$$f = nz/60 \tag{4-6}$$

若齿轮的齿数 z 为 60，则 $f = z$，可见只要测量频率 f，即可得到被测转速。开磁路式变磁通式磁电传感器结构比较简单，但输出信号小。另外，当被测轴振动比较大时，传感器输出波形失真较大，因此在振动强的场合往往采用闭磁路式变磁通式磁电传感器。

闭磁路变磁通式磁电传感器工作原理示意如图 4-24 所示。被测转轴带动椭圆形测量轮 3 在磁场气隙中等速转动，使气隙平均长度周期性地变化，磁路磁阻和磁通也同样周期性地变化，并在线圈 2 中产生感应电动势，其频率 f 与测量轮 3 的转速 n(r/min) 成正比，即 $f = n/30$。在这种结构中，也可以用齿轮代替椭圆形测量轮 3，软铁（极掌）制成内齿轮形式，这时输出信号频率 f 同开磁路变磁通式磁电传感器。

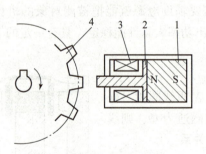

图 4-23 开磁路变磁通式
磁电传感器工作原理
1—永久磁铁；2—软磁铁；
3—感应线圈；4—旋转齿轮

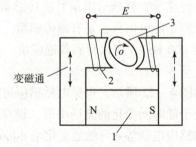

图 4-24 闭磁路变磁通式
磁电传感器工作原理
1—永久磁铁；2—感应线圈；3—测量轮

变磁通式磁电传感器对环境条件要求不高，能在 -150 ~ +90 ℃ 的温度下工作，不影响测量精度，也能在油、水雾、灰尘等条件下工作。但它的工作频率下限较高，约为 50 Hz，上限可达 100 kHz。

4. 磁电传感器的应用

（1）振动测量

磁电传感器主要用于振动测量。其中惯性式传感器不需要静止的基座作为参考基准，它直接安装在振动体上进行测量，因而在地面振动测量及机载振动监视系统中获得了广泛的应用。如航空发动机、各种大型电动机、空气压缩机、机床、车辆、轨枕振动台、化工设备等，其振动监测与研究都可使用磁电传感器。

（2）转速测量

变磁通式磁电传感器一般做成转速传感器，产生感应电动势的频率作为输出，而电动势的频率取决于磁通变化的频率。如图 4 – 23 所示，当齿轮旋转时，齿的凹凸引起磁阻的变化，从而使磁通发生变化，在线圈中感应出交变的电动势，其频率等于齿轮的齿数和转速的乘积，只要有测量频率，即可得到被测转速。由于这种磁电传感器对转轴有一定的阻力矩，并且低速时其输出信号较小，故不适应于低转速。

（3）扭矩测量

磁电传感器测量扭矩的示意图如图 4 – 25 所示，当转轴不受扭矩时，两个磁电传感器输出的感应电压相同，相位差为零。当被测轴感受扭矩时，轴的两端产生扭转角，因此两个磁电传感器输出的感应电压将有附加相位差，这个相位差与扭转轴的扭转角成正比。这样磁电传感器就可以把扭矩引起的扭转角转换成相位差的电信号，通过测量相位差就可以得到扭矩。

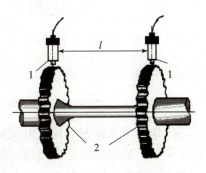

图 4 – 25　磁电传感器测量扭矩

1—磁电传感器；2—转轴齿轮

五、光电传感器

光电传感器是将光信号转换为电信号的一种器件，其工作原理基于光电效应。光电效应是指光照射在某些物质上时，物质的电子吸收光子的能量而发生了相应的电效应现象。根据光电效应现象的不同将光电效应分为三类：外光电效应、内光电效应及光生伏特效应。在光线作用下使电子逸出物体表面的现象称为外光电效应。半导体材料受到光照时，使其导电性能增强，光线越强阻值越低，这种光照后电阻率发生变化的现象，称为内光电效应。在光线作用下，能使物体产生一定方向电动势的现象，称为光生伏特效应。

1. 光电元件

（1）基于外光电效应的光电元件

1）光电管。光电管是一个抽成真空或充惰性气体的玻璃管，内部有阴极 k、阳极 a，阴极涂有光敏材料，如图 4 – 26（a）所示。光电管的符号及测量电路如图 4 – 26（b）所示，当光线照射在涂在光阴极的光敏材料上时，如果光子的能量 E 大于电子的逸出功 $A(E>A)$，会有电子逸出产生，电子被带有正电的阳极吸引，在光电管内形成电子流，电流在回路电阻 R_L 上产生正比于电流大小的电压降 U_o。

2）光电倍增管。光电管输出较小，实际应用中常采用光电倍增管，光电倍增管的电流是逐级增加的。由于光电倍增管具有放大作用，因此常用于弱光探测。如图 4 – 27 所示在阳极和阴极之间有若干个光电倍增极（又称二次发射极），涂有光敏物质。

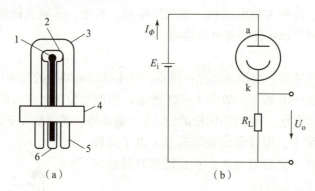

图 4-26 光电管

(a) 结构；(b) 符号及测量电路

1—阳极 a；2—阴极 k；3—玻璃外壳；4—底座；5—电极引脚；6—定位销

工作时当光线照射到光电阴极后，它产生的光电子受第 1 倍增极正电位作用，加速并打在这个倍增极上，产生二次发射；由第 1 倍增极产生的二次发射电子，在更高电位的倍增极作用下，又将加速入射到第 2 倍增极上，在第 2 倍增极上又将产生二次发射……，这样逐级前进，一直到达阳极为止。

(2) 基于内光电效应的光电元件

1) 光敏电阻。光敏电阻外形如图 4-28 (a) 所示，在玻璃底板上涂一层对光敏感的半导体物质，

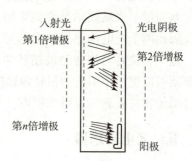

图 4-27 光电倍增管的结构和工作原理

并且在其两端引出梳状金属电极，然后在半导体上覆盖一层漆膜，并封装在玻璃管壳中就构成了光敏电阻。光敏电阻的图形符号如图 4-28 (b) 所示。

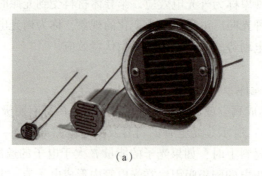

图 4-28 光敏电阻

(a) 外形；(b) 图形符号

当无光照时，光敏电阻值很大，此时的电阻称为暗电阻，实际光敏电阻的暗电阻值一般在兆欧级，所以电路中电流很小，这时的电流称为暗电流；当光敏电阻受到光照时，阻值减小，此时的光敏电阻的阻值称为亮电阻，一般在几千欧以下，导致电路中的电流增大，此时的电流称为亮电流。亮电流与暗电流之差称为光电流。

2) 光敏二极管。如图 4-29 (a) 所示为光敏二极管，与一般的二极管不同之处在于光

敏二极管的 PN 结设置在透明管壳顶部的正下方，以便接受光线照射，其结构和图形符号如图 4-29 所示。

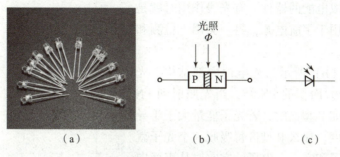

图 4-29　光敏二极管

(a) 外形；(b) 结构示意图；(c) 图形符号

如图 4-30 所示为光敏二极管的基本应用电路，PN 结在电路中处于反向截止状态。在无光照情况下，由于光敏二极管反向截止，所以此时电路中的电流较小。当光照射到光敏二极管的 PN 结时，使半导体中的电子—空穴对数量增加，在外电场的作用下，漂移越过 PN 结，形成光电流。随着光照度的增加，产生的电子—空穴对数量也增加，光电流随之增大。

目前市场上常见的是采用特殊结构构成的光电二极管，即 PIN 光电二极管和 APD 光电二极管。与普通光电二极管相比，这两种光电二极管具有光电转换速度快、响应频率高等特点。

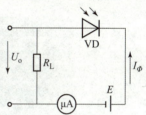

图 4-30　光敏二极管的基本应用电路

3) 光敏三极管。光敏三极管有两个 PN 结，与普通三极管相似，如图 4-31 (a) 所示。当光线照射在集电结上，导致集电结附近产生较大的光电流，与普通三极管相似，集电极电流 I_c 是原始电流的 β 倍，所以光敏三极管的灵敏度比光敏二极管高。多数光敏三极管的基极没有引出线，只有正负 (c、e) 两个引脚，所以其外形与光敏二极管相似，从外观上很难区别。光敏三极管常见的应用电路如图 4-32 所示。

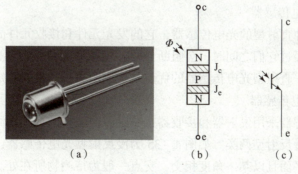

图 4-31　光敏三极管

(a) 外形；(b) 结构；(c) 图形符号

111

(3) 基于光生伏特效应的光电元件

光电池是其工作原理基于光生伏特效应，可以直接将光能转换成电能的器件。有光线作用时就是电源，一类广泛用于宇航电源，另一类用于检测和自动控制等领域。

如图 4-33（b）所示为光电池内部结构，光电池实质是一个大面积的 PN 结，当光照射到 PN 结的一个面，例如 P 型面时，若光子能量大于半导体材料的禁带宽度，那么 P 型区每吸收一个光子就产生一对自由电子和空穴，电子—空穴对从表面向内迅速扩散，如果光照是连续的，经短暂的时间，PN 结两侧就有一个稳定的光生电动势输出，最后建立一个与光照强度有关的电动势，其图形符号如图 4-33（c）所示。

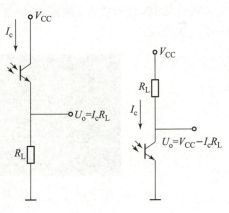

图 4-32　光敏三极管应用电路

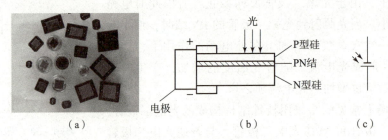

图 4-33　光电池
(a) 外形；(b) 结构；(c) 图形符号

2. 光电传感器的分类

光电传感器最常见的是光电开关，由发光元件和光电接收元件组成，发光元件通常是发光二极管，光电接收元件有光敏电阻、光敏二极管、光敏三极管、光敏复合管等。光电开关是利用被检测物对光束的遮挡或反射，由同步回路接通电路，从而检测物体的有无。根据检测方式的不同，光电传感器分为直射型（透射型）与反射型两大类型。

(1) 直射型光电传感器

图 4-34 是一种直射型的光电传感器，它的发光元件和接收元件的光轴是重合的。当不透明的物体位于或经过它们之间时，会阻断光路，使接收元件接收不到来自发光元件的光，这样起到检测作用。直射型光电传感器的优点是检测距离长，性能稳定。

(2) 反射型光电传感器

反射型光电传感器采用发射器和接收器按一定方向装在同一个检测头内，可分为反射板反射型和被测物体漫反射型两类。如图 4-35 为漫反射型光电传感器，它的发光元件和接收元件的光轴在同一平面且以某一角度相交，交点一般为待测物所在处。当有物体经过时，接收元件将接收到从物体表面反射的光，没有物体时则接收不到。

3. 光电传感器的应用

光电传感器可用于检测直接引起光量变化的非电量，如光强、光照度、辐射测量、气体

图 4-34 直射型光电传感器

(a) 外形；(b) 结构

1—发光元件；2—窗；3—接收元件；4—壳体；5—导线

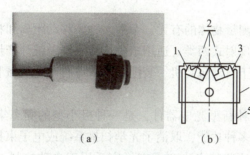

图 4-35 漫反射型光电传感器

(a) 外形；(b) 结构

1—接收元件；2—反射物；3—发光元件；4—壳体；5—导线

成分分析等；也可以用于检测能转化成光量变化的其他非电量，如直径、表面粗糙度、应变位移、振动、速度、加速度以及物体形状、工作状态的识别等。因此光电传感器在自动检测、计算机和控制领域得到广泛的应用，但光电传感器存在光学器件和电子器件价格昂贵，并且对测量的环境条件要求较高等缺点。近年来新型的光电传感器不断涌现，如 CCD 图像传感器等，使光电传感器得到了进一步的发展。

（1）转速测量

如图 4-36（a）所示为反射型光电式数字转速表工作原理图，电动机轴上涂有黑白相间的条纹，条纹数为 D，它们具有较大的反射率差，当轴转动时，反光与不反光交替出现，光电元件间接地接收反射光信号，输出电脉冲。经放大整形电路转换成脉冲信号，由数字频率计测得计数频率为 f，则电动机转速为：

$$n = \frac{60f}{D} \tag{4-7}$$

如图 4-36（b）所示为直射型光电式数字转速表工作原理图，在待测转速轴上固定一开槽数为 z 的调制盘，在调制盘一边由激光器产生一恒定光源，透过盘上的开槽处到达光敏二极管组成的光电转换器上，转换成相应的电脉冲信号，经过放大整形电路输出整齐的脉冲信号，由数字频率计测得计数频率为 f，则电动机转速为：

$$n = \frac{60f}{z} \tag{4-8}$$

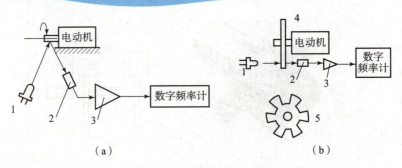

图 4-36 光电式数字转速表工作原理图
(a) 反射式；(b) 直射式
1—光源；2—光电元件；3—放大整形电路；4，5—调制盘

（2）物位检测

光电物位检测多用于测量物体的有无、个数、物体移动距离和相位等。该传感器工作原理按结构可分为直射式和反射式两类。适用于生产流水线上统计产量、检测产品的包装、精确定位等方面，广泛应用于自动包装机、装配流水线等自动化机械装置中。

（3）视觉传感器

CCD 图像传感器是一种新型光电器件，是一种极小型的固态集成器件，同时具有光生电荷及积累和转移电荷等多种功能，取消了光学扫描系统或电子束扫描，所以在很大程度上降低了再生图像的失真。这些特点决定了它可广泛用于自动控制，尤其适合于图像识别技术，常用于尺寸、工件伤痕及表面污垢、形状等的测量。如图 4-37 所示为 CCD 图像传感器在自动化生产线上用于形状检测的工作原理图。

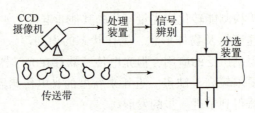

图 4-37 CCD 图像传感器生产线形状检测工作原理图

任务一　霍尔传感器测量直流电动机转速

一、任务目标

通过本任务的学习，帮助学生掌握霍尔传感器的基本原理，熟悉霍尔传感器的基本特性，掌握霍尔传感器的分类和应用。

利用霍尔传感器完成测量直流电动机转速的实验。

二、任务分析

练习

（1）霍尔传感器是利用_____效应进行工作的，在垂直于电流和磁场方向的霍尔电压 E_H 的大小正比于控制电流 I 和磁感应强度 B，当控制电流的方向和大小改变时，霍尔电压也发生改变，如霍尔元件灵敏度为 K_H，则霍尔效应表达式为：_____。

（2）按照输出电压与外加磁场的关系，霍尔传感器分为_____和_____两类。霍尔计数传感器能感受到很小的磁场变化，因而可对金属零件进行计数检测，属于_____。

（3）霍尔式转速传感器，磁性转盘的输入轴与被测转轴相连，磁性转盘上装有 6 只磁性体，当被测转轴转动时，磁性转盘随之转动，固定在磁性转盘附近的霍尔传感器便可在每一个小磁铁通过时产生一个相应的脉冲，1 s 内输出脉冲数为 200 个，则被测转速为_____ r/min。

思考

（1）霍尔传感器与电涡流传感器都可以测量直线位移，请查阅资料分析哪种传感器测量位移精度更高？两种分辨率分别为多少？

（2）数控机床伺服系统中除了位置检测装置，伺服系统中往往还包括检测速度元件，用以检测和调节电动机的转速，请查阅资料总结霍尔传感器在数控机床上测量转速时的安装位置及工作原理。

三、任务实施

1. 认识实验台中的霍尔传感器

霍尔传感器已安装于转动源支架上，且霍尔组件正对着转盘上的磁钢，如图 4-38（a）所示。

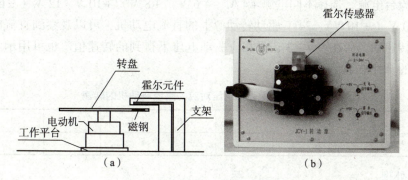

图 4-38　霍尔传感器安装示意图
（a）安装图；（b）实物图

除了转动源上的霍尔传感器外，本任务的实施还要用到直流稳压电源、转动源、频率/转速表及双踪示波器。

2. 霍尔传感器测量转速的工作原理

利用霍尔效应表达式 $U_H = K_H IB$，在转动源上安装的是一个开关型霍尔集成传感器，由直流电动机带动一个在圆周上均匀分布的6只磁钢的转动盘转动时，转动盘每转一周磁场变化6次，相应的霍尔集成传感器的输出电平变化6次，得到6个脉冲信号，将脉冲信号送入频率/转速表计数显示，即可测得转速。

3. 任务实施步骤

（1）霍尔传感器测量转速电路接线

将直流电源上 +5 V 电源接到转动源上 "+5 V" 的电源端，并将转动源上的 "霍尔信号输出" 接到频率/转速表，将频率/转速表选择 "转速" 挡，并按照图 4-39 电路图完成接线。

图 4-39 接线电路

（2）霍尔传感器测量转速

打开实验台电源，选择不同电源 +4 V、+6 V、+8 V、+10 V、12 V（±6 V）、16 V（±8 V）、20 V（±10 V）、24 V 驱动转动源上的直流电动机，可以观察到直流电动机转速的变化，待转速稳定后在表 4-3 记录相应驱动电压下得到的转速值。也可用示波器观测霍尔元件输出的脉冲波形。

表 4-3 不同驱动电压对应的直流电动机的转速

电压/V	+4	+6	+8	+10	12	16	20	24
转速/(r·min^{-1})								

4. 数据处理

1) 请在同一坐标轴中画出不同电压时的脉冲波形图。

2）验证转速与频率之间的关系是否和理论计算一致。

5. 任务内容和评分标准

任务内容和评分标准见表4-4。

表4-4 霍尔传感器转速测量评分表

任务内容	配分	评分标准	得分
认识本任务所需仪器设备及器材	10	遗漏一个仪器设备及器材，扣2分，最多扣10分	
霍尔传感器测量转速电路及接线	30	1）接线错误，每处扣5分，最多扣20分； 2）频率/转速表设置错误，扣10分	
霍尔传感器测量转速	40	1）直流电源选择开关拨错，每处扣5分，最多扣10分； 2）转速未稳定就开始读数，每次扣5分，最多扣30分	
团队协作意识	10	小组共同完成项目，组员缺乏合作意识，扣10分	
正确使用设备和工具	10	只要不符合安全操作要求，就从总分中扣除	
总得分		教师签字	

四、任务拓展

霍尔传感器和电涡流传感器一样，既可以测量转速也可以测量位移，利用THSRZ-2型传感器实验装置中的霍尔传感器和霍尔传感器实验模块就可以实现，按照具体实验步骤操作，记录霍尔传感器测量位移的精度。

1. 仪器设备及器材

直流电压表、直流稳压电源、霍尔传感器实验模块、霍尔传感器、测微头等。

2. 工作原理

根据霍尔效应，霍尔电动势 $U_H = K_H IB$，当通过霍尔元件的电流 I 一定时，霍尔元件输出的霍尔电动势和 B 成正比。在霍尔传感器的中间安放了两块磁钢，中间有一个可以左右移动的活动杆，与活动杆相连的是一个霍尔元件，当被测物体移动时带动活动杆（包括霍尔元件）一起移动。当霍尔元件位于两块磁钢中间的时候，两个磁场相抵消，磁场强度 B 为零，磁钢中心点那个位置向左，磁场逐渐增强，霍尔电动势增大；反之磁钢中心点那个位置向右，反方向的磁场逐渐增强，霍尔电动势反向增大。故通过测量霍尔传感器中霍尔元件的输出霍尔电动势，就可以知道物体的位移大小和方向。

3. 实验步骤

1）安装霍尔传感器。由霍尔元件构成的霍尔传感器实物如图4-40所示，霍尔传感器实验模块如图4-41所示，将霍尔传感器安装到霍尔传感器实验模块上，将霍尔传感器通过连接线接到霍尔传感器实验模块9芯航空插座。

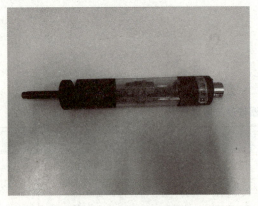

图4-40 霍尔传感器

图4-41 霍尔传感器实验模块

2) 霍尔传感器测量位移电路接线和调零。按照如图4-42所示完成接线，打开实验桌电源，直流电压表选择"2 V"挡，将测微头的起始位置调到"10 mm"处，手动调节测微头的位置，先使霍尔元件大概在磁钢的中间位置（直流电压表大致为0），固定测微头，再调节R_{W1}使直流电压表显示为零。

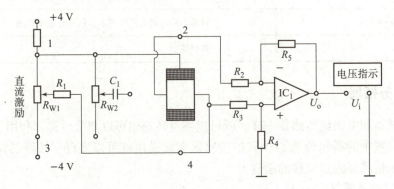

图4-42 霍尔传感器测量位移电路接线图

3) 霍尔传感器测量位移。分别向左、右不同方向旋动测微头，每隔0.2 mm记下一个读数，直到读数近似不变为止，将读数填入表4-5中。

表4-5 霍尔传感器实验模块输出电压和位移的关系

位移/mm										
输出电压/mV										

4) 实验结束后，关闭实验台电源，整理好实验设备。

4. 任务内容和评分标准

任务内容和评分标准见表4-6。

表 4-6 霍尔传感器位移测量评分表

任务内容	配分	评分标准	得分
认识本任务所需仪器设备及器材	10	遗漏一个仪器设备及器材，扣 2 分，最多扣 10 分	
安装霍尔传感器	15	安装错误，每处扣 5 分，最多扣 15 分	
霍尔传感器测量位移电路接线及调零	35	1）接线错误，每处扣 5 分，最多扣 10 分； 2）直流电压表量程选错，扣 10 分； 3）测微头安装错误，扣 5 分； 4）调零不正确，扣 10 分	
霍尔传感器测量位移	20	1）测微头调节错误，每处扣 5 分，最多扣 10 分； 2）读数不正确，每次扣 5 分，最多扣 10 分	
团队协作意识	10	小组共同完成项目，组员缺乏合作意识，扣 10 分	
正确使用设备和工具	10	只要不符合安全操作要求，就从总分中扣除	
总得分		教师签字	

任务二　电涡流传感器测量直流电动机转速

一、任务目标

通过本任务的学习，帮助学生了解电涡流效应，掌握电涡流传感器的结构、工作原理，会利用电涡流传感器完成测量直流电动机转速的实验。

二、任务分析

练习

（1）电涡流传感器的工作原理是_____效应，可以准确测量被测体（必须是金属导体）与探头端面的相对位置。

（2）电涡流线圈的阻抗变化与金属导体的几何形状、电导率 σ、磁导率 μ、表面因素 r、激励电流的频率 f、线圈到被测金属导体的距离 x 及用于励磁的正弦交流电流 i_1 等参数有关。电涡流线圈等效阻抗 Z 的函数表达式为：$Z = R + j\omega L = f(i_1, f, \mu, \sigma, r, x)$，如果控制式中的 i_1、f、μ、σ、r 不变，电涡流线圈的阻抗 Z 就成为间距 x 的单值函数，这样就成为非接触地测量_____的传感器。

（3）电涡流传感器用于转速测量时，在金属旋转体上开 6 个槽，在靠近金属旋转体的地方安装一个电涡流传感器，当转轴转动时，传感器周期性地改变着与旋转体表面之间的距离,其输出也周期性地变化,此信号经放大、变换后,频率计的读数为 20 Hz,则转轴的转速为_____r/min。

思考

电涡流线圈的阻抗变化与金属导体的几何形状、电导率 σ、磁导率 μ、表面因素 r、激励电流的频率 f、线圈到被测金属导体的距离 x 及用于励磁的正弦交流电流 i_1 等参数有关。如果控制上述参数中的一个参数改变,其余参数不变,那么除了位移传感器,还可以构成哪些传感器呢?

三、任务实施

1. 认识实验台中的电涡流传感器及其实验模块

本任务中使用的电涡流传感器及其对应的电涡流传感器实验模块如图 4-43 和图 4-44 所示。被测对象直流电动机安装在转动源上,带动转动盘一起转动。

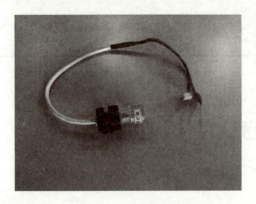

图 4-43 电涡流传感器

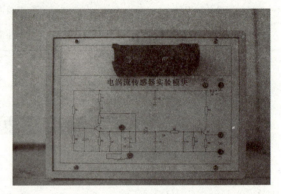

图 4-44 电涡流传感器实验模块

2. 电涡流传感器测量转速的工作原理

转动源上的直流电动机带动转动盘旋转,转动盘边缘均匀分布 12 个小孔,其中 6 个孔是空的,6 个孔是塞入磁钢的,并且空孔和磁钢间隔分布,当空孔经过电涡流传感器下方时,电涡流传感器模块输出电压较低(低电平),当磁钢经过电涡流传感器时,电涡流传感器模块输出电压较高(高电平),形成一个脉冲信号,转动盘转动一圈,共输出 6 个脉冲信号。将脉冲信号送入频率/转速表计数显示,转速与脉冲信号频率之间的关系为:

$$n = \frac{60f}{p} \tag{4-9}$$

式中 f——脉冲信号频率;

p——每圈输出脉冲信号的数量。

3. 任务实验步骤

1) 安装电涡流传感器。将电涡流传感器安装到转动源支架上,引出线接电涡流传感器实验模块,使电涡流传感器距离转动盘上的检测点(磁钢)2~3 mm,如图 4-45 所示。

2) 电涡流传感器测量转速电路接线。从实验台将 +15 V 电源接至电涡流传感器实验模块上,将电涡流传感器实验模块的输出接至频率/转速表,频率/转速表选择"转速"输出。将直流电源接至转动源的"转动电源"端,如图 4-46 所示。

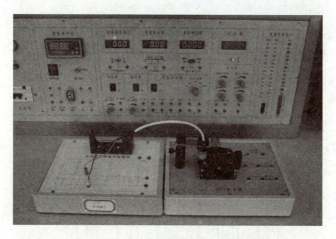

图 4-45 电涡流传感器安装图

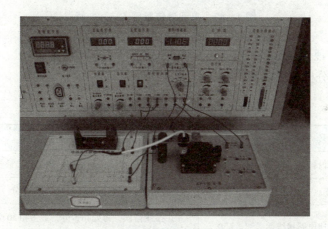

图 4-46 电涡流传感器测量转速电路接线图

3）电涡流传感器测量转速。将直流电源选择开关拨至 +4 V，合上实验台电源。直流电动机带动转动盘开始旋转，频率/转速表读数从零开始上升。将直流电动机转速稳定之后，观察频率/转速表的读数。

将直流电源选择开关拨至 +4 V、+6 V、+8 V、+10 V、12 V（±6 V）、16 V（±8 V）、20 V（±10 V）、24 V，待直流电动机转速稳定之后，记录频率/转速表的读数，填入表 4-7 中。

表 4-7 不同驱动电压对应的电动机转速

电压/V	+4	+6	+8	+10	12	16	20	24
转速/(r·min^{-1})								

4）实验结束后，关闭实验台电源，整理好实验设备。

4. 数据处理

根据表 4-7 数据，绘制驱动电压与转速关系曲线（U-n 曲线），如图 4-47 所示。

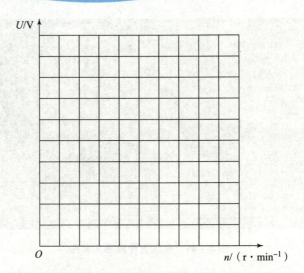

图 4-47 电涡流传感器 $U-n$ 曲线

5. 任务内容与评分标准

任务内容和评分标准见表 4-8。

表 4-8 电涡流传感器转速测量评分表

任务内容	配分	评分标准	得分
认识本任务所需仪器设备及器材	10	遗漏一个仪器设备及器材,扣2分,最多扣10分	
安装电涡流传感器	10	安装错误,每处扣5分,最多扣15分	
电涡流传感器测量转速电路接线	30	1）接线错误,每处扣5分,最多扣20分; 2）频率/转速表设置错误,扣10分	
电涡流传感器测量转速	30	1）直流电源选择开关拨错,每处扣5分,最多扣10分; 2）转速未稳定就开始读数,每次扣5分,最多扣20分	
团队协作意识	10	小组共同完成项目,组员缺乏合作意识,扣10分	
正确使用设备和工具	10	只要不符合安全操作要求,就从总分中扣除	
总得分		教师签字	

四、任务拓展

电涡流传感器除了能够检测直流电动机的转速外,还可以检测物体的位移、振动、材料厚度等。利用电涡流传感器及其对应的实验模块还可以测量微小位移,按照具体实验步骤操作,看看电涡流传感器能够测量的最小位移为多大,并与任务一的霍尔传感器测量位移精度比较一下。

1. 仪器设备及器材

直流电压表、直流稳压电源、电涡流传感器实验模块、电涡流传感器、铁圆盘、测微头等。

2. 工作原理

通过高频电流的线圈产生磁场，当有金属导体接近时，因金属电涡流效应产生涡流损耗，而涡流损耗与导电体离线圈的距离有关，因此可以进行位移测量。

3. 实验步骤

（1）安装电涡流传感器和测微头

按图4-48安装电涡流传感器，在测微头端部装上铁质金属圆盘，作为电涡流传感器的被测体。调节测微头，使铁质金属圆盘的平面贴到电涡流传感器的探测端，固定测微头。

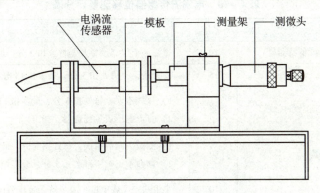

图4-48　电涡流传感器安装图

（2）电涡流传感器测量位移电路接线

按图4-49所示将电涡流传感器连接线接到实验模块上标有"〰"的两端，实验模块输出端 U_o 与直流电压表输入端 U_i 相接。直流电压表量程选择20 V挡，实验模块电源用连接导线从实验台接入 +15 V电源。

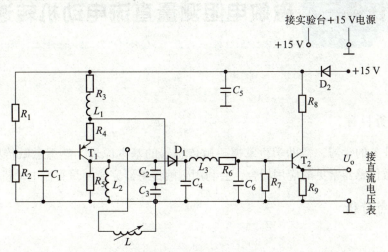

图4-49　电涡流传感器测量位移电路接线图

(3) 电涡流传感器测量位移

打开实验台电源，记下直流电压表读数，然后测微头每移动 0.2 mm 记录一次数据，直到输出几乎不变为止，将读数计入表 4-9 中。

表 4-9　电涡流传感器实验模块输出电压与位移的关系

位移/mm										
输出电压/mV										

4. 任务内容和评分标准

任务内容和评分标准见表 4-10。

表 4-10　电涡流传感器位移测量评分表

任务内容	配分	评分标准	得分
认识本任务所需仪器设备及器材	10	遗漏一个仪器设备及器材，扣 2 分，最多扣 10 分	
安装电涡流传感器	15	安装错误，每处扣 5 分，最多扣 15 分	
电涡流传感器测量转速电路接线	25	1) 接线错误，每处扣 5 分，最多扣 15 分； 2) 直流电压表量程选错，扣 10 分	
电涡流传感器测量转速	30	1) 测微头调节错误，每处扣 5 分，最多扣 15 分； 2) 读数不正确，每次扣 5 分，最多扣 15 分	
团队协作意识	10	小组共同完成项目，组员缺乏合作意识，扣 10 分	
正确使用设备和工具	10	只要不符合安全操作要求，就从总分中扣除	
总得分		教师签字	

任务三　磁敏电阻测量直流电动机转速

一、任务目标

通过本任务的学习，帮助学生掌握磁敏传感器的基本原理，熟悉磁敏传感器的基本特性，了解磁敏传感器常见的应用场合，会利用磁敏传感器完成测量直流电动机转速的实验。

二、任务分析

练习

(1) 当金属或半导体置于磁场中，其电阻值会随磁场而变化的这种现象称为＿＿＿＿效应。为增大磁阻，磁敏电阻大多做成＿＿＿＿结构。

(2)半导体磁阻元件的温度特性不好,元件的电阻值在不大的温度变化范围内减小得很快。因此,在应用时,一般都要设计_____电路。

(3)磁敏电阻测量转速时,转动源上用于测量转速的圆盘在圆周上平均分布6只磁钢,圆盘上的磁钢依次经过两个磁敏电阻的下方,输出信号为正弦波,一个磁钢对应一个正弦波,将输出的正弦波送入频率表,测得频率为30 Hz,则转轴转速为_____r/min。

思考

请查阅资料,举例说明新型磁敏电阻在交通领域的具体应用。

三、任务实施

1. 认识实验台中的磁敏电阻

任务中所用的磁敏电阻如图4–50所示,为一种N型的InSb半导体材料做成的差分磁敏电阻,应变传感器实验模块如图4–51所示。本任务中除了磁敏电阻外,还需要用到直流稳压电源、转动源。

图4–50 磁敏电阻

图4–51 应变传感器实验模块

2. 磁敏电阻测量转速的工作原理

磁敏电阻其实是一种N型的InSb半导体材料做成的差分磁敏电阻,在其背面加了一个偏置磁场,以提高灵敏度。当被检测铁磁性物质或磁钢经过其检测区域时,MR_1和MR_2处的磁场先后增大,从而导致MR_1和MR_2的阻值先后增大,如图4–52所示,如在①、③两端加电压$\pm V_{CC}$,则②端输出一个正弦波。为了克服其温度特性不好的缺陷,采用两个磁阻器件串联以抵消其温度影响。

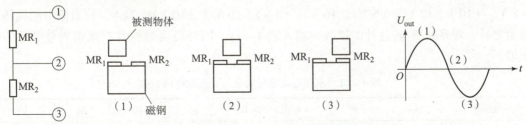

图4–52 磁敏电阻测量转速的原理图

转动源上用于测量转速的圆盘在圆周上平均分布 6 只磁钢,所以圆盘上的磁钢依次经过两个磁敏电阻的下方,②端就依次输出正弦波,一个磁钢对应一个正弦波,将输出的正弦波送入频率表,根据公式 $n = \dfrac{60f}{p}$ 计算出转速。

3. 任务实验步骤

1)安装磁敏电阻。将磁敏传感器安装在传感器支架上,使传感器探头底部距离转盘 1~2 mm(目测)。

2)差分放大电路调零。将 ±15 V 直流稳压电源接入应变传感器实验模块,短接差动放大器的输入端 U_i,U_{o2} 接直流电压表,直流电压表量程选择 2 V 挡,将 R_{W3} 调节到最小,调节 R_{W4} 使 U_{o2} 输出为 0,取下短接线,关闭实验台电源。

3)磁敏电阻测量转速电路接线。按图 4-53 所示完成接线,磁阻传感器的三根引线中红色引线接 1、蓝色引线接 2、黑色引线接 3,MR_1、MR_2 与 R_6、R_7 构成一个电桥,电桥输出接差动放大电路输入端 U_i,打开实验台电源开关,调节 R_{W1},使模块输出 U_{o2} 输出为正,且最小(若输出最小值始终为负,可调换 MR_1 和 MR_2 的位置);输出 U_{o2} 接频率/转速表,关闭实验台电源开关。

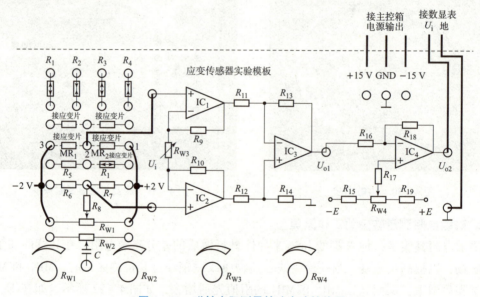

图 4-53 磁敏电阻测量转速电路接线图

4)磁敏电阻测量转速。打开实验台电源开关,将直流电源选择开关拨至 +4 V、+6 V、+8 V、+10 V、12 V(±6 V)、16 V(±8 V)、20 V(±10 V)、24 V,待直流电动机转速稳定之后,观察频率/转速计的读数并填入表 4-11,同时可通过示波器观察测量电桥的输出波形。

表 4-11 不同驱动电压对应的直流电动机转速

电压/V	+4	+6	+8	+10	12	16	20	24
转速/(r·min^{-1})								

5）操作内容描述实验结束后，关闭实验台电源，整理好实验设备。

4. 数据分析

根据表 4-11 数据，绘制驱动电压与转速关系曲线（$U-n$ 曲线），如图 4-54 所示。

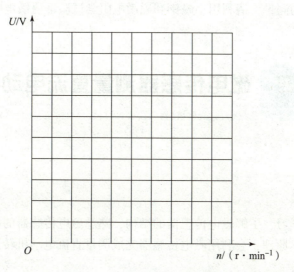

图 4-54 磁敏电阻 $U-n$ 曲线

5. 任务内容和评分标准

任务内容和评分标准见表 4-12。

表 4-12 磁敏电阻转速测量评分表

任务内容	配分	评分标准	得分
认识本任务所需仪器设备及器材	10	遗漏一个仪器设备及器材，扣 2 分，最多扣 10 分	
安装磁敏电阻	10	安装错误，扣 10 分	
差分放大器调零	10	调零不正确，扣 10 分	
磁敏电阻测量转速电路接线	30	1）磁敏电阻引线接错，每处扣 5 分，最多扣 10 分； 2）U_{o2} 输出不为正，且数值较大，扣 10 分； 3）频率/转速表设置错误，扣 10 分	
磁敏电阻测量转速	20	1）直流电源选择开关拨错，每处扣 5 分，最多扣 10 分； 2）转速未稳定就开始读数，每次扣 5 分，最多扣 10 分	
团队协作意识	10	小组共同完成项目，组员缺乏合作意识，扣 10 分	
正确使用设备和工具	10	只要不符合安全操作要求，就从总分中扣除	
总得分		教师签字	

四、任务拓展

磁敏电阻除了用于位置和角度测量，还广泛用于磁传感、磁力计、电子罗盘等传感器用于磁场强度和方向的测量，请利用小磁钢和磁敏电阻尝试验证磁敏电阻是否能测量磁场？

任务四　磁电传感器测量直流电动机转速

一、任务目标

通过本任务的学习，了解磁电传感器的结构，熟悉磁电传感器的基本特性，帮助学生掌握磁电传感器的基本原理，会利用磁电传感器完成测量直流电动机转速的实验。

二、任务分析

练习

（1）磁电传感器是利用_____原理将被测量（如振动、位移、转速等）转换成电信号的一种传感器。不需要辅助电源就能把被测对象的机械量转换成易于测量的电信号，是_____传感器，磁电传感器分为_____和_____两种类型。

（2）开磁路变磁通式磁电传感器检测转轴转速，当齿轮旋转时，齿的凹凸引起磁阻的变化，从而使磁通发生变化，因而在线圈中感应出交变的电动势，若齿轮齿数 z 为60，测量频率 f 为 60 Hz，则被测轴转速为_____ r/min。

（3）本任务采用 THSRZ - 2 型磁电传感器，其工作原理为 N 匝线圈垂直于磁场方向运动时，若线圈相对磁场运动速度为 v，每匝线圈的平均长度为 l，线圈所在磁场的磁感应强度为 B，则线圈中产生的磁感应电动势 e 的表达式为：_____。当结构参数 B、l、N 均为定值，则磁感应电动势 e 与 v 成正比，可以通过测量磁感应电动势 e 的大小测量转速。

思考

磁电传感器主要用于振动测量。它直接安装在振动体上进行测量，因而在地面振动测量及机载振动监视系统中获得了广泛的应用。请查阅资料总结磁电传感器用于振动测量的工作原理。

三、任务实施

1. 认识实验台中的磁电传感器

本任务中采用 N 型磁敏电阻作为检测转动源转动速度的磁电传感器，外形图如图 4 - 55 所示。磁电传感器输出的是感应电动势，属于自发电型传感器，因此磁电传感器不需要接直流电源。

除了磁电传感器外，本任务的实施还要用到直流稳压电源、转动源、频率/转速表及双踪示波器。

2. 磁电传感器测量转速的工作原理

磁电传感器是以电磁感应原理为基础，根据电磁感应定律，线圈两端的感应电动势正比于线圈所包围的磁通对时间的变化率，即 $e = -N\dfrac{\mathrm{d}\phi}{\mathrm{d}t}$，其中 N 是线圈匝数，ϕ 为线圈所包围的磁通量。若线圈相对磁场运动速度为 v 或角速度 ω，则上式可改为 $e = -NBlv$ 或者 $e = -NBS\omega$，l 为每匝线圈的平均长度；B 为线圈所在磁场的磁感应强度；S 为每匝线圈的平均截面积。

当传感器的结构确定后，B、l、N、S 都为常数，感应电动势 e 仅与线圈相对运动速度 v 有关。

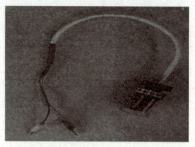

图 4-55 磁电传感器

3. 任务实施步骤

1）安装磁电传感器。按图 4-56 安装磁电传感器并完成接线。传感器底部距离转动源 4~5 mm（目测），磁电传感器的两根输出线接到频率/转速表，频率/转速表选择"转速输出"挡。

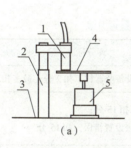
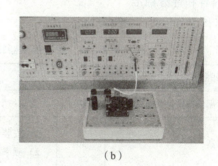

（a）　　　　　　　　　　　　（b）

图 4-56 磁电传感器安装图

（a）安装图；（b）实物图

1—磁电传感器；2—支持架；3—工作平台；4—电动机；5—转盘

2）磁电传感器测量转速。打开实验台电源，选择不同电源 +4 V、+6 V、+8 V、+10 V、12 V（±6 V）、16 V（±8 V）、20 V（±10 V）、24 V 驱动转动源（注意正负极，否则烧坏直流电动机），可以观察到转动源转速的变化，待转速稳定后，记录对应的转速，填入表 4-13，也可用双踪示波器观测磁电传感器输出的波形。

表 4-13 不同驱动电压对应的直流电动机的转速

电压/V	+4	+6	+8	+10	12	16	20	24
转速/(r·min^{-1})								

3）实验结束后，关闭实验台电源，整理好实验设备。

4. 数据处理

根据表 4-13 数据，绘制驱动电压与转速关系曲线（$U-n$ 曲线），如图 4-57 所示。

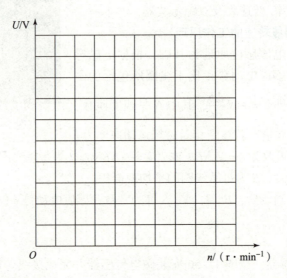

图 4-57　磁电传感器 $U-n$ 曲线

5. 任务内容和评分标准

任务内容和评分标准见表 4-14。

表 4-14　磁电传感器转速测量评分表

任务内容	配分	评分标准	得分
认识本任务所需仪器设备及器材	10	遗漏一个仪器设备及器材，扣 2 分，最多扣 10 分	
安装磁电传感器	30	1) 安装错误，扣 15 分； 2) 频率/转速表设置错误，扣 15 分	
磁电传感器测量转速	40	1) 直流电源选择开关拨错，每处扣 5 分，最多扣 20 分； 2) 转速未稳定就开始读数，每次扣 5 分，最多扣 20 分	
团队协作意识	10	小组共同完成项目，组员缺乏合作意识，扣 10 分	
正确使用设备和工具	10	只要不符合安全操作要求，就从总分中扣除	
总得分		教师签字	

四、任务拓展

用双踪示波器代替频率/转速表测量直流电动机转速，仔细观察磁电传感器输出的波形，是不是正弦波形？为什么？

任务五 光电传感器测量直流电动机转速

一、任务目标

通过本任务的学习，帮助学生了解光电效应，认识各种光电元件，掌握光电传感器的基本原理，熟悉光电传感器的基本特性，掌握直射型光电传感器测量直流电动机转速的应用电路。

二、任务分析

练习

（1）基于内光电效应的光电元件包括：_____、_____和_____。

（2）光电开关，由_____和_____组成，利用被检测物对光束的遮挡或反射，由同步回路接通电路，从而检测物体的有无。根据检测方式的不同，光电开关分为_____与_____两大类型。

（3）某一直射型光电数字转速表，若在待测转速轴上固定一开槽数为 6 的调制盘，在调制盘一边由激光器产生一恒定光源，透过盘上的开槽处到达光敏二极管组成的光电转换器上，转换成相应的电脉冲信号，经过放大整形电路输出整齐的脉冲信号，由数字频率计测得计数频率为 30 Hz，则电动机转速为_____r/min。

思考

在环境磁场较强的场合测速时，不适宜采用磁性传感器，而光电传感器则可以解决这一问题。利用光电传感器实现转速测量时，可以采用反射型光电传感器、直射型光电传感器，思考两种类型光电传感器测量转速时工作原理有何区别？

三、任务实施

1. 认识实验台中的光电传感器

如图 4 - 58（a）所示，ST155 型号直射型光电传感器已安装于传感器支架上，且霍尔组件正对着转盘上的磁钢，实物图如图 4 - 58（b）所示。

除了转动源上的光电传感器外，本任务的实施还要用到直流稳压电源、转动源、频率/转速表及双踪示波器。

2. 光电传感器测量转速的工作原理

光电转速传感器有反射型和直射型两种，本实验装置所采用的光电传感器为直射型，传感器端部有发光二极管和光敏元件，发光二极管发出的光源通过转盘上的孔透射到光敏元件

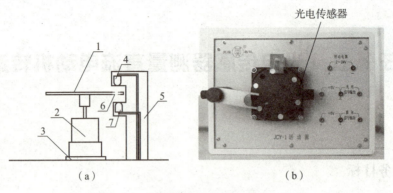

图 4-58 光电传感器测量转速安装示意图
(a) 安装图；(b) 实物图
1—转盘；2—电动机；3—工作平台；4—发光管；5—支架；6—透射孔；7—接收管

上，并转换成电信号，由于转盘上有等间距的 6 个透射孔，转动时将获得与转速及透射孔数有关的脉冲，将电脉冲计数处理即可得到转速值。

3. 任务实施步骤

1) 安装光电传感器。光电传感器已按图 4-58 所示安装在转动源上。

2) 光电传感器测量转速电路接线。将 +5 V 电源接到转动源上"光电"输出的电源端，"光电"输出接到频率/转速表，将频率/转速表选择"转速"挡，如图 4-59 所示。

图 4-59 光电传感器测量转速电路接线图

3) 光电传感器测量转速。打开实验台电源，选择不同电源 +4 V、+6 V、+8 V、+10 V、12 V（±6 V）、16 V（±8 V）、20 V（±10 V）、24 V 驱动转动源，可以观察到转动源转速的变化，待转速稳定后记录相应驱动电压下得到的转速值，填入表 4-15 中。

表 4-15 不同驱动电压对应的直流电动机的转速

电压/V	+4	+6	+8	+10	12	16	20	24
转速/(r·min^{-1})								

4）操作内容描述实验结束后，关闭实验台电源，整理好实验设备。

4. 数据处理

1）根据表 4-15 数据，绘制驱动电压与转速关系曲线（$U-n$ 曲线），如图 4-60 所示。

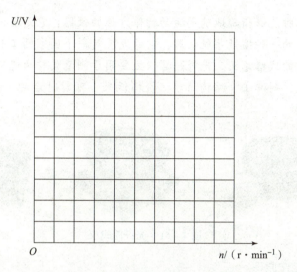

图 4-60　光电传感器 $U-n$ 曲线

2）验证转速与频率之间的关系是否和理论计算一致。

5. 任务内容和评分标准

任务内容和评分标准见表 4-16。

表 4-16　光电传感器转速测量评分表

任务内容	配分	评分标准	得分
认识本任务所需仪器设备及器材	10	遗漏一个仪器设备及器材，扣 2 分，最多扣 10 分	
光电传感器测量转速电路及接线	30	1）接线错误，每处扣 5 分，最多扣 20 分； 2）频率/转速表设置错误，扣 10 分	
光电传感器测量转速	40	1）直流电源选择开关拨错，每处扣 5 分，最多扣 10 分； 2）转速未稳定就开始读数，每次扣 5 分，最多扣 30 分	
团队协作意识	10	小组共同完成项目，组员缺乏合作意识，扣 10 分	
正确使用设备和工具	10	只要不符合安全操作要求，就从总分中扣除	
总得分		教师签字	

四、任务拓展

本任务中采用的是直射型光电传感器，找一个反射型光电传感器安装在转动源上，测量直流电动机转速，与直射式光电传感器比较一下，测量数据有没有误差？

> 阅读材料

光纤陀螺仪测量旋转角速度

光纤陀螺仪是一种能够精确地确定运动物体方位的仪器，它是现代航空、航海、航天和国防工业中广泛使用的一种惯性导航仪器，它的发展对一个国家的工业、国防和其他高科技的发展具有十分重要的战略意义。光纤陀螺仪主要用于测量旋转角速度，检测灵敏度和分辨率高，具有牢固稳定、耐冲击、结构简单、价格低廉、可瞬时启动、动态范围极宽等特点，实物如图4-61所示。

图4-61 光纤陀螺仪

1. 光纤陀螺的工作原理

光纤陀螺的工作原理是基于萨格纳克（Sagnac）效应。萨格纳克效应是相对惯性空间转动的闭环光路中所传播光的一种普遍的相关效应，即在同一闭合光路中从同一光源发出的两束特征相等的光，以相反的方向进行传播，最后汇合到同一探测点。若绕垂直于闭合光路所在平面的轴线，相对惯性空间存在着转动角速度，则正、反方向传播的光束走过的光程不同，就产生光程差，其光程差与旋转的角速度成正比。因而只要知道了光程差及与之相应的相位差的信息，即可得到旋转角速度，其工作原理如图4-62所示。

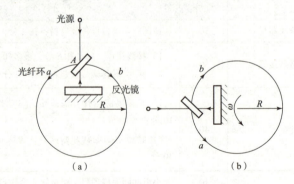

图4-62 光纤陀螺仪工作原理
(a) 正方向光源；(b) 反方向光源

2. 光纤陀螺的分类

（1）干涉型光纤陀螺仪（I-FOG）

干涉型光纤陀螺仪（I-FOG），即第一代光纤陀螺仪，目前应用最广泛。它采用多匝光纤线圈来增强Sagnac效应，一个由多匝单模光纤线圈构成的双光束环形干涉仪可提供较高的精度。

(2) 谐振式光纤陀螺仪（R-FOG）

谐振式光纤陀螺仪（R-FOG），是第二代光纤陀螺仪，采用环形谐振腔增强 Sagnac 效应，利用循环传播提高精度，因此它可以采用较短光纤。R-FOG 需要采用强相干光源来增强谐振腔的谐振效应，但强相干光源也带来许多寄生效应，如何消除这些寄生效应是目前的主要技术障碍。

(3) 受激布里渊散射光纤陀螺仪（B-FOG）

受激布里渊散射光纤陀螺仪（B-FOG），是第三代光纤陀螺仪，比前两代又有所改进，目前还处于理论研究阶段。

3. 光纤陀螺的发展现状

光纤陀螺的发展是日新月异的。许多大公司出于对其市场前景的看好，也纷纷加入研究开发的行列中来。由于光纤陀螺在机动载体和军事领域的应用甚为理想，因此各国的军方都投入了巨大的财力和精力。目前一些发达国家在光纤陀螺的研究方面取得了较大进步，一些中低精度的陀螺已经实现了产品化，而少数高精度产品也开始在军方进行装备调试。

美国在光纤陀螺的研究方面一直保持领先地位。目前美国国内已经有多种型号的光纤陀螺投入使用。以斯坦福大学和麻省理工学院为代表的科研机构在研究领域中不断取得突破，而几家研制光纤陀螺的大公司在陀螺研制和产品化方面也做得十分出色。最著名的 Litton 公司和 Honeywell 公司代表了国际上光纤陀螺的最高水平。

复习与训练

一、填空

1. 减小霍尔元件的输出不等电位电动势的办法是_____。
2. 霍尔元件采用恒流源激励是为了_____。
3. 根据电磁感应定律，磁电传感器分为_____和_____两类。
4. 根据光电元件结构和用途不同，可分为用于实现电隔离的_____和用于检测有无物体的_____。
5. 光电开关分为直射型与反射型两大类型，在本项目中用于直流电动机转速测量的光电开关属于_____型。

二、简答

1. 测量速度的传感器有哪些？各有什么特点？分别用于什么场合？
2. 什么是霍尔效应？霍尔传感器的输出霍尔电压与哪些因素有关？
3. 光电传感器用于测量转速有哪些方案？
4. 霍尔传感器的工作原理是什么？
5. 线性型霍尔集成传感器分为哪些类型？

项目五

位移检测

项目简介

位移是指物体的某个表面或某点相对于参考表面或参考点位置的变化。位移有线位移和角位移两种。线位移是指物体沿着某一条直线移动的距离。角位移是指物体绕着某一定点旋转的角度。根据测量的位移不同，位移传感器可分为直线型和回转型两大类。直线型常用于测量线位移，回转型用于测量角位移。用于检测位移的传感器很多，如果位移较小，通常用应变式、电感式、差动变压器式、涡流式、霍尔式等传感器来检测，位移较大则常用感应同步器、光栅、容栅、磁栅等来测量，如图5-1所示为一些常用位移传感器示例。

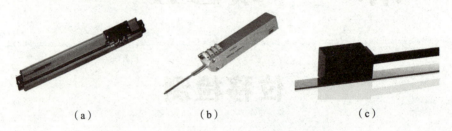

图 5-1 常见位移传感器
(a) 磁电式 (b) 霍尔式 (c) 光电式

相关知识

一、电感式传感器

电感式传感器是利用电磁感应原理将被测非电量转换成线圈自感量 L 和互感量 M 的变化，再由测量电路转换为电压或电流的变化量输出的装置。

电感式传感器种类很多，有利用自感现象的自感式传感器，也有利用互感现象的差动变压器式传感器，还有利用电涡流效应的涡流式传感器。

1. 自感式（变磁阻式）传感器

（1）工作原理

自感式（变磁阻式）传感器由线圈、铁芯、衔铁组成，如图5-2所示。

铁芯和衔铁由导磁材料制成，在铁芯和衔铁之间有气隙，气隙厚度为 δ，当衔铁移动时，气隙厚度 δ 发生改变，引起磁路中磁阻的变化，从而导致电感线圈的电感值变化，只要能测出这种电感量的变化，就能确定衔铁位移量的大小和方向。

根据电感定义，线圈中电感量 L 可由式（5-1）确定：

$$L = \frac{N^2}{R_m} \quad (5-1)$$

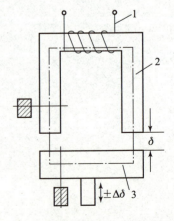

图 5-2 自感式传感器原理结构
1—线圈；2—铁芯；3—衔铁

对于自感式传感器，因为气隙很小，若忽略磁路磁损，则磁路总电阻近似为：

$$R_m \approx \frac{2\delta}{\mu_0 A} \tag{5-2}$$

式中　μ_0——空气磁导率，$\mu_0 = 4\pi \times 10^{-7}$ H/m；

　　　A——气隙的有效截面积；

　　　δ——气隙厚度。

将式（5-2）代入式（5-1）得线圈自感量为：

$$L = \frac{N^2}{R_m} \approx \frac{N^2 \mu_0 A}{2\delta} \tag{5-3}$$

式（5-3）表明，当线圈匝数为常数时，电感 L 仅是磁路中磁阻的函数，只要改变 δ 或 A 均可导致电感变化。因此自感式（变磁阻式）传感器又可分为变气隙厚度 δ 的传感器和变气隙面积 A 的传感器，使用最广泛的是变气隙厚度 δ 式传感器。自感式（变磁阻式）传感器的性能对比如表 5-1 所示。

表 5-1　自感式（变磁阻式）传感器性能对比表

型式	特性曲线	线性	灵敏度	使用范围	应用
气隙变化型 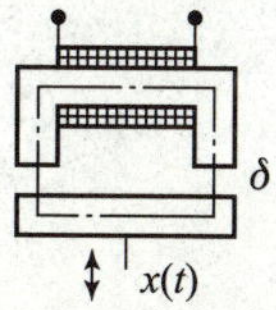	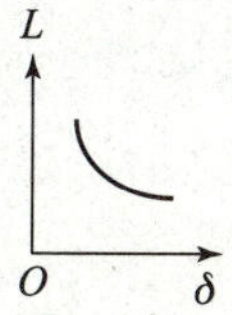	非线性	间隙较小，灵敏度较高	测量极微小位移，μm 级	小尺寸高精度测量，可完成非接触式测量
面积变化型 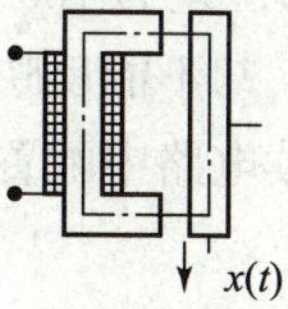	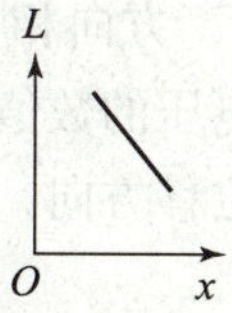	线性但区域较小	较低	比变气隙式大	较少
螺管型 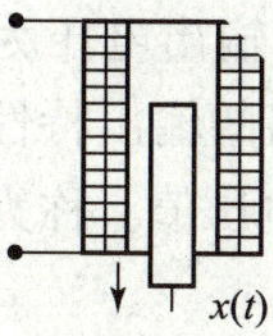	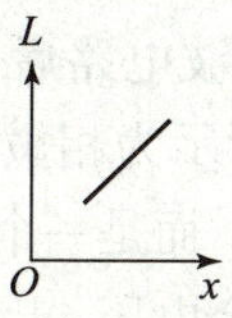	衔铁在螺线管中间部分工作时，线性度好	稍低	稍大一点的位移，mm 级	最广泛

（2）测量转换电路

电感式传感器的测量转换电路和电阻变片式相似，也是采用电桥电路，不同的是采用了交流电桥，通过交流电桥实现信号的转换。

1）交流电桥。

如图 5-3 所示交流电桥可分为电阻平衡臂电桥和变压器电桥两种，这两种接入均是差动形式电感传感器。当衔铁位于中间位置时,电桥平衡,输出电压为零;当衔铁开始偏离中间位置时,$Z_1 \neq Z_2$,电桥输出电压与衔铁位移成正比。如图 5－3（b）所示为变压器电桥,变压器电桥输出电压为:

$$u_o = \frac{u_s}{Z_1 + Z_2} Z_1 - \frac{u_s}{2} = \frac{u_s}{2} \cdot \frac{Z_1 - Z_2}{Z_1 + Z_2} \tag{5－4}$$

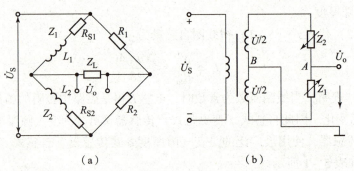

图 5－3　交流电桥

(a) 电阻平衡臂电桥；(b) 变压器电桥

衔铁位于中间位置时,$Z_1 = Z_2 = Z$,电桥平衡,$u_o = 0$。当衔铁下移时 $Z_1 = Z - \Delta Z$,$Z_2 = Z + \Delta Z$,则

$$u_o = -\frac{u_s}{2} \cdot \frac{\Delta Z}{Z} \tag{5－5}$$

当衔铁往相反方向移动时,则

$$u_o = \frac{u_s}{2} \cdot \frac{\Delta Z}{Z} \tag{5－6}$$

可见,上移和下移两种情况的输出电压 u_o 大小相等,方向相反,即相位差为 180°。如果用交流电压表直接测量交流电桥输出电压,只能看到电压的数值在变化,却不能反映实际相位,这样就不能确定衔铁的位移方向。为了判别衔铁位移方向,要在后续电路中配置相敏检波电路来解决。

2) 相敏检波电路。

检波是指能将交流输入转换成直流输出的电路,相敏检波电路就是一个能判别相位的检波电路。实际使用时,通常将交流电桥输出接入相敏检波电路后,得到的输出电压为直流电,极性由交流电桥输出电压的相位决定。如图 5－4 所示为相敏检波电路的输出特性。相敏检波之前当衔铁位于中间位置时,输出电压并不为零,而是一个很小的电压值,称为零点残余电压。采用相敏检波电路之后,就可以消除零点残余电压。

2. 差动变压器式传感器

(1) 工作原理

差动变压器的工作原理是基于电磁感应原理,由一个一次绕组和两个二次绕组及一个衔铁组成。差动变压器一、二次绕组间的耦合（即绕组间的互感）能随衔铁的移动而变化。由于把两个二次绕组反向串接（同名端相接）,以差动电动势输出,所以把这种传感器称为差动变压器式传感器,通常简称差动变压器。差动变压器的结构示意如图 5－5 所示。

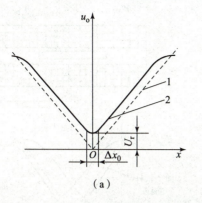
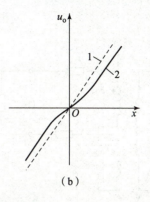

图 5-4　相敏检波电路输出特性

（a）非相敏整流电路；（b）相敏整流电路
1—理想特性曲线；2—实际特性曲线

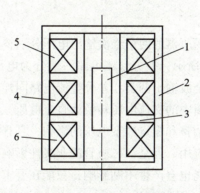

图 5-5　差动变压器的结构示意图

1—活动衔铁；2—导磁外壳；3—骨架；4—匝数为 W_1 的一次绕组；
5—匝数为 W_{2a} 的二次绕组；6—匝数为 W_{2b} 的二次绕组

差动变压器中两个二次线圈反向串接，其等效电路图如图 5-6 所示。

当一次绕组 W_1 加以激励电压时，根据变压器的工作原理，两个二次绕组 W_{2a} 和 W_{2b} 中便会产生感应电动势 E_{2a} 和 E_{2b}。如果工艺上保证变压器结构完全对称，则当活动衔铁处于初始平衡位置时，必然会使两互感系数 $M_1 = M_2$，根据电磁感应原理，将有 $E_{2a} = E_{2b}$。

活动衔铁向右移动时，由于磁阻的影响，W_{2a} 中磁通将大于 W_{2b}，使 $M_1 > M_2$，因而 E_{2a} 增加，而 E_{2b} 减小。因为 $u_2 = E_{2a} - E_{2b}$，所以当 E_{2a}、E_{2b} 随着衔铁位移 x 变化时，U_2 也必将随 x 变化。变压器输出电压位移关系曲线图如图 5-7 所示。

差动变压器的输出特性与差动电感式传感器输出特性类似，衔铁的移动方向相反，输出电压的相位互差 180°，而且存在零点残余电压，消除零点残余电压并且可以辨别移动方向的方法就是使用相敏检波电路。除了采用相敏检波电路之外，还有一种差动整流电路也可以实现这个功能。

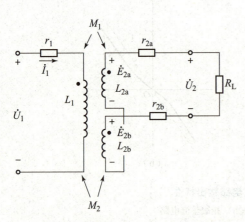

图 5-6 差动变压器的等效电路图　　图 5-7 变压器输出电压与位移关系曲线图

（2）测量电路

差分整流电路是将差动变压器的两个二次输出电压分别整流，然后将整流的电压或电流的差值作为输出。如图 5-8 所示，差分整流电路一般分为电压输出型和电流输出型，这两大类均可以分为半波输出和全波输出两类。差分整流电路同样具有相敏检波作用，图中的两组整流二极管分别将二次线圈中的交流电压转换为直流电压，然后相加。由于这种测量电路结构简单，不需要考虑相位调整和零点残余电压的影响，且具有分布电容小和便于远距离传输等优点，因而获得广泛的应用。但是，二极管的非线性影响比较严重，而且二极管的正向饱和压降和反向漏电流对性能也会产生不利影响，只能在要求不高的场合下使用。

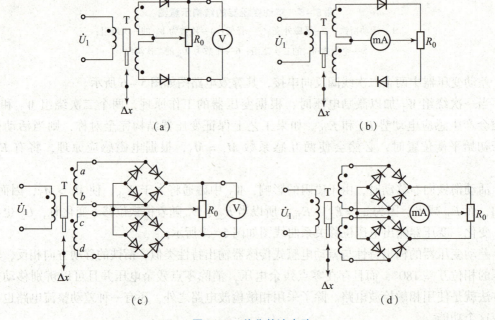

图 5-8 差分整流电路
(a) 半波电压输出；(b) 半波电流输出；(c) 全波电压输出；(d) 全波电流输出

3. 电感式传感器的应用

差动变压器不仅可以直接用于位移测量,而且还可以测量与位移有关的任何机械量,如振动、加速度、应变、压力、张力、比重和厚度等。

（1）电感式加速度传感器

如图 5-9 所示为差动变压器式加速度传感器示意图,它由悬臂梁和差动变压器构成。测量时,将悬臂梁底座及差动变压器的线圈骨架固定,而将衔铁的下端与被测振动体相连。此时传感器作为加速度测量中的惯性元件,它的位移与被测加速度成正比,使加速度测量转变为位移的测量。当被测体带动衔铁振动时,差动变压器的输出电压也按相同规律变化。

（2）电感式压差计

压差计的工作电路如图 5-10 所示,当压差变化时,腔内膜片位移使差动变压器次级电压发生变化,输出与位移成正比,与压差成正比。

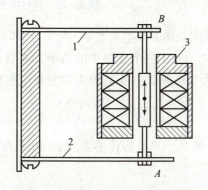

图 5-9　差动变压器式加速度传感器

1,2—悬臂梁；3—差动变压器

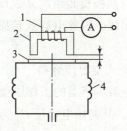

图 5-10　电感式压差计

1—线圈；2—铁芯；3—衔铁；4—膜盒

（3）电感式接近传感器

如图 5-11 所示电感式接近传感器由高频振荡电路、检波电路、放大电路、整形电路及输出电路组成。检测用敏感元件为检测线圈,它是振荡电路的一个组成部分,振荡电路的振荡频率为 $f=\dfrac{1}{2\pi\sqrt{LC}}$。当检测线圈通交流电时,在检测线圈的周围就产生一个交变的磁场,当金属物体（被测物体）接近检测线圈时,金属物体就会产生电涡流而吸收磁场能量,使检测线圈的电感 L 发生变化,从而使振荡电路的振荡频率减小,以至停振。振荡和停振这两种状态经监测电路转换为开关信号输出。电感式接近传感器通常用于自动生产线工件的计数。

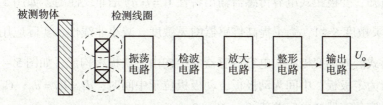

图 5-11　电感式接近传感器

二、电容式传感器

1. 基本工作原理

电容器有很多种，下面以图 5-12 所示的平行板电容器为例，根据电工常识，其电容量为：

$$C = \frac{\varepsilon A}{d} = \frac{\varepsilon_r \varepsilon_0 A}{d} \tag{5-7}$$

式中 ε——电容极板间介质的介电常数；$\varepsilon = \varepsilon_r \varepsilon_0$，$\varepsilon_0$ 为真空的介电常数，$\varepsilon_0 = 8.85 \times 10^{-12}$ F/m，ε_r 为极板间介质相对介电常数；

A——两平行板正对面积；

d——两平行板之间的距离，也称为极距；

C——电容量，单位为 F。

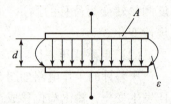

图 5-12 平行板电容器

从式（5-7）可以看出，电容量 C 与两极板间介质的介电常数 ε、两平行板间的正对面积 A 成正比，与两极板间距离 d 成反比。固定 ε、A、d 三个变量中的两个，电容就是另一个变量的单值函数，因此电容式传感器可以分为变极距式、变面积式和变介电常数式三种类型。

（1）变极距式电容传感器

变极距式电容传感器的工作原理如图 5-13 所示，当电容传感器的 ε_r 和 A 为常数，初始极距为 d_0 时，其初始电容量 C_0 为：

$$C_0 = \frac{\varepsilon_0 \varepsilon_r A}{d_0} \tag{5-8}$$

当动极板因被测量变化而向下移动，使得 d_0 减小 Δd 时，电容量增大 ΔC，则有：

$$C_0 + \Delta C = \frac{\varepsilon A}{d_0 - \Delta d} = \frac{C_0}{1 - \left(\frac{\Delta d}{d_0}\right)^2}\left(1 + \frac{\Delta d}{d_0}\right) \tag{5-9}$$

电容相对变化量为：

$$\Delta C \approx C_0 \frac{\Delta d}{d_0} \tag{5-10}$$

其灵敏度为：

$$S = \frac{\Delta C}{C_0} \approx \frac{\Delta d}{d_0} \tag{5-11}$$

由上式可知，变极距式电容传感器输出特性 $C = f(d)$ 是非线性的，如图 5-13 所示。由于 $\frac{\Delta d}{d_0} \ll 1$，其灵敏度 $S \ll 1$，为了提高传感器的灵敏度，减小非线性，实际应用时常常把传感器做成差动形式。差动变极距式电容传感器的结构由三块极板构成，如图 5-14 所示，其中上下两块极板为定极板，中间为动极板，动极板位于中间时，$d_1 = d_2 = d_0$，$C_1 = C_2 = C_0$，差动变极距式电容传感器的电容差值 $C_1 - C_2 = 0$。

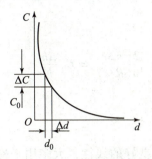 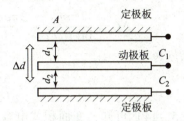

图 5-13 变极距式电容传感器输出特性　　图 5-14 差动变极距式电容传感器结构图

如图 5-14 所示，当动极板向上移动 Δd 时，$d_1 = d_0 - \Delta d$，$d_2 = d_0 + \Delta d$，$C_1 = C_0 + \Delta C$，$C_2 = C_0 - \Delta C$，所以 $C_1 - C_2 = 2\Delta C$；反之，动极板向下移动 Δd 时，$C_1 - C_2 = -2\Delta C$。由此可见，电容的变化量为原来的两倍，灵敏度也提高了近一倍。

由于两极板之间的距离较小，一般设置在 100～1 000 μm 范围内，故变极距式电容传感器的极距的变化量很小，因此变极距式电容传感器一般用来测量小至 0.01 μm，大至零点几毫米的微小位移。

(2) 变面积式电容传感器

变面积式电容传感器通常分为线位移型和角位移型两大类。常用的线位移变面积式电容传感器可分为平板型和同心圆筒型两种结构，如图 5-15（a）和 5-15（b）所示。常用的角位移变面积式电容传感器如图 5-15（c）所示。

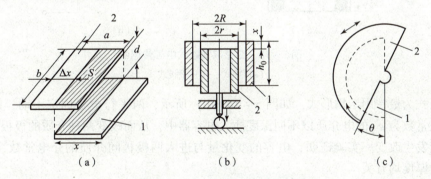

图 5-15 变面积式电容传感器

(a) 平板型；(b) 同心圆筒型；(c) 角位移型
1—定极板；2—动极板

平板型结构对极距变化特别敏感，对测量精度影响较大，而同心圆筒型结构受极板径向变化的影响很小，成为实际中最常采用的结构。在同心圆筒型变面积式电容传感器中，忽略边缘效应时，电容量为

$$C = \frac{2\pi\varepsilon \cdot h_0}{\ln(R/r)} \qquad (5-12)$$

式中　C——电容量；

　　　h_0——外圆筒与内圆柱覆盖部分的长度；

　　　R——外圆筒内半径；

r——内圆柱外半径。

当两圆筒相对移动 Δh 时,电容变化量为:

$$\Delta C = \frac{2\pi\varepsilon h_0}{\ln(R/r)} - \frac{2\pi\varepsilon(h_0-\Delta h)}{\ln(R/r)} = \frac{2\pi\varepsilon\Delta h}{\ln(R/r)} = C_0\frac{\Delta h}{h} \qquad (5-13)$$

其灵敏度为:

$$S = \frac{\Delta C}{C_0} \approx \frac{\Delta h}{h_0} = 常数 \qquad (5-14)$$

由式(5-14)可知,变面积式电容传感器具有良好的线性,大多用来检测位移等参数,变面积式电容传感器与变极距式相比,可以测量较大的线位移,甚至可以测量角位移。

(3) 变介电常数式电容传感器

变介电常数式电容传感器就是通过两极板间介质的改变来实现对被测量的检测,并通过传感器的电容量的变化反映出来。它通常可以分为柱式和平板式两种,如图5-16(a)和5-16(b)所示。

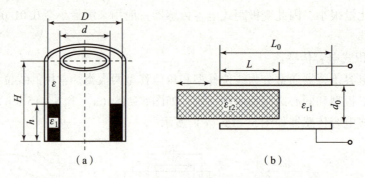

图 5-16 变介电常数式电容传感器
(a)柱式;(b)平板式

平板式为最常用结构形式,如图5-16(b)所示,两平行电极固定不动,极距为 d_0,相对介电常数为 ε_{r2} 的电介质以不同深度插入电容器中,从而改变两种介质的极板覆盖面积,则电容量发生改变。实验证明,电容的变化量与进入两极板间介质的介电常数、进入的距离、介质厚度均有关。

其实每一种物质的介电常数都不同,如表5-2所示,所以在两极板间插入不同的介质,就会改变两平行板之间的电容量。从表中可以看出,有些介质的介电常数很小,有些很大,例如水的介电常数比较大(80),可以利用这一点做成用于检测空气湿度的电容湿度计、电容液位计等,除此之外还可以检测介质的厚度等。

表 5-2 不同介质的介电常数

介质名称	相对介电常数①	介质名称	相对介电常数
真空	1	玻璃釉	3~5
空气	略大于1	SiO_2	38
其他气体	1~1.2	云母	5~8

续表

介质名称	相对介电常数①	介质名称	相对介电常数
变压器油	2~4	干的纸	2~4
硅油	2~3.5	干的谷物	3~5
聚丙烯	2~2.2	环氧树脂	3~10
聚苯乙烯	2.4~2.6	高频陶瓷	10~160
聚四氟乙烯	2	低频陶瓷、压电陶瓷	1 000~10 000
聚偏二氟乙烯	3~5	纯净的水	80

①相对介电常数的数值视该介质的成分和化学结构不同有较大区别。

2. 测量转换电路

电容式传感器输出电容量以及电容变化量都非常微小，这样微小的电容变化量目前还不能直接被显示仪表所显示，借助测量转换电路检出微小的电容变化量，并转换成与其成正比的电压、电流或者频率信号，才能进行显示、记录和传输。用于电容式传感器的测量电路很多，常见的电路有交流电桥电路、调频电路、运算放大器电路。

（1）交流电桥电路

交流电桥电路是比较简单、实用的测量转换电路，一般有单臂接法和差动接法两种接法，如图5-17所示。单臂接法是将电容式传感器作为电桥的一个桥臂，差动接法是将差动式电容传感器接入电桥相邻的桥臂。

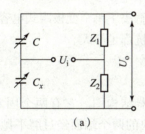　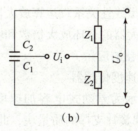

（a）　　　　　　　　　　　　　　（b）

图5-17　交流电桥电路

（a）单臂接法；（b）差动接法

将差动变极距式电容传感器接入差动接法的交流电桥，动极板未受外力作用时，$C_1 = C_2 = C_0$，交流电桥平衡，输出电压为零，当动极板向上运动时，假设此时 C_1 减小，C_2 增大，交流电桥输出电压增大，且输出电压和输入电压 U_i 反相；反之，动极板向下运动时，C_1 增大，C_2 减小，交流电桥输出电压绝对值增大，此时输出电压 U_o 和输入电压 U_i 同相。如果需要辨别动极板的移动方向，也要将交流电桥的输出电压经过相敏检波电路输出。

（2）调频电路

调频电路是将电容式传感器的电容与电感元件构成振荡器的谐振回路。其测量电路原理框图如图5-18所示。当电容工作时，电容 C_x 变化导致振荡频率 f 发生相应的变化，再通过鉴频电路把频率的变化转换为振幅的变化，经放大后输出，即可进行显示和记录，这种方法称为调频法。

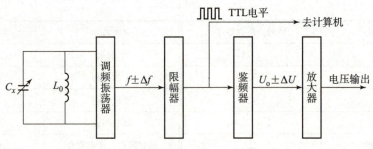

图 5－18　调频电路

调频电路的特点是抗干扰能力强，稳定性好；灵敏度高，可测量 0.01 μm 级的位移变化量；能获得高电平的直流信号，可达伏特数量级；由于输出为频率信号，易于用数字式仪器进行测量，并可以和计算机进行通信，可以发送、接收，能达到遥测遥控的目的。

（3）运算放大器电路

运算放大器式测量电路的原理如图 5－19 所示，电容式传感器跨接在高增益运算放大器的输入端与输出端之间。由于运算放大器的放大倍数非常大，而且输入阻抗很高，可认为是一个理想运算放大器。则输出电压 u_o 为：

$$u_o = -\frac{C}{C_x} u_i \quad (5-15)$$

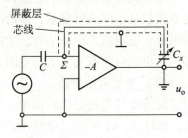

图 5－19　运算放大器电路

若是变极距式电容传感器，运算放大器的输出电压 u_o 与两极板间距离 d 呈线性关系。运算放大器电路解决了单个变极距式电容传感器的非线性问题，但要求运算放大器的开环放大倍数和输入阻抗都足够大。

3. 电容式传感器的应用

（1）电容式加速度传感器

如图 5－20 所示为差动式电容加速度传感器结构图。它有两个固定极板（与壳体绝缘），中间有一用弹簧片支撑的质量块，此质量块的两个端面经过磨平抛光后作为可动极板（与壳体电连接）。

当传感器壳体随被测对象在垂直方向上作直线加速运动时，质量块在惯性空间中相对静止，而两个固定电极将相对质量块在垂直方向上产生大小正比于被测加速度的位移。此位移使两电容的间隙发生变化，一个增加，一个减小，从而使 C_{x1}、C_{x2} 产生大小相等，符号相反的增量，此增量正比于被测加速度。电容式加速度传感器的主要特点是频率响应快和量程范围大，大多采用空气或其他气体作阻尼物质。

（2）电容式位移传感器

如图 5－21 所示为一种圆筒式变面积型电容位移传感器。它采用差动式结构，其固定电极与外壳绝缘，其活动电极与测杆相连并彼此绝缘。

测量时，动电极随被测物发生轴向移动，从而改变活动电极与两个固定电极之间的有效覆盖面积，使电容发生变化，电容的变化量与位移成正比。开槽弹簧片 2 为传感器的导向与支承，无机械摩擦，灵敏度高，但行程小，主要用于接触式测量。电容式传感器还可以用于测量振动位移，以及测量转轴的回转精度和轴心动态偏摆等，属于动态非接触式测量。

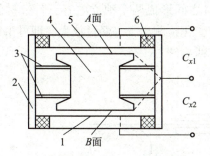 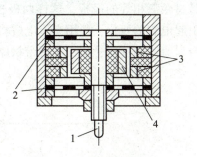

图 5-20　电容式加速度传感器　　　　图 5-21　电容式位移传感器
1,5—固定极板；2—壳体；3—簧片；　　1—测杆；2—开槽弹簧片；
4—质量块；6—绝缘体　　　　　　　　3—固定电极；4—活动电极

（3）电容式压力传感器

电容式压力传感器常用来测量气体或液体的压力，其结构如图 5-22 所示。图中所示为一个膜片动电极和两个在凹形玻璃上电镀成的固定电极组成的差动电容器。

当被测压力或压力差作用于膜片并使之产生位移时，形成的两个电容器的电容量，一个增大，一个减小。该电容值的变化经测量电路转换成与压力或压力差相对应的电流或电压的变化。

（4）电容式料位传感器

如图 5-23 所示是电容式料位传感器结构示意图，测定电极安装在罐的顶部，这样在罐壁和测定电极之间就形成了一个电容器。

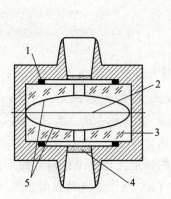 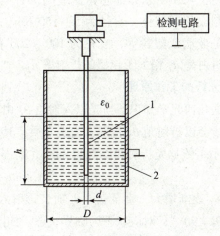

图 5-22　差动电容式压力传感器　　　　图 5-23　电容式料位传感器
1—垫圈；2—金属膜片；3—凹形玻璃；　　1—测定电极；2—储罐
4—过滤器；5—金属镀层

当罐内放入被测物料时，由于被测物料介电常数的影响，传感器的电容量将发生变化，电容量变化的大小与被测物料在罐内高度有关，且成比例变化。检测出这种电容量的变化就可测定物料在罐内的高度。

（5）电容式测厚传感器

电容式传感器测厚的原理如图 5-24 所示。在被测带材的上下两侧各装设一块面积相等、与带材距离相等的极板,这样两极板与带材之间形成两个独立电容。若带材的厚度变化,将引起电容的变化,再用交流电桥将电容的变化检测出来,经过放大,即可由显示仪表显示出带材厚度的变化,从而实现带材厚度的在线检测。

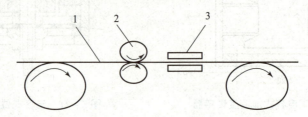

图 5-24 电容式测厚传感器
1—带材;2—轧辊;3—工作电极

三、光纤传感器

光纤传感器(Fiber Optic Sensor,FOS)兴起于 20 世纪 70 年代,是一类较新的光敏器件,它是利用被测量对光纤内传输的光波进行调制,使光波的一些参数,如强度、频率、波长、相位、偏振态等特性产生变化来工作。可以测量位移、加速度、压力、温度、磁、声、电等物理量。

1. 光纤的结构

光纤通常由纤芯、包层、涂覆层及保护套组成,结构如图 5-25 所示。纤芯是由玻璃、石英或塑料等材料制成的圆柱体,直径为 5~150 μm。包层的材料也是玻璃或塑料等,直径为 100~200 μm。但纤芯的折射率 n_1 稍大于包层的折射率 n_2。

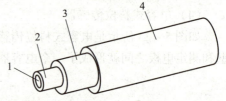

图 5-25 光纤的结构
1—纤芯;2—包层;3—涂覆层;4—保护套

2. 光纤的工作原理

根据几何光学知识,当光以入射角 θ_1 由光密介质入射至光疏介质(即 $n_1 > n_2$)时,一部分光线会以折射角 θ_2 折射入光疏介质,其余部分光线以 θ_1 反射回光密介质,如图 5-26(a)所示。依据光折射和反射的 Snell(斯涅尔)定律,n_1、n_2、θ_1、θ_2 之间的数学关系为:

$$n_1 \sin\theta_1 = n_2 \sin\theta_2 \tag{5-16}$$

当 θ_1 逐渐增大,直至 $\theta_1 = \theta_c$ 时,透射入介质 2 的折射光也逐渐折向界面,直至沿界面传播($\theta_2 = 90°$),对应状态为临界状态,如图 5-26(b)所示,此时入射角 θ_1 称为临界角 θ_c,则有:

$$\sin\theta_c = \frac{n_2}{n_1} \tag{5-17}$$

当 θ_1 继续增大,直至 $\theta_1 > \theta_c$ 时,如图 5-26(c)所示,光线将不再折射入介质 2,而在介质(纤芯)内产生连续向前的全反射,全部反射回光密介质,这就是光的全反射。光线在光纤中传输时,就是利用光的全反射,这样做可以减少损耗。

同理,由图 5-26(c)和 Snell 定律可导出光线由折射率为 n_0 的外界介质(空气 $n_0 = 1$)射入纤芯时实现全反射的临界角为:

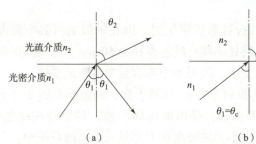

图 5-26 光的全反射原理

(a) $\theta_1 < \theta_c$；(b) $\theta_1 = \theta_c$；(c) $\theta_1 > \theta_c$

$$\sin\theta_c = \frac{1}{n_0}\sqrt{n_1^2 - n_2^2} = NA \tag{5-18}$$

式中，NA——数值孔径，表示光纤的集光能力。无论光源的发射功率有多大，只要在 $2\theta_c$ 张角之内的入射光才能被光纤接收、传播。若入射角超出这一范围，光线会进入包层漏光。一般 NA 越大集光能力越强，光纤与光源间耦合会更容易。但 NA 越大光信号畸变越大，因此要选择适当。一般石英光纤的 $NA = 0.2 \sim 0.4$。

3. 光纤的分类

按纤芯的包层材料性质，光纤可分为玻璃光纤、塑料光纤、液芯光纤等；按纤芯折射率分布的不同，可分为阶跃型和渐变型两种；按照光纤的传输模式，可分为单模光纤和多模光纤。

纤芯的直径和折射率决定了光纤的传输特性，图 5-27 表示了三种不同光纤的纤芯和折射率对光纤传播的影响。

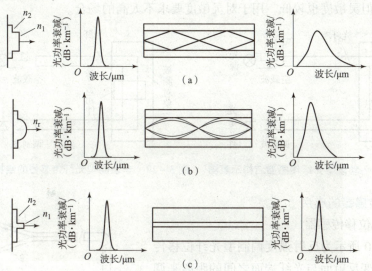

图 5-27 光纤类型和全反射形式

(a) 阶跃型；(b) 渐变型；(c) 单模光纤

如图 5-27（a）所示，阶跃型的纤芯折射率分布和单模光纤相似，光纤纤芯直径为 50~80 μm，光纤纤芯的折射率分布各点均匀一致，特点是信号畸变大，只能用于小容量短距离系统。

如图5-27（b）所示，渐变型光纤的折射率呈聚焦型，即在轴线上折射率最大，离开轴线则逐渐降低，至纤芯边缘降低至与包层处一样。纤芯直径为50 μm，光线以正弦波形状沿纤芯中心轴线方向传播，特点是信号畸变小，适用于中等容量中等距离系统。

如图5-27（c）所示，单模光纤纤芯折射率为n_1保持不变，到包层突然变为n_2，纤芯直径只有8～10 μm，接近于被传输光波的波长，光以电磁场"模"的原理在纤芯中传导，能量损失很小，称为单模光纤，信号畸变很小，主要用在大容量长距离的系统中。

4. 光纤传感器的分类

光纤传感器是一种将被测对象的状态（位移、液位、温度、角速度、电流等）转变为可测的光信号（强度、波长、频率、相位、偏振态等）的传感器，此处主要介绍光纤位移传感器，根据光纤在传感器中的作用，光纤传感器分为功能型、非功能型两大类。

（1）功能型（全光纤型）光纤传感器

如图5-28所示为功能型光纤传感器的结构，利用光纤本身感受被测量变化而改变传输光的特性，光纤既是传光元件，又是敏感元件。光纤不仅起传光作用，而且还利用光纤在外界因素（弯曲、相变）的作用下，其光学特性（光强、相位、偏振态等）的变化来进行被测量的检测，所以这类传感器中光纤是连续的。由于光纤连续，增加其长度，可提高灵敏度。这类传感器主要使用单模光纤。

（2）非功能型（或称传光型）光纤传感器

如图5-29所示为非功能型光纤传感器的结构，利用其他敏感元件感受被测量的变化，光纤仅起导光作用，即只当作传播光的媒介，被测对象的调制功能是由其他光电转换元件实现的，光纤的状态是不连续的。此类光纤传感器无须特殊光纤及其他特殊技术，比较容易实现，成本低。但灵敏度也较低，用于对灵敏度要求不太高的场合。

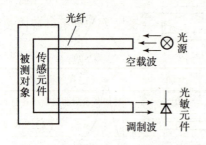
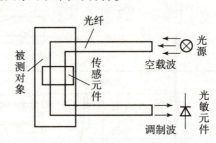

图5-28 功能型光纤传感器结构示意图　　图5-29 非功能型光纤传感器的结构示意图

5. 光纤传感器的应用

（1）光纤位移传感器

如图5-30所示为反射强度调制型光纤位移传感器，通过改变反射面与光纤端面之间的距离来调制反射光的强度。Y形光纤束由几百根至几千根直径为几十毫米的阶跃型多模光纤集束而成。它被分成纤维数目大致相等、长度相同的两束，结构如图5-30所示。

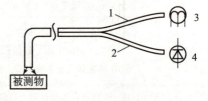

图5-30 反射强度调制型光纤位移传感器
1—发送光纤束；2—接收光纤束；
3—光源；4—光电探测器

光纤位移传感器一般用来测量小位移。最小能检测零点几微米的位移量。这种传感器已在镀层不平度、零件椭圆度、锥度、偏斜度等测量中得到应用,它还可用来测量微弱振动,而且是非接触测量。

(2) 光纤温度传感器

光纤温度传感器是利用光纤内产生的热辐射来传感温度的一种器件。它是以光纤纤芯中的热点本身所产生的黑体辐射现象为基础。这种传感器类似于传统的高温计,只不过这种装置不是探测来自炽热的不透明物体表面的辐射,而是把光纤本身作为待测温度的黑体腔。利用这种方法可确定光纤上任何位置热点的温度。光纤温度传感器可用来监视一些大型电气设备如发电机、变压器等内部热点的变化情况。

(3) 光纤角速度传感器

光纤角速度传感器又名光纤陀螺,工作原理是基于萨格纳克(Sagnac)效应,在相对惯性空间转动的闭环光路中所传播光的一种普遍的相关效应,即在同一闭合光路中从同一光源发出的两束特征相等的光,以相反的方向进行传播,最后汇合到同一探测点。

若绕垂直于闭合光路所在平面的轴线,相对惯性空间存在着转动角速度,则正、反方向传播的光束走过的光程不同,就产生光程差,其光程差与旋转的角速度成正比。因而只要知道了光程差及与之相应的相位差的信息,即可得到旋转角速度。

(4) 光纤液位传感器

光纤液位传感器由 LED 光源、光电二极管、多模光纤等组成。它的结构特点是在光纤测头端有一个圆锥体反射器。当测头置于空气中,没有接触液面时,光线在圆锥体内发生全内反射而返回到光电二极管。当测头接触液面时,由于液体折射率与空气不同,全内反射被破坏,将有部分光线透入液体内,使返回到光电二极管的光强变弱。返回光强是液体折射率的线性函数。返回光强发生突变时,表明测头已接触到液位。

四、光栅

光栅传感器实际上是光电传感器的一种特殊应用,在高精度的数控机床上,目前大量使用光栅作为位移和角度的检测反馈器件,构成闭环控制系统。图 5-31 为常用的各种光栅。

图 5-31 数控机床常用光栅

1. 光栅的种类和结构

光栅的种类很多,用于检测的是计量光栅,计量光栅分为两大类。在表面上按一定间隔制成透光和不透光的条纹玻璃构成的,称为透射光栅;在金属光洁的表面上按一定间隔制成全反射和漫反射的条纹,称为反射光栅。利用光栅的一些特点可进行线位移和角位移的测量。测量线位移的光栅为矩形并随被测长度增加而加长,称之为长光栅;而测量角位移的光栅为圆形,称之为圆光栅。

光栅上的刻线称为栅线,栅线的宽度为 a,缝隙宽度为 b,一般取 $a=b$,而 $w=a+b$ 称为栅距(也称为光栅常数或光栅节距,是光栅的重要参数,用每毫米长度内的栅线数表示栅线密度,如 100 线/毫米、250 线/毫米),结构如图 5-32(a)所示。圆光栅还有一个参数叫栅距角 γ 或称节距角,它是指圆光栅上相邻两条栅线的夹角,结构如图 5-32(b)所示。

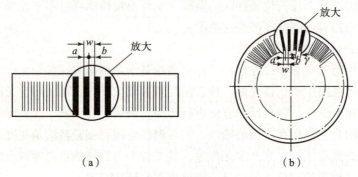

图 5-32 光栅结构

(a) 长光栅;(b) 圆光栅

2. 长光栅的工作原理

(1) 莫尔条纹

长光栅一般由指示光栅和标尺光栅(主光栅)构成,两者平行安装,且两光栅的刻线之间有很小的夹角 θ 时,在光源照射下,在光栅上会出现明暗相间的条纹,称为莫尔条纹,如图 5-33 所示。

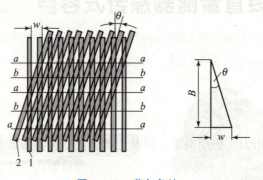

图 5-33 莫尔条纹

1—指示光栅;2—标尺光栅(主光栅)

长光栅莫尔条纹测位移具有以下特征:

1)莫尔条纹的移动方向:当指示光栅不动,主光栅左右平移时,莫尔条纹将沿着指示栅线的方向上下移动。查看莫尔条纹的移动方向,即可确定主光栅移动方向。

2)位移的放大作用:当主光栅沿与刻线垂直方向移动一个栅距 w 时,莫尔条纹移动一个条纹间距 B。当两个等距光栅的栅间夹角 θ 较小时,主光栅移动一个栅距 w,对应莫尔条纹的宽度为：

$$B = \frac{w}{\theta} \qquad (5-19)$$

当 θ 角较小时，例如 $\theta = 0.1°$，则 $\frac{1}{\theta} = 573$，表明莫尔条纹的放大倍数相当大。这样，可把肉眼看不见的光栅位移变为清晰可见的莫尔条纹移动，可以用测量条纹的移动距离来检测光栅的位移。

3）误差的平均效应：莫尔条纹是由光栅的大量刻线共同形成的，对光栅的刻划误差有平均作用，从而能在很大程度上消除光栅刻线不均匀引起的误差。

（2）长光栅测量位移的工作原理

1）光电转换原理。数控机床上常用长光栅测量工作台位移，长光栅由主光栅、指示光栅、光源和光电元件等组成。主光栅固定在被测物体上，它随被测物体的直线位移而产生移动，其长度取决于测量范围，指示光栅相对于光电元件固定。当主光栅产生位移时，莫尔条纹便随着产生位移。

用光电元件将光信号的变化转换为电信号的变化会得到近似正弦波的波形，如图 5-34（b）所示，输出电压的瞬时值为：

$$U = U_o + U_m \sin\left(\frac{\pi}{2} + \frac{2\pi x}{w}\right) \qquad (5-20)$$

式中　U——输出电压的瞬时值；

　　　U_o——输出电压直流分量的平均值；

　　　U_m——输出电压交流分量的幅值。

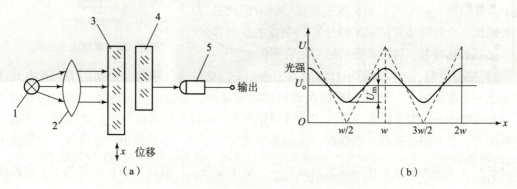

图 5-34　光电转换

(a) 光电转换电路的组成；(b) 输出电压波形

1—光源；2—聚光镜；3—主光栅；4—指示光栅；5—光电元件

由式（5-20）可知两块光栅沿栅线垂直方向作相对移动时，莫尔条纹的亮带与暗带将顺序自上而下不断掠过光敏元件。光敏元件接收到的光强变化近似于正弦波变化。光栅移动一个栅距 w，光强变化一个周期，若将输出正弦信号整形，变成一个周期输出一个脉冲，则脉冲数与移过的栅距数是一一对应的，只要测出对应的脉冲数，就可以知道长光栅对应的位移量。

2）光栅测量位移工作原理。当指示光栅与主光栅有相对运动时，莫尔条纹也作同步移动。栅距被放大许多倍，用光电元件测出莫尔条纹的移动，得到正弦信号，将输出正弦信号整形成变化一个周期输出一个脉冲，则脉冲数与移过的栅距数是一一对应的，如图 5–35 所示。

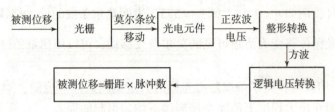

图 5–35　光栅测量位移的工作原理

（3）辨向和细分

1）辨向电路。在实际应用中，通常位移具有两个方向，即选定一个位移方向作为正方向后，相反方向的位移为负。只用一套光电元件测量莫尔条纹信号，光电元件只能辨别莫尔条纹的明暗变化，而无法辨别莫尔条纹的移动方向，所以不能正确地测量位移，通常要加入辨向电路。

如图 5–36 所示，在相距 $\dfrac{w}{4}$ 的位置上安放两个光电元件，得到两个相位差 $\dfrac{\pi}{2}$ 的电压信号 u_{oc} 和 u_{os}，光栅正向移动时 u_{os} 超前 u_{oc} 90°，反向移动时 u_{oc} 超前 u_{os} 90°，波形如图 5–37 所示。经过整形放大后得到两个方波信号 u'_{oc} 和 u'_{os}，当光栅正向移动时对应的脉冲数累加，反向移动时从累加的脉冲数中减去反向移动所得到的脉冲数，这样光栅传感器就可辨向。

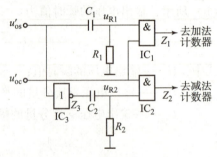

图 5–36　辨向电路框图

2）细分电路。当两光栅相对移动一个栅距 w，莫尔条纹移动一个间距 B，光电元件输出变化一个电周期 2π，经信号转换电路输出一个脉冲，若按此进行计数，则它的分辨力为一个光栅栅距 w。为了提高分辨力，采用细分技术，可以在不增加刻线数的情况下提高光栅的分辨力，在光栅每移动一个栅距，莫尔条纹变化一周时，不只输出一个脉冲，而是输出均匀分布的 n 个脉冲，从而使分辨力提高到 $\dfrac{w}{n}$。由于细分后计数脉冲的频率提高了，因此细分又叫倍频，通常采用 4 倍频和 16 倍频。

常用的细分方法是直接细分，细分数为 4，所以又称四倍频细分。实现的方法为：在莫尔条纹宽度内依次放置 4 个光电元件采集不同相位的信号，从而获得相位依次相差 90°的 4 个正弦信号，再通过细分电路，分别输出 4 个脉冲。

3. 光栅在数控机床上的应用

如图 5–38 所示为数控系统结构框图，位置检测装置是数控机床的重要组成部分。在闭环、半闭环控制系统中，它的主要作用是检测位移和速度，并发出反馈信号，构成闭环或半闭环控制。数控机床伺服系统中采用的位置检测装置一般分为直线型和旋转型两大类，直线型的位置检测装置用来检测工作台的直线位移量；旋转型的位置检测装置用来检测伺服轴的

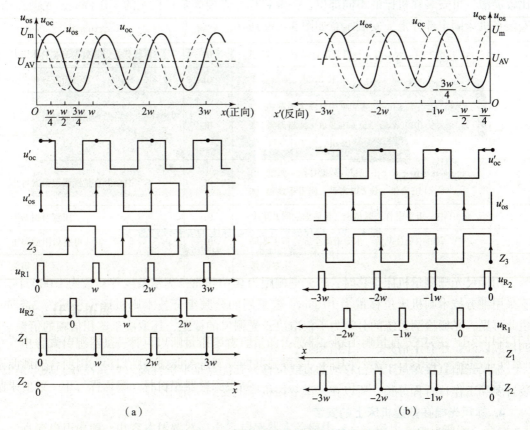

图 5-37 正反向移动时辨向电路输出电压波形
(a) 正向运动波形图；(b) 反向运动波形图

角位移量。数控系统中的检测装置按照安装位置及耦合方式分为间接测量和直接测量，直接测量是将直线位移传感器安装在工作台上，用来直接测量工作台的直线位移，作为全闭环伺服系统的位置反馈信号，而构成位置闭环控制。间接测量是将旋转型检测装置安装在驱动电动机轴或滚珠丝杠上，通过检测伺服轴的角位移来间接测量机床工作台的直线位移，作为半闭环伺服系统的位置反馈用。

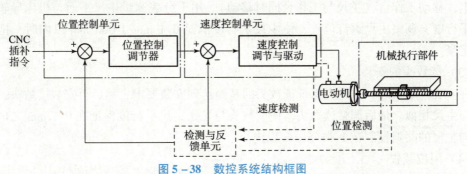

图 5-38 数控系统结构框图

标尺光栅数控设备、坐标镗床、工具显微镜 $X-Y$ 工作台上广泛使用的位置检测装置，属于直线型传感器，并且安装于工作台上用于直接测量工作台移动的直线位移。光栅的安装比较灵活，可安装在机床的不同部位。一般将标尺光栅固定在机床的工作台上，光栅扫描头安装在机床固定部件上，安装示意如图 5-39 所示。

图 5-39　标尺光栅在数控机床上的安装示意图
(a) 标尺光栅实物；(b) 安装位置

用标尺光栅测量机床位移时，若光栅栅距为 0.01 mm，莫尔条纹移动数为 1 000 个，若不采用细分技术则机床位移量为 10 mm；若采用四分频细分技术则机床位移量为 2.5 mm。由此可见，光栅检测系统的分辨力不仅取决于光栅尺的栅距，还取决于鉴相倍频的倍数。除四倍频以外，还有十倍频、二十倍频等。

标尺光栅直接测量工作台移动的直线位移，其优点是准确性高、可靠性好，缺点是测量装置要和工作台行程等长，所以在大型数控机床上受到一定限制。

4. 标尺光栅在数控机床上的安装

(1) 安装基准面

安装光栅线位移传感器时，不能直接将传感器安装在粗糙不平的机床身上，更不能安装在打底涂漆的机床身上。光栅主尺及读数头分别安装在机床相对运动的两个部件上。千分表固定在床身上，移动工作台，要求达到平行度为 0.1 mm/1 000 mm 以内。如果不能达到这个要求，则需设计加工一件光栅尺基座，它们的总误差不能大于 ±0.2 mm。

(2) 主尺安装

将光栅主尺用螺钉固定在机床安装的工作台安装面上，但不要固定紧，把千分表固定在床身上，移动工作台（主尺与工作台同时移动）。用千分表测量主尺平面与机床导轨运动方向的平行度，调整主尺螺钉位置，使主尺平行度满足 0.1 mm/1 000 mm 以内时，把螺钉彻底固定紧。

(3) 读数头的安装

在安装读数头时，首先应保证读数头的基面达到安装要求，然后再安装读数头，其安装方法与主尺相似。最后调整读数头，使读数头与光栅主尺平行度保证在 0.1 mm 之内，其读数头与主尺的间隙控制在 1~1.5 mm 以内。

(4) 限位装置

光栅线位移传感器全部安装完以后，一定要在机床导轨上安装限位装置，以免机床加工产品移动时读数头冲撞到主尺两端，从而损坏光栅尺。另外，用户在选购光栅线位移传感器时，应尽量选用超出机床加工尺寸 100 mm 左右的光栅尺，以留有余量。

(5) 检查

光栅线位移传感器安装完毕，可通过显示表，移动工作台，观察显示表技术是否正常。

五、光电编码器

旋转编码器是一种旋转式的角位移检测装置，在数控机床中得到了广泛的使用。旋转编码器通常安装在被测轴上，随被测轴一起转动，直接将被测角位移转换成数字（脉冲）信号，所以也称为旋转脉冲编码器，这种测量方式没有累积误差，旋转编码器也可用来检测转速。旋转编码器的种类很多，根据检测原理可分为电刷式、电磁感应式及光电式等，其中光电式应用较多；按照读数方式可分为接触式和非接触式两种。接触式编码器采用电刷输出，非接触式的接收敏感元件是光敏元件或磁敏元件。按照工作原理编码器又可分为增量式和绝对式两类，实物如图 5-40 所示。

图 5-40 编码器

1. 增量式光电编码器

以增量式光电编码器为例，其检测装置由光源、透镜、光栅盘、光栏板、光敏元件、信号处理电路等组成，如图 5-41 所示。光栅盘和光栏板用玻璃研磨抛光制成，玻璃的表面在真空中镀一层不透明的铬，然后用照相腐蚀法，在光栅盘的边缘上开有间距相等的透光狭缝。在光栏板上制成两条狭缝，每条狭缝的后面对应安装一个光敏元件。

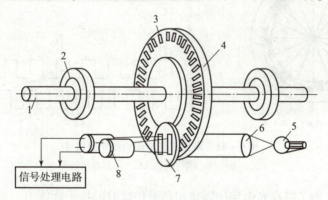

图 5-41 增量式光电脉冲编码器工作示意图

1, 2—工作轴；3—零标志槽；4—光栅盘；5—光源；
6—透镜；7—光栏板；8—光敏元件

如图 5-41 所示，当光栅盘随被测工作轴一起转动时，每转过一个缝隙，光敏元件就会感受到一次光线的明暗变化，光敏元件把光线的明暗变化转变成电信号的强弱变化，而这个电信号的强弱变化近似于正弦波的信号，经过整形和放大等处理，变换成脉冲信号。通过计数器计量脉冲的数目，即可测定旋转运动的角位移。通过计量脉冲的频率，即可测定旋转运动的转速，测量结果可以通过数字显示装置进行显示或直接输入到数控系统中。

增量式光电编码器外形结构如图 5-42 所示，实际应用的光电编码器的光栏板上有两组条纹 A、$\overline{A}$ 和 B、$\overline{B}$，A 组与 B 组的条纹彼此错开 1/4 节距，两组条纹相对应的光敏元件所产生的信号彼此相差 90°相位，用于辨向，输出波形如图 5-43 所示。此外，在光电码盘的里圈里还有一条透光条纹 C（零标志刻线），用以每转产生一个脉冲，该脉冲信号又称零标志脉冲，作为测量基准。

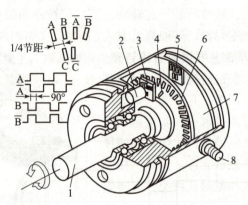

图 5-42 增量式光电编码器结构图

1—转轴；2—LED；3—光栏板；4—零标志槽；5—光敏元件；
6—码盘；7—印制电路板；8—电源及信号线连接座

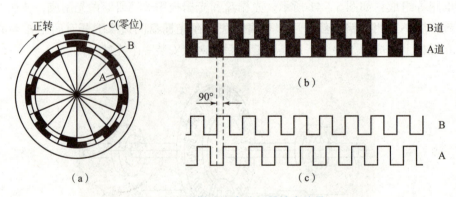

图 5-43 增量式光电编码器输出信号

(a) 光栏板；(b) 两组条纹；(c) 输出波形

在数控机床上为了提高光电编码器输出信号传输时的抗干扰能力，要利用特定的电路把输出信号进行差分处理，得到差分信号：A、$\overline{A}$、B、$\overline{B}$、Z、$\overline{Z}$，其特点是两两相反。光电编码器的测量精度取决于它所能分辨的最小角度，而这与光栅盘圆周的条纹数有关，即分辨角：

$$\alpha = \frac{360°}{条纹数} \tag{5-21}$$

如果条纹数为 1 024 条，则分辨角 $\alpha = \frac{360°}{1\,024} = 0.352°$。

2. 绝对式光电编码器

增量式光电编码器存在零点累计误差，抗干扰较差，接收设备的停机需断电记忆，开机应找零或参考位等问题,这些问题如选用绝对式光电编码器则可以解决。与增量式光电编码器不同的是,绝对式光电编码器通过读取编码盘上的图案直接将被测角位移用数字代码表示出来,且每一个角度位置均有对应的测量代码,因此这种测量方式即使断电也能测出被测轴的当前位置,即具有断电记忆功能。

如图 5-44 所示为一个 4 位二进制接触式编码盘的示意图,图 5-44 (a) 中码盘与被测轴连在一起,涂黑的部分是导电区,其余是绝缘区。通常把组成编码的各圈称为码道,对应于 4 个码道并排安装有 4 个固定电刷,电刷经电阻接电源负极。码盘最里面的一圈是公用的,当码盘与轴一起转动时,与电刷串联的电阻上将出现两种情况:有电流通过时,用"1"表示;无电流时,用"0"表示。出现相应的二进制码,其中码道圈数为二进制的位数,高位在内、低位在外,如图 5-44 (b) 所示。图 5-44 (c) 所示为 4 位格雷码盘,其特点是任何两个相邻数码间只有一位是变化的,可减小因电刷安装位置或接触不良造成的读数误差,所以目前绝对式光电编码器大多采用格雷码盘。

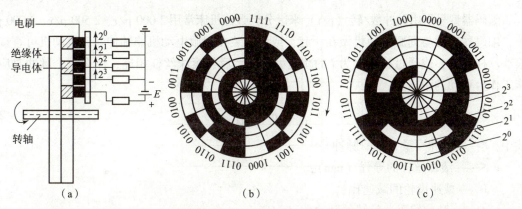

图 5-44 接触式编码盘
(a) 示意图;(b) 二进制码盘;(c) 4 位格雷码盘

n 个码道对应把码盘分成 2^n 个区间,每个二进制代码代表对应的角度,所以接触式光电编码器所能分辨的角度为:

$$\alpha = \frac{360°}{2^n} \tag{5-22}$$

绝对式光电码盘与接触式码盘结构类似,只是将接触式码盘导电区和不导电区改为透光区和不透光区,由码道上的一组光电元件接收相应的编码信号,即透光区输出为高电平,用"1"表示,不透光区输出为低电平,用"0"表示。这样无论码盘转到哪一个角度位置,均对应唯一的编码,光电码盘的特点是没有接触磨损、码盘寿命高、允许转速高、精度高,但结构复杂,光源寿命短。

3. 编码器在数控机床上的应用

编码器是一种旋转式测量元件,通常装在数控机床被测轴上,随被测轴一起转动,检测被测轴的角位移,反馈给数控装置,从而间接测量工作台移动的直线位移。除了以上位置检测装置,伺服系统中往往还包括检测速度元件,用以检测和调节电动机的转速,编码器还可以和伺服电动机同轴连接测量伺服电动机转速。

(1) 位移检测

在数控回转工作台中，通过在回转轴末端安装编码器，可测量回转工作台的角位移。数控回转工作台与直线轴联动时，可加工空间曲线。编码器间接测量工作台直线位移时，安装位置如图5-45所示。

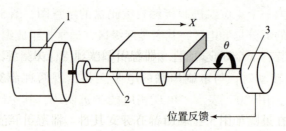

图5-45　编码器装在丝杠末端
1—伺服电动机；2，3—丝杠

编码器型号是用脉冲数/转（p/r）来区分，数控机床常用2 000 p/r、2 500 p/r、3 000 p/r等，编码器通常与伺服电动机做在一起，或者安装在伺服电动机非轴伸端，电动机可直接与滚珠丝杠相连，或通过减速比为 i 的减速齿轮，然后与滚珠丝杠相连，那么每个脉冲对应机床工作台移动的距离为：

$$\delta = \frac{S}{iM} \quad (5-23)$$

式中　δ——脉冲当量（mm/脉冲）；

　　　S——滚珠丝杠的导程（mm）；

　　　i——减速齿轮的减速比；

　　　M——脉冲编码器每转的脉冲数（p/r）。

脉冲当量 δ 是数控机床数控轴的位移最小量，决定了数控机床的加工精度。由式（5-23）可知，若数控机床选用的编码器型号脉冲数为2 000 p/r，滚珠丝杠的导程为10 mm，减速齿轮的减速比为5∶1，则此数控机床脉冲当量为：$\delta = \dfrac{S}{iM} = \dfrac{10}{5 \times 2\,000} = 0.001$ mm。若编码器输出脉冲数为1 000 p/r，则工作台移动距离为1 mm。

(2) 主轴定向准停控制

加工中心换刀时，为使机械手对准刀柄，主轴必须停在固定的径向位置。在固定切削循环中，如精镗孔，要求刀具必须停在某一径向位置才能退出。因此要求主轴能准确地停在某一固定位置上，这就是主轴定向准停功能。

由于绝对式光电编码器每一转角位置均有一个固定的编码输出，若编码器与转盘同轴相连，则转盘上每一工位安装的被加工工件均可以有一个编码相对应，转盘工位编码如图5-46(b)所示。当转盘上某一工位转到加工点时，该工位对应的编码由编码器输出给控制系统。

(3) 转速检测

光电脉冲编码器输出脉冲的频率与其转速成正比，可代替测速发电机的模拟测速，成为数字测速装置。光电脉冲编码器和伺服电机同轴连接，一般为内装式编码器，编码器在进给传动链的前端，如图5-47所示。

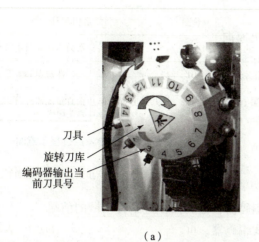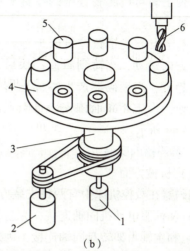

图 5-46 主轴准停控制

(a) 主轴刀架实物图；(b) 主轴刀架结构图

1—绝对式光电编码器；2—电动机；3—转轴；4—转盘；5—工件；6—刀具

如图 5-48 所示为绝对式光电脉冲编码器测速原理，在给定时间 t 内，对编码器的脉冲进行计数，得一数值 N_1，设脉冲编码器的每转输出脉冲为 N，则伺服电动机转速为：

$$n = \frac{N_1}{N} \cdot \frac{60}{t} (\text{r/min}) \qquad (5-24)$$

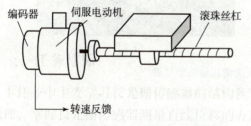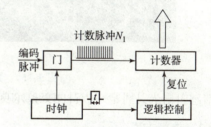

图 5-47 编码器与伺服电动机同轴连接　　图 5-48 绝对式光电编码器测速原理

由式（5-24）可知，在 6 s 内，脉冲编码器输出脉冲数为 60 000 p/r，设脉冲编码器脉冲数为 2 000 p/r，则该伺服电动机转速为：$n = \frac{60\ 000}{2\ 000} \cdot \frac{60}{6} = 300$（r/min）。

（4）零点脉冲特殊功能

1) 主轴旋转与坐标轴进给的同步控制。

在螺纹加工中，对编码器输出脉冲计数，保证主轴每转 1 周，刀具准确移动 1 个螺距（导程）。一般的螺纹加工要经过几次切削完成，每次重复切削，进刀位置必须相同。为保证重复切削不乱扣，数控系统在接收到光电编码器中的一转脉冲（零点脉冲）后才开始螺纹切削的计算。

2) 回参考点控制。

采用增量式的位置检测装置时，数控机床在接通电源后要做回到参考点的操作。参考点位置是否正确与检测装置中的零标志脉冲有相当大的关系。

回参考点方式是数控机床坐标轴先以快速向参考点方向运动,当碰到减速挡块后,坐标轴再以慢速趋近,当编码器产生零标志信号后,坐标轴再移动一设定距离而停止于参考点,回参过程如图 5-49 所示。

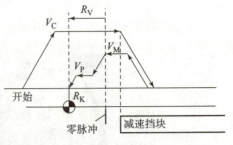

图 5-49 回参考点过程示意图

4. 编码器的安装

（1）机械方面

编码器在数控机床中有两种安装方式：

1）和伺服电动机同轴连接,为内装式编码器,编码器在进给传动链的前端。

2）和主轴刀架转盘同轴连接,为外装式编码器。

外装式包含的传动链误差比内装式多,位置控制精度较高；内装式安装方便。数控机床编码器安装位置如图 5-50 所示。

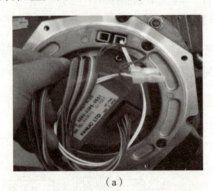
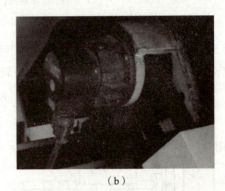

图 5-50 数控机床编码器安装位置
(a) 伺服电动机内装编码器；(b) 主轴外装编码器

（2）电气方面

如图 5-51 所示为典型的光电编码器与数控装置的连接图,图中 MC3487、MC3486 是常用的差动信号输出、接收器件。编码器接地线应尽量粗,一般应大于 $\phi 3$ mm,不要将编

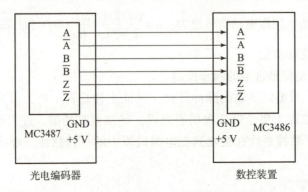

图 5-51 光电编码器与数控装置的连接

码器的输出线与动力线等绕在一起或同一管道传输，也不宜在配线盘附近使用，以防干扰；与编码器相连的电动机等设备，应接地良好，不要有静电；配线时，应采用屏蔽电缆；开机前，应仔细检查产品说明书与编码器型号是否相符；接线务必要正确，错误接线会导致内部电路损坏，在初次启动前对未用电缆要进行绝缘处理。

任务一　差动变压器式传感器测量直线位移

一、任务目标

本任务中主要学习电感式传感器的工作原理、特点、分类及应用，认识电感式传感器的外观及结构，会用差动变压器测量直线位移。

二、任务分析

练习

（1）差动变压器由一个_____、两个_____和插入线圈中央的圆柱形_____等组成。差动变压器式传感器中两个二次绕组_____串联，等效电路如图5-52所示。当衔铁处于中间位置时，两个二次绕组互感相同，因而由一次侧激励引起的感应电动势相同，差动输出电动势为_____。

（2）当衔铁移向二次绕组 L_{2a}，这时互感 M_1 大，M_2 小，因而二次绕组 L_{2a} 内感应电动势大于二次绕组 L_{2b} 内感应电动势，这样差动输出电动势_____。在传感器的量程内，衔铁位移越大，差动输出电动势就_____。同样道理，当衔铁向二次绕组 L_{2b} 一边移动时差动输出电动势仍不为零，但由于移动方向改变，所以输出电动势_____。因此通过差动变压器输出电动势的大小和相位可以知道衔铁位移量的大小和方向。

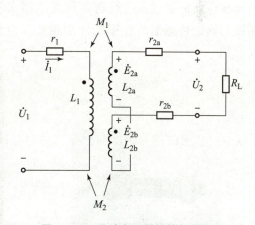

图5-52　差动变压器的等效电路图

思考

如图5-53所示为差动变压器输出特性，Δu_0 为零点残余电压，这是由于差动变压器制作上的不对称以及铁芯位置等因素造成的。零点残余电压的存在，使得传感器的输出特性在零点附近不灵敏，给测量带来误差，此值的大小是衡量差动变压器性能好坏的重要指标。思考一下，可采取哪些方法减小零点残余电压呢？

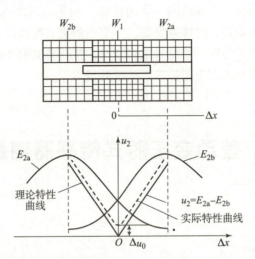

图 5-53 变压器输出电压与位移关系曲线图

三、任务实施

1. 认识差动变压器、测微头及其实验模块

本任务所使用的差动变压器如图 5-54 所示，差动变压器实验模块如图 5-55 所示。差动变压器需通过连接线与差动变压器实验模块连接起来，注意差动变压器所使用的连接线与其他传感器的连接线外形相似，但是接口处不同，不能与其他传感器的连接线互换使用。

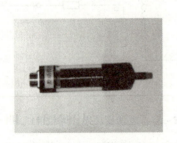

图 5-54 差动变压器

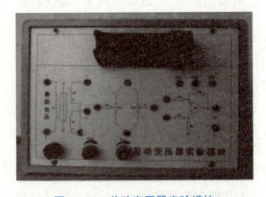

图 5-55 差动变压器实验模块

除了差动变压器和差动变压器实验模块外，本任务的实施还要用到直流稳压电源、直流电压表、导线、测微头、连接线、示波器等。

2. 差动变压器测量直线位移的工作原理

差动变压器由一个初级线圈和两个次级线圈及一个铁芯组成。铁芯连接被测物体，移动线圈中的铁芯，由于初级线圈和次级线圈之间的互感发生变化促使次级线圈的感应电动势发生变化，一个次级感应电动势增加，另一个感应电动势则减小，将两个次级线圈反向串接（同名端连接）引出差动输出，输出的变化反映了被测物体的移动量。

3. 任务实施步骤

1)安装差动变压器。根据图 5-56 (a) 所示将差动变压器安装在差动变压器实验模块上,将差动变压器引线插头插入实验模块的插座中,安装好后实物图如图 5-56 (b) 所示。

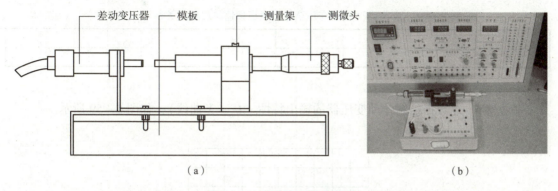

图 5-56 差动变压器安装图

(a) 差动变压器实验模块;(b) 差动变压器实物图

2)差动变压器测量直线位移电路接线。将音频信号由信号源的"$U_{S1}10°$"处输出,并用示波器检测,打开实验台电源,调节音频信号的频率和幅度,使示波器显示输出信号频率为 4~5 kHz,幅度为 $V_{p-p}=2$ V。按图 5-57 接线,1、2 接音频信号,3、4 为差动变压器输出,接放大器输入端,实物接线图如图 5-58 所示。

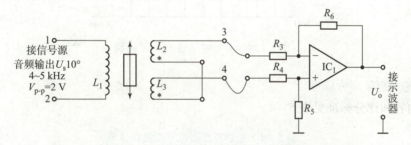

图 5-57 差动变压器实验模块接线图

图 5-58 差动变压器测量直线位移实物接线图

3)差动变压器测量直线位移。用示波器观测 U_o 的输出,旋动测微头,使示波器观测到的波形峰-峰值 V_{p-p} 为最小(差动变压器的衔铁位于中间位置)。这时可以左右位移,设向右移动为正位移,向左移动为负位移,从 V_{p-p} 最小处开始旋动测微头,使其为正位移,每隔 0.2 mm 从示波器读出输出电压 V_{p-p} 值,直至位移量达到 1 mm,并将数据填入表 5-3 中,再从 V_{p-p} 最小处反向位移重复上述实验。

4)实验结束后,关闭实验台电源,整理好实验设备。

表 5-3　差动变压器输出电压幅值与位移的关系

X/mm											
U_o/V											

4. 数据处理

根据表 5-3 数据绘制差动变压器的输出特性（U_o-X 曲线）,如图 5-59 所示。

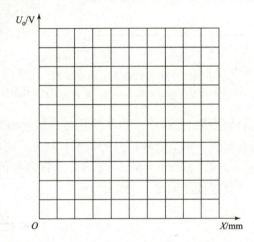

图 5-59　差动变压器 U_o-X 曲线

5. 任务内容和评分标准

任务内容和评分标准见表 5-4。

表 5-4　差动变压器位移测量评分表

任务内容	配分	评分标准	得分
认识本任务所需仪器设备及器材	10	遗漏一个仪器设备及器材,扣 2 分,最多扣 10 分	
安装差动变压器	10	安装错误,扣 10 分	
调节差动变压器的激励信号	10	1)激励信号的频率不符合要求,扣 5 分; 2)激励信号的幅值不符合要求,扣 5 分	
差动变压器测量直线位移电路接线	20	接线错误,每处扣 5 分,最多扣 20 分	
差动变压器测量直线位移	30	1)衔铁的中间位置调节错误,扣 10 分; 2)示波器操作不正确,扣 10 分; 3)读数不正确,每次扣 5 分,最多扣 10 分	
团队协作意识	10	小组共同完成项目,组员缺乏合作意识,扣 10 分	
正确使用设备和工具	10	只要不符合安全操作要求,就从总分中扣除	
总得分		教师签字	

四、任务拓展

本任务由于使用了示波器测量输出电压，所以能很方便地通过输出电压信号与输入信号的相位关系了解测微头的移动方向。如果差动变压器的输出信号接电压表，就不能根据输出电压判别测微头的移动方向，请将差动变压器实验模块的输出电压接入相敏检波电路，通过相敏检波之后接直流电压表显示，看看输出电压是否能反映测微头的移动距离和移动方向。

1. 仪器设备及器材

差动变压器、差动变压器实验模块、移相检波低通实验模块、测微头、信号源、连接线。

2. 工作原理

差动变压器的输出特性与差动式电感传感器输出特性类似，衔铁的移动方向相反，输出电压的相位互差180°，而且存在零点残余电压，消除零点残余电压并且可以辨别移动方向的方法就是使用相敏检波电路。

3. 实验步骤

1）重复以上实验步骤1）~2）。

2）差动变压器测量直线位移（带相敏检波）电路接线。按照图5-60接线，将移相器相敏检波电路低通滤波器接入电路中。

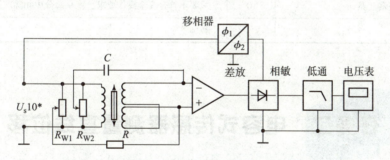

图5-60 带相敏检波电路的差动变压器系统接线图

3）调节相敏检波电路交流参考信号相位。检查连线无误后，打开实验台电源，调节信号源输出频率，使二次绕组波形不失真，用手将中间铁芯移至最左端，然后调节移相器，使移相器的输入输出波形正好是同相或反相。

4）差动变压器测量直线位移（带相敏检波）电路调零。用测微头将铁芯置于线圈中部，用示波器观察差动放大器，使输出最小，调节电桥 R_{W1}、R_{W2} 电位器使系统输出电压为零。

5）差动变压器测量直线位移（带相敏检波）。用测微头分别带动铁芯向左和向右移动1 mm，每位移0.2 mm记录一电压值并填入表5-5中。

表5-5 相敏检波后输出电压与位移的关系

X/mm											
U_o/V											

6）实验结束后，关闭实验台电源，整理好实验设备。

4. 任务内容和评分标准

任务内容和评分标准见表5-6。

表5-6 差动变压器位移测量（带相敏检波）评分表

任务内容	配分	评分标准	得分
认识本任务所需仪器设备及器材	10	遗漏一个仪器设备及器材，扣2分，最多扣10分	
安装差动变压器	10	安装错误，扣10分	
调节差动变压器的激励信号	10	1）激励信号的频率不符合要求，扣5分； 2）激励信号的幅值不符合要求，扣5分	
差动变压器测量直线位移电路接线	20	接线错误，每处扣5分，最多扣20分	
调节相敏检波电路交流参考信号相位	10	交流参考信号相位调节错误，扣10分	
差动变压器测量直线位移（带相敏检波）	20	1）衔铁的中间位置调节错误，扣10分； 2）示波器操作不正确，扣10分； 3）读数不正确，每次扣5分，最多扣10分	
团队协作意识	10	小组共同完成项目，组员缺乏合作意识，扣10分	
正确使用设备和工具	10	只要不符合安全操作要求，就从总分中扣除	
总得分		教师签字	

任务二 电容式传感器测量直线位移

一、任务目标

本任务中主要学习电容式传感器的分类、结构、工作原理，认识电容式传感器的外观及结构，会用电容式变压器测量直线位移。

二、任务分析

练习

（1）根据以前所学的电工知识，平行板电容器的电容（忽略边缘效应）为_____，从公式可以看出电容量与极板间介质的介电常数 ε、两平行板所覆盖的面积 A 成正比，与两极板间距离 d 成反比。固定三个变量中的两个，电容就是另一个变量的单值函数，故电容式传感器可以分成_____、_____、_____三种。

（2）本任务所用的电容式传感器是圆筒型的变面积式电容传感器，如图 5-61 所示，由两个外圆筒和一个内圆筒构成，采用_____形式，形成两个电容器。当中间的内圆筒随被测物体移动时，内圆筒和两个外圆筒之间相覆盖的面积发生变化，导致两个电容器的电容量一个_____，一个_____，将三个极板用导线引出，形成差动电容输出。

思考

任务中为何采用变面积式电容传感器，而不采用其他两种传感器测量直线位移？这三种传感器有何区别，分别用于哪些场合？

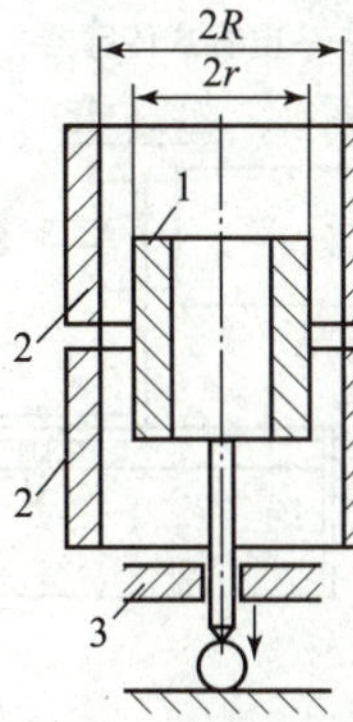

图 5-61 差动圆筒型变面积式电容传感器

1—内圆筒；2—外圆筒；3—导轨

三、任务实施

1. 认识电容式传感器及其实验模块

本任务所需的电容式传感器、电容传感器实验模块如图 5-62、图 5-63 和图 5-64 所示。除了电容式传感器及其实验模块外，本任务的实施还要用到测微头、数显表、直流稳压电源和直流电压表。

图 5-62 电容式传感器

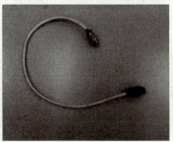

图 5-63 连接线

图 5-64 电容传感器实验模块

2. 电容式传感器测量位移工作原理

本实验采用变面积式电容传感器，由两个外圆筒和一个内圆筒构成，采用差动形式，形成两个电容器。当中间的内圆筒随被测物体移动时，内圆筒和两个外圆筒之间正对面积发生变化，导致两个电容一个增大，另一个减小，将三个圆筒用导线引出，形成差动电容输出。

3. 任务实施步骤

1）安装电容式传感器和测微头。按图 5-65（a）将电容式传感器安装在电容传感器模块上，将传感器连接线插入实验模块的插座上；在测微头头部安装一个绝缘护套，并用螺丝固定，最后用螺钉将测微头固定在测量架上，安装好后实物如图 5-65（b）所示。

注意：测微头固定前要大致预估一下，确保与电容式传感器的连杆相连的内圆筒大致在中间位置。

2）电容式传感器测量直线位移电路接线和调零。首先将电容传感器实验模块的输出 U_o 接到直流电压表，然后从实验台接入 ±15 V 电源，合上实验台电源开关，将电容式传感器

171

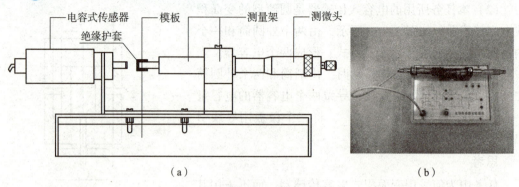

图 5-65 电容式传感器安装图

(a) 电容式传感器模块图；(b) 电容式传感器实物图

调至中间位置，调节 R_W 使电压表显示为 0 V（电压表挡位为 "200 mV"）。

3）电容式传感器测量直线位移。旋动测微头推进电容式传感器的动极板（内圆筒），每隔 0.2 mm 记下位移量 X 与输出电压值 U_o，并填入表 5-7 中。

表 5-7 电容式传感器实验模块的输出电压与位移的关系

X/mm										
U_o/V										

4）实验结束后，关闭实验台电源，整理好实验设备。

4. 数据处理

根据表 5-7 数据绘制输出电压与位移关系曲线（$U_o - X$ 曲线），如图 5-66 所示。

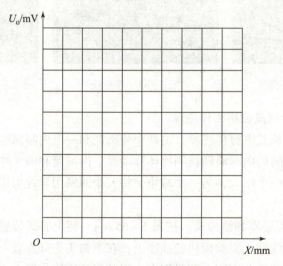

图 5-66 电容式传感器 $U_o - X$ 曲线

5. 任务内容和评分标准

任务内容和评分标准见表 5-8。

表 5-8 电容式传感器测量直线位移评分表

任务内容	配分	评分标准	得分
认识本任务所需仪器设备及器材	10	遗漏一个仪器设备及器材，扣 2 分，最多扣 10 分	
安装电容式传感器	10	安装错误，扣 10 分	
电容式传感器测量直线位移电路接线和调零	30	1) 内圆筒未调至中间位置，扣 10 分； 2) 接线错误，每处扣 5 分，最多扣 10 分； 3) 调零不正确，扣 10 分	
电容式传感器测量直线位移	30	1) 测微头调节错误，每处扣 5 分，最多扣 15 分； 2) 读数不正确，每次扣 5 分，最多扣 15 分	
团队协作意识	10	小组共同完成项目，组员缺乏合作意识，扣 10 分	
正确使用设备和工具	10	只要不符合安全操作要求，就从总分中扣除	
总得分		教师签字	

四、任务拓展

电容式传感器是一种可以测量很多物理量的传感器，除了测量直线位移，还可以将其与振动源配合使用，可以测量振动源悬臂梁的共振频率，将其测量结果和压电式传感器测量的结果比较一下，看看哪一种传感器精度更高。

1. 仪器设备及器材

直流稳压电源、电容式传感器、电容传感器实验模块、直流电压表、振动源、导线、连接线等。

2. 电容式传感器测量振动的工作原理

将电容式传感器安装在安装支架上，并将电容式传感器中与内圆筒相连的活动杆与悬臂梁相接触。当悬臂梁振动时，带动活动杆上下移动，即带动动极板（内圆筒）上下移动，电容式传感器输出交变电压信号。悬臂梁振动幅度越大，动极板（内圆筒）上下移动距离越大，输出交变电压信号幅度越大，所以可以根据输出电压信号的幅度测得悬臂梁的共振频率。

3. 实验步骤

1）安装电容式传感器。按图 5-67 所示将电容式传感器安装在振动源的连接板上，将传感器引线插入实验模块插座中。

2）电容式传感器测量振动电路接线和调零。将实验模块的输出 U_o 接低通滤波器的输入 U_i 端，低通滤波器输出 U_o 接至示波器。调节 R_W 到最大位置（顺时针旋到底），通过"紧定旋钮"调节连接板的高度使电容式传感器的动极板处于中间位置，U_o 输出为 0 V。将实验台上的"低频输出"信号 U_{S2} 接到振动台的"激励源"，振动频率选"5~15 Hz"，振动幅度初始调到零。

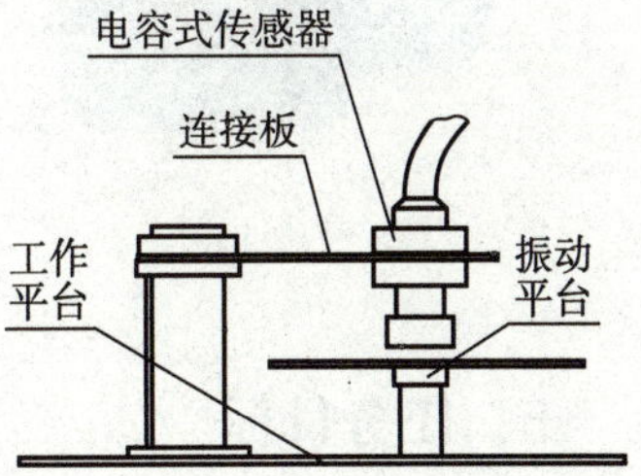

图 5-67 电容式传感器安装图

3）电容式传感器测量振动。将实验台 ±15 V 的电源接入实验模块，检查接线无误后，打开实验台电源，调节振动源激励信号 U_{S2} 的幅度，用示波器观察实验模块输出波形。保持振荡器"低频输出"的幅度旋钮不变，改变振动频率（用频率/转速表监测），用示波器测出 U_o 输出的峰-峰值，填入表 5-9 中。

表 5-9　电容式传感器实验模块的输出电压与振动频率的关系

f/Hz	5	6	7	8	9	10	11	12	13	14	15	18	20	22	24	26
U_o/V																

根据表 5-9 中的数据，找到输出电压峰-峰值最大时对应的频率，此频率为该悬臂梁的共振频率，由表中数据测得振动源的共振频率为＿＿＿＿Hz。

4）实验结束后，关闭实验台电源，整理好实验设备。

4. 任务内容和评分标准

任务内容和评分标准见表 5-10。

表 5-10　电容式传感器振动测量评分表

任务内容	配分	评分标准	得分
认识本任务所需仪器设备及器材	10	遗漏一个仪器设备及器材，扣2分，最多扣10分	
安装电容式传感器	10	安装错误，扣10分	
电容式传感器测量振动接线和调零	30	1）内圆筒未调至中间位置，扣10分； 2）接线错误，每处扣5分，最多扣10分； 3）调零不正确，扣10分	
电容式传感器测量振动	30	1）读数不正确，每次扣5分，最多扣15分； 2）示波器输出波形不正确，扣15分	
团队协作意识	10	小组共同完成项目，组员缺乏合作意识，扣10分	
正确使用设备和工具	10	只要不符合安全操作要求，就从总分中扣除	
总得分		教师签字	

任务三　光纤传感器测量直线位移

一、任务目标

本任务中主要学习光纤的分类，认识光纤传感器的外观及结构，掌握光纤传感器的工作原理，掌握光纤传感器测量直线位移的方法。

二、任务分析

练习

（1）光纤通常由_____、_____、_____组成，纤芯的折射率 n_1 稍_____包层的折射率 n_2，两层之间形成良好的光学界面，光线在这个界面上反射传播。

（2）按纤芯和包层材料性质分类，光纤可分为玻璃光纤、塑料光纤、液芯光纤等，按纤芯的折射率分布的不同可以分为_____、_____和_____三种，大容量长距离的系统采用_____光纤。

思考

本任务采用反射式光纤测量微小位移，反射式光纤采用 Y 形结构，两束光纤一端合并在一起组成光纤探头，另一端分为两支，分别作为光源光纤和接收光纤。请查阅相关资料，并总结反射式光纤位移传感器的特点。

三、任务实施

1. 认识光纤传感器及其实验模块

本任务所使用的光纤传感器如图 5-68 所示，光纤位移传感器实验模块如图 5-69 所示。除了光纤传感器及其实验模块外，本任务的实施还要用到测微头、金属面、直流电源及直流电压表。

图 5-68 光纤传感器

图 5-69 光纤位移传感器实验模块

2. 光纤传感器检测位移的工作原理

本任务采用反射式光纤传感器测量微小位移，其结构如图 5-70 所示。反射式光纤传感器采用 Y 形结构，两束光纤一端合并在一起组成光纤探头，另一端分为两支，分别作为光源光纤和接收光纤。光从光源耦合到发射光纤，通过光纤传输，射向反射片，再被反射到接收光纤，最后由光电转换器接收，转换器接收到的光强与反射体表面性质、反射体到光纤探头距离有关。

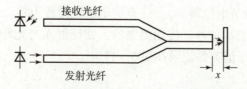

图 5-70 反射式光纤传感器的结构

当反射表面位置确定后，接收到的反射光光强随光纤探头到反射体的距离的变化而变化。显然，当光纤探头紧贴反射片时，接收器接收到的光强为零。随着光纤探头离反射面距离的增加，接收到的光强逐渐增加，到达最大值后又随两者的距离增加而减小。反射式光纤位移传感器是一种非接触式测量，具有探头小，相应速度快，测量线性化（在小位移范围内）等优点，可在小位移范围内进行高速位移检测。

3. 任务实验步骤

1) 安装光纤传感器和测微头。按图 5-71（a）所示安装光纤传感器，将 Y 形光纤安装在光纤位移传感器实验模块上。探头对准金属反射板，调节光纤探头端面与反射面平行，距离适中。将测微头起始位置调到 14 cm 处，手动使反射面与光纤探头端面紧密接触，安装实物图如图 5-71（b）所示。

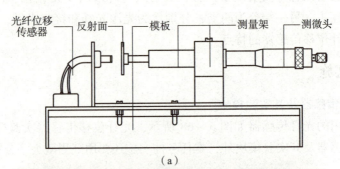

(a)

(b)

图 5-71 光纤传感器安装图

(a) 安装图；(b) 实物图

2) 光纤传感器测量直线位移电路接线和调零。将光纤位移传感器实验模块输出"U_o"接到直流电压表，量程选择 20 V 挡，光纤位移传感器实验模块从实验台接入 ±15 V 电源，打开实验台电源，仔细调节电位器 R_W，使直流电压表读数为零。

3) 光纤传感器测量直线位移。旋动测微器，使反射面与光纤探头端面距离增大，每隔 0.5 mm 读出一次输出电压值，并记录在表 5-11 中。

表 5-11 光纤位移传感器实验模块的输出电压与位移的关系

X/mm											
U_o/V											

4）实验结束后，关闭实验台电源，整理好实验设备。

4. 数据处理

1）根据表 5-11 数据绘制输出电压与位移关系曲线（U_o-X 曲线），如图 5-72 所示。

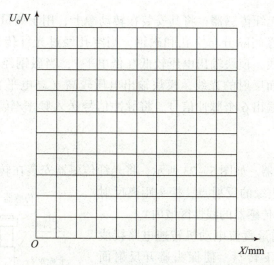

图 5-72 光纤传感器 U_o-X 曲线

2）根据实验数据计算实验用光纤传感器的灵敏度和非线性误差。

5. 任务内容和评分标准

任务内容和评分标准见表 5-12。

表 5-12 光纤传感器直线位移测量评分表

任务内容	配分	评分标准	得分
认识本任务所需仪器设备及器材	10	遗漏一个仪器设备及器材，扣 2 分，最多扣 10 分	
安装光纤传感器和测微头	10	安装错误，扣 10 分	
光纤传感器测量直线位移电路接线和调零	30	1）接线错误，每处扣 5 分，最多扣 10 分； 2）调零不正确，扣 10 分	
光纤传感器测量直线位移	30	1）测微头调节错误，每次扣 5 分，最多扣 15 分； 2）读数不正确，每次扣 5 分，最多扣 15 分	
团队协作意识	10	小组共同完成项目，组员缺乏合作意识，扣 10 分	
正确使用设备和工具	10	只要不符合安全操作要求，就从总分中扣除	
总得分		教师签字	

四、任务拓展

反射式光纤传感器除了可以测量直线位移外，还可以和振动源、转动源配合使用测量共振频率和转速，下面介绍光纤传感器与转动源配合构成光纤传感器测量直流电动机转速的电路。

1. 仪器设备及器材

光纤位移传感器实验模块、Y形光纤传感器、直流稳压电源、数显直流电压表、频率/转速表、转动源、示波器。

2. 工作原理

保留本任务中的光纤传感器，将其安装在转动源上，用于测量直流电动机转速。由于转动源上的转动盘边缘间隔分布空孔和磁钢，当空孔经过光纤传感器下方时，光纤传感器没有接收到反射光线，模块输出电压较低（低电平），当磁钢经过光纤传感器时，光纤传感器接收到磁钢表面反射的光线，模块输出电压较高（高电平），形成一个脉冲信号，转动盘转动一圈，共输出6个脉冲信号。将脉冲信号送入频率/转速表显示，得到相应的转速。

3. 实验步骤

1）安装光纤传感器。如图 5-73 所示，将光纤传感器安装在转动源传感器支架上，使光纤探头对准转动盘边缘的反射点，探头距离反射点1 mm 左右（在光纤传感器的线性区域内）。

2）光纤传感器测量直流电动机转速电路接线与调零。用手拨动一下转盘，使探头避开反射面（避免产生暗电流），接好实验模块 ±15 V 电源，模块输出 U_o 接到直流电压表输入端。调节 R_W 使直流电压表显示为零。注意：R_W 确定后不能改动。将模块输出 U_o 接到频率/转速表的 "f/n" 输入端。

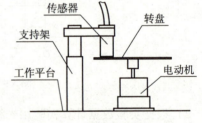

图 5-73 光纤传感器安装图

3）光纤传感器测量直流电动机转速。合上主控台电源，选择不同电源 +4 V、+6 V、+8 V、+10 V、12 V（±6 V）、16 V（±8 V）、20 V（±10 V）、24 V 驱动转动源，可以观察到转动源转速的变化。用直流电压表检测转动源的驱动电压，并记下相应的频率/转速表读数，记于表 5-13 中。也可用示波器观测光纤传感器模块输出的波形。

表 5-13 不同驱动电压对应的转速频率

驱动电压/V	+4	+6	+8	+10	12	16	20	24
转速/(r·min^{-1})								

4. 任务内容和评分标准

任务内容和评分标准见表 5-14。

表 5-14 光纤传感器直流电动机转速测量评分表

任务内容	配分	评分标准	得分
认识本任务所需仪器设备及器材	10	遗漏一个仪器设备及器材，扣 2 分，最多扣 10 分	
安装光纤传感器	10	安装错误，扣 10 分	
光纤传感器测量直流电动机转速接线和调零	30	1）接线错误，每处扣 5 分，最多扣 10 分； 2）调零不正确，扣 10 分	
光纤传感器测量直流电动机转速	30	1）直流电源选择开关拨错，每次扣 5 分，最多扣 15 分； 2）转速未稳定就开始读数，每次扣 5 分，最多扣 15 分	
团队协作意识	10	小组共同完成项目，组员缺乏合作意识，扣 10 分	
正确使用设备和工具	10	只要不符合安全操作要求，就从总分中扣除	
总得分		教师签字	

任务四　长光栅测量直线位移

一、任务目标

本任务中主要学习长光栅传感器的结构，掌握莫尔条纹的特点，掌握长光栅传感器的工作原理，掌握长光栅传感器测量直线位移的方法。

二、任务分析

练习

（1）利用光栅的一些特点可进行线位移和角位移的测量，测量线位移的光栅为矩形并随被测长度增加而加长，称之为_____；而测量角位移的光栅为圆形，称之为_____。数控机床上常用长光栅测量工作台位移，长光栅由_____、_____、_____和_____等组成。

（2）光栅可把肉眼看不见的位移变成清晰可见的莫尔条纹移动，可以用测量条纹的移动来检测光栅的位移，这是莫尔条纹的_____特性。

（3）在实际应用中，通常位移具有两个方向，即选定一个位移方向作为正方向后，相反方向的位移为负。只用一套光电元件测量莫尔条纹信号，光电元件只能辨别莫尔条纹的明暗变化，而无法辨别莫尔条纹的移动方向，所以不能正确地测量位移，通常要加入_____

电路。

（4）用标尺光栅测量机床位移时，若光栅栅距为 0.01 mm，莫尔条纹移动数为 1 000 个，若不采用细分技术则机床位移量为_____；若采用四分频细分技术则机床位移量为_____。

思考

数控系统中的检测装置按照安装位置及耦合方式可分为间接测量和直接测量，标尺光栅直接测量工作台移动的直线位移。查阅资料，总结标尺光栅优缺点，说一说标尺光栅主要应用于哪种类型的数控机床？

三、任务实施

1. 认识光栅传感器及其实验模块

实验所使用的长光栅传感器已经安装在 JCY-5 光栅线位移传感器检测装置上，如图 5-74 所示。该传感器是信和 KA300 光栅尺，尺罩长度为 170 mm。该系列光栅的栅距为 0.02 mm（50 线/mm），分辨率有 0.5 μm、0.1 μm、5 μm 三种，精度有 ±3 μm、±5 μm、±10 μm 三种，量程为 70～3 000 mm，最大移动速度为 60 m/min、120 m/min。工作电压为 ±5 V、80 mA。采用九芯的插座，可以是 EIA-442-A 信号输出或 TTL 信号输出。与其配套使用的光栅传感器实验模块如图 5-75 所示。

图 5-74　JCY-5 光栅线位移传感器检测装置

图 5-75　光栅传感器实验模块

除了 JCY-5 光栅线位移传感器检测装置及其实验模块外，本任务的实施还要用到直流稳压电源、数据采集卡、USB 电缆、计算机、导线及排线。

2. 光纤传感器测量位移工作原理

光栅测量位移的工作原理基于莫尔条纹现象，设莫尔条纹栅距为 w，夹角为 θ，则莫尔条纹宽度 $B = \dfrac{w}{\theta}$。当指示光栅与主光栅有相对运动时，莫尔条纹也作同步移动。由于 $B \gg w$，栅距被放大许多倍，光电元件测出莫尔条纹的移动，通过脉冲计数得到被测位移 = 栅距 × 脉冲数。

3. 任务实施步骤

1）长光栅传感器测量直线位移电路接线。打开实验台电源，将直流稳压电源 15 V、

5 V 接到 JCY-5 光栅线位移传感器检测装置和光栅传感器实验模块。

将采集卡的模拟量和开关量电缆接到采集卡接口（采集卡的地线要接到直流稳压电源地），采集卡接口 DO1~DO4 分别接到 JCY-5 光栅线位移传感器检测装置"步进电机驱动模块"的 A、B、C、D。光栅位移传感器输出通过一根排线接到光栅传感器实验模块的"光栅传感器输入-线位移"，如图 5-76 所示。

图 5-76　长光栅传感器测量直线位移电路实物接线图

2) 长光栅传感器测量直线位移。通过 USB 电缆将 USB 数据采集卡接入计算机，并打开虚拟示波器软件，在弹出的窗口中单击"电机控制"，弹出"电机控制"对话框，在"设置单位步长"对话框中输入表 5-15 所示的单位步长时间，控制方式选择"步进电动机"，单击"启动"按钮，步进电动机开始旋转，带动丝杠一起旋转，螺母随着丝杠的旋转开始直线运动，产生位移，光栅尺检测后，在光栅传感器实验模块上显示其位移量。启动后半分钟，单击"停止"，并记录半分钟内丝杠螺母的直线位移量。

按照表 5-15 所示改变"设置单位步长"的时间控制步进电动机转动的速度，并记录半分钟内丝杠螺母的直线位移量。

3) 实验结束后，关闭实验台电源，整理好实验设备。

表 5-15　不同单位步长对应的直线位移

单位步长时间/ms	10	20	30	40	50	60	70	80	90	100
直线位移/mm										

4. 数据数理

根据表 5-15 数据绘制单位步长时间与直线位移关系曲线（$T-X$ 曲线），如图 5-77 所示。

5. 任务内容和评分标准

任务内容和评分标准见表 5-16。

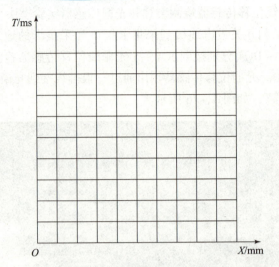

图 5–77　长光栅传感器 $T-X$ 曲线

表 5–16　长光栅直线位移测量评分表

任务内容	配分	评分标准	得分
认识本任务所需仪器设备及器材	10	遗漏一个仪器设备及器材，扣 2 分，最多扣 10 分	
长光栅传感器测量直线位移电路接线	20	1）电源接线错误，扣 10 分； 2）数据采集卡接线错误，每次扣 5 分，最多扣 10 分	
长光栅传感器测量直线位移	50	1）数据采集卡未与计算机连接，扣 10 分； 2）虚拟示波器操作错误，每次扣 5 分，最多扣 20 分； 3）读数不正确，每次扣 5 分，最多扣 20 分	
团队协作意识	10	小组共同完成项目，组员缺乏合作意识，扣 10 分	
正确使用设备和工具	10	只要不符合安全操作要求，就从总分中扣除	
总得分		教师签字	

四、任务拓展

当长光栅的读数头移动到光栅尺体的端头时，如果步进电动机还在旋转，就会带动读数头继续前进，撞到光栅尺体的端盖，造成端盖损坏。所以，一般都会在光栅尺的两端安装限位开关，让读数头停下来或反向运动，以确保读数头不会撞到端盖。在 JCY–5 光栅线位移传感器检测装置中也有这样的限位开关，把限位开关接入电路，看看是否能起到保护作用。

1. 仪器设备及器材

直流稳压电源、JCY–5 光栅线位移传感器检测装置、光栅传感器实验模块、数据采集卡、USB 电缆、计算机、导线、排线。

2. 实验步骤

1）安装限位开关。JCY–5 光栅线位移传感器检测装置上已安装好两个限位开关，分别位于光栅尺左右两端，用的是光电隔离器，如图 5-78 所示。

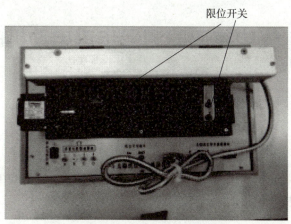

图 5-78 限位开关安装位置

2）重复任务四的第 1）步。重复任务四的第 1）步，将限位传感器输出 DO 口接采集卡接口开关量输入端 DI1。

3）长光栅传感器测量直线位移（带限位开关）。通过 USB 电缆将 USB 数据采集卡接入计算机，并打开虚拟示波器软件，在弹出的窗口中单击"电机控制"，弹出"电机控制"对话框，在"设置单位步长"对话框中输入表 5-15 所示的单位步长时间。选择控制方式有"步进电动机"和"限位开关"两种，根据实验选择"限位开关"控制方式，单击"启动"按钮，步进电动机开始旋转，带动丝杠一起旋转，螺母随着丝杠的旋转开始直线运动，光栅尺的读数头在两个限位开关之间来回运动。

3. 任务内容和评分标准

任务内容和评分标准见表 5-17。

表 5-17 长光栅直线位移测量（带限位开关）评分表

任务内容	配分	评分标准	得分
认识本任务所需仪器设备及器材	10	遗漏一个仪器设备及器材，扣 2 分，最多扣 10 分	
长光栅传感器测量直线位移电路接线（带限位开关）	30	1）电源接线错误，扣 10 分； 2）数据采集卡接线错误，每次扣 5 分，最多扣 10 分； 3）限位开关接线错误，扣 10 分	
长光栅传感器测量直线位移（带限位开关）	40	1）数据采集卡未与计算机连接，扣 20 分； 2）虚拟示波器操作错误，每次扣 5 分，最多扣 20 分	
团队协作意识	10	小组共同完成项目，组员缺乏合作意识，扣 10 分	
正确使用设备和工具	10	只要不符合安全操作要求，就从总分中扣除	
总得分		教师签字	

任务五 光电编码器测量步进电动机的角位移

一、任务目标

本任务中主要学习光电编码器的结构和分类,掌握光电编码器的工作原理,掌握用光电编码器测量步进电动机角位移的方法。

二、任务分析

练习

(1) 编码器又称码盘,通常将其转轴与被测轴相连,随着被测轴一起旋转,它能将被测轴的角位移转换成二进制编码或者电脉冲,编码器一般分成_____和_____两大类。

(2) 本任务采用增量式光电编码器,光栅板上有两组条纹 A、$\overline{A}$ 和 B、$\overline{B}$,A 组与 B 组的条纹彼此错开 1/4 节距,两组条纹相对应的光敏元件所产生的脉冲信号彼此相差_____相位,用于_____。此外,在光电码盘的里圈里还有一条透光条纹 C,用以每转产生一个脉冲,脉冲信号称为_____,作为测量基准。

(3) 编码器是一种旋转式测量元件,通常装在数控机床被测轴上检测被测轴的_____,反馈给数控装置,从而_____测量工作台移动的直线位移。

(4) 若数控机床选用的编码器型号脉冲数为 2 000 p/r,滚珠丝杠的导程为 10 mm,减速齿轮的减速比为 5∶1,此数控机床脉冲当量为:_____;若编码器输出脉冲数为 1 000 p/r,则工作台移动距离为_____。

思考

增量式光电编码器通常装在数控机床被测轴上检测被测轴的角位移,输出两组差动脉冲信号 A、$\overline{A}$ 和 B、$\overline{B}$,一组零脉冲差动信号 Z、$\overline{Z}$。请思考零脉冲信号的作用,查阅相关资料总结零脉冲信号在数控机床上的其他特殊功能。

三、任务实施

1. 认识增量式光电编码器及其实验模块

如图 5-79 所示,安装在 JCY-4 光栅角位移传感器检测装置上的是型号为 SP3806-103G-1024-BZ3/05L 的增量式光电编码器,它是一种外径为 38 mm,轴径为 6 mm 的编码器。该光电编码器的输出接线定义如表 5-18 所示。

图 5-79 JCY-4 光栅角位移传感器检测装置

表5-18　SP3806-103G-1024-BZ3/05L 编码器的输出接线定义

输出信号	A+	B+	Z+	+5 V	0 V	N.C.	A-	B-	Z-
线号	绿	白	黄	红	黑		棕	灰	橙

2. 增量式光电编码器测量角位移工作原理

增量式光电编码器主要由光源、码盘、检测光栅、光电检测器件和转换电路组成。当码盘随着被测转轴转动时，检测光栅不动，光线透过码盘和检测光栅上的缝隙照射到光电检测器件上，光电检测器件就输出两组相位相差90°的近似于正弦波的电信号，电信号经过转换电路的信号处理变为脉冲信号，通过计算每秒钟光电编码器输出脉冲的个数可以得到被测轴的转角或速度信息。

3. 任务实验步骤

1）安装光电编码器。SP3806-103G-1024-BZ3/05L 型增量式光电编码器已安装在 JCY-4 光栅角位移传感器检测装置上。

2）光电编码器测量步进电动机角位移电路接线。打开主控台电源，将直流稳压电源 15 V、5 V 接到 JCY-4 光栅角位移检测装置和光栅传感器实验模块。

将采集卡的模拟量和开关量电缆接到采集卡的接口（采集卡的地线要接到直流稳压电源地），采集卡接口 DO1～DO4 分别接到 JCY-4 光栅角位移传感器检测装置"步进电动机驱动模块"的 A、B、C、D。光栅角位移传感器输出通过一根排线接到光栅传感器实验模块的"光栅传感器输入-角位移"。

3）光电编码器测量步进电动机角位移。通过 USB 电缆将 USB 数据采集卡接入计算机，并打开虚拟示波器软件，在弹出的窗口中单击"电机控制"，弹出"电机控制"对话框，在"设置单位步长"对话框中输入表 5-19 所示的单位步长时间，控制方式选择"步进电动机"，单击"启动"按钮，步进电动机开始旋转，带动码盘一起旋转，光电编码器检测后，在光栅传感器实验模块上显示其角位移量。启动后半分钟，单击"停止"，并记录半分钟内码盘的角位移量。

按照表 5-19 所示改变"设置单位步长"的时间控制步进电动机转动的速度，并记录半分钟内丝杠螺母的直线位移量。

4）实验结束后，关闭实验台电源，整理好实验设备。

表5-19　不同单位步长时间对应的角位移

单位步长时间/ms	10	20	30	40	50	60	70	80	90	100
角位移/(°)										

4. 数据处理

根据表 5-19 数据绘制单位步长时间与角位移关系曲线（$T-\alpha$ 曲线），如图 5-80 所示。

5. 任务内容和评分标准

任务内容和评分标准见表 5-20。

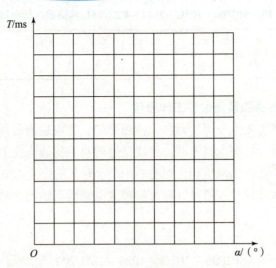

图 5-80 光电编码器 T-α 曲线

表 5-20 光电编码器测量步进电动机角位移评分表

任务内容	配分	评分标准	得分
认识本任务所需仪器设备及器材	10	遗漏一个仪器设备及器材，扣 2 分，最多扣 10 分	
光电编码器测量角位移电路接线	20	1）电源接线错误，扣 10 分； 2）数据采集卡接线错误，每次扣 5 分，最多扣 10 分	
光电编码器测量角位移电路	50	1）数据采集卡未与计算机连接，扣 20 分； 2）虚拟示波器操作错误，每次扣 5 分，最多扣 20 分； 3）读数不正确，每次扣 5 分，最多扣 20 分	
团队协作意识	10	小组共同完成项目，组员缺乏合作意识，扣 10 分	
正确使用设备和工具	10	只要不符合安全操作要求，就从总分中扣除	
总得分		教师签字	

四、任务拓展

在 JCY-4 光栅角位移传感器检测装置中也有限位开关，把限位开关接入电路，看看其有什么作用。

1. 仪器设备及器材

直流稳压电源、JCY-4 光栅线位移传感器检测装置、光栅传感器实验模块、数据采集卡、USB 电缆、计算机、导线、排线。

2. 实验步骤

1）安装限位开关。JCY-4 光栅线位移传感器检测装置上已安装好一个限位开关，也是光电隔离器。

2）重复任务五的第2）步。重复任务五的第2）步，将限位传感器输出 DO 口接采集卡接口开关量输入端 DI1。

3）光电编码器测量步进电动机角位移（带限位开关）。通过 USB 电缆将 USB 数据采集卡接入计算机，并打开虚拟示波器软件，在弹出的窗口中单击"电机控制"，弹出"电机控制"对话框，在"设置单位步长"对话框中输入表 5-19 所示的单位步长时间。选择控制方式有"步进电动机"和"限位开关"两种，根据实验选择"限位开关"控制方式，单击"启动"按钮，步进电动机开始旋转，带动码盘一起旋转，码盘转满半圈后自动反转。

3. 任务内容和评分标准

任务内容和评分标准见表 5-21。

表 5-21 光电编码器测量步进电动机角位移（带限位开关）评分表

任务内容	配分	评分标准	得分
认识本任务所需仪器设备及器材	10	遗漏一个仪器设备及器材，扣2分，最多扣10分	
光电编码器测量步进电动机角位移电路接线（带限位开关）	30	1）电源接线错误，扣10分； 2）数据采集卡接线错误，每次扣5分，最多扣10分； 3）限位开关接线错误，扣10分	
光电编码器测量步进电动机角位移（带限位开关）	40	1）数据采集卡未与计算机连接，扣20分； 2）虚拟示波器操作错误，每次扣5分，最多扣20分	
团队协作意识	10	小组共同完成项目，组员缺乏合作意识，扣10分	
正确使用设备和工具	10	只要不符合安全操作要求，就从总分中扣除	
总得分		教师签字	

阅读材料

激光位移传感器

激光位移传感器因其较高的测量精度和非接触测量特性，广泛应用于高校和研究机构、汽车工业、机械制造工业、航空与军事工业、冶金和材料工业的准确测量检测。激光位移传感器可准确非接触测量被测物体的位置、位移等变化，主要应用于检测物的位移、厚度、振动、距离、直径等几何量的测量，其如图 5-81 所示。

激光位移传感器可准确非接触测量被测物体的位置、位移等变化，主要应用于检测物体的位移、厚度、振动、距离、直径等几何量的测量。按照测量原理，激光位移传感器

图 5-81 激光位移传感器

原理分为激光三角测量法和激光回波分析法。激光三角测量法一般适用于高精度、短距离的测量，而激光回波分析法则用于远距离测量。

如图 5-82 所示，三角测量法激光发射器通过镜头将可见红色激光射向被测物体表面，经物体反射的激光通过接收器镜头，被内部的 CCD 线性相机接收，根据不同的距离，CCD 线性相机可以在不同的角度下"看见"这个光点。根据这个角度及已知的激光和相机之间的距离，数字信号处理器就能计算出传感器和被测物体之间的距离。同时，光束在接收元件的位置通过模拟和数字电路处理，并通过微处理器分析，计算出相应的输出值，并在用户设定的模拟量窗口内，按比例输出标准数据信号。如果使用开关量输出，则在设定的窗口内导通，窗口之外截止。另外，模拟量与开关量输出可独立设置检测窗口。采取三角测量法的激光位移传感器线性度可达 1 μm，分辨率更是可达到 0.1 μm 的水平。比如 ZLDS100 类型的传感器，它可以达到百分之 0.01 高分辨率，百分之 0.1 高线性度，9.4 kHz 高响应，适应恶劣环境。

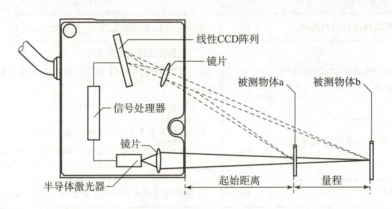

图 5-82　三角测量法激光发射器工作原理

回波分析法激光位移传感器采用回波分析原理来测量距离以达到一定程度的精度。传感器内部是由处理器单元、回波处理单元、激光发射器、激光接收器等部分组成。激光位移传感器通过激光发射器每秒发射一百万个激光脉冲到检测物并返回至接收器，处理器计算激光脉冲遇到检测物并返回至接收器所需的时间，以此计算出距离值，该输出值是将上千次的测量结果进行的平均输出，即所谓的脉冲时间法测量的。激光回波分析法适合于长距离检测，但测量精度相对于激光三角测量法要低，远的检测距离可达 250 m。

智能机器人的发展催热了传感器行业，机器人产业作为逐步崛起的新兴行业，近来已经成为行业发展的焦点之一。而伴随着机器人产业的发展，也为相关产业带来了新的生机，如机器视觉、传感器等。传感器作为机器人的重要组件，其功能不容忽视。智能机器人的外部传感器大致可分为力学传感器、触觉传感器、接近传感器、视觉传感器、滑觉传感器和热觉传感器等，对于智能机器人来说，传感器必不可少。同时，智能机器人对传感器有非常严格的要求。其主要表现为：精度高、可靠性高、稳定性好；在电磁干扰、振动、灰尘和油垢等恶劣环境下抗干扰能力强。激光位移传感器作为一种重要的智能机器人，将随着智能化时代的到来，有更大的发展机会。

复习与训练

一、填空

1. 在电容式传感器中，如果应用调频法测量转换电路，则电路中_____。
2. 用电容式传感器测量固体或液体物位时，应该选用_____式。
3. 电感式传感器常用差动式结构，其作用是提高_____，减小_____。
4. 差动式电感传感器配用的测量转换电路有_____和_____。
5. 光纤通常由_____、_____和_____组成，其中_____的折射率要稍大于_____的折射率。
6. 一个直线光栅，每毫米刻度线为 50 线，采用四细分技术，则该光栅的分辨力为_____。
7. 在光栅传感器中，采用电子细分技术的目的是_____。
8. 莫尔条纹的间距是放大了的光栅栅距，光栅栅距很小，肉眼看不清楚，而莫尔条纹却清晰可见，这是莫尔条纹的_____特性。
9. 增量式光电编码器的测量精度取决于码盘圆周上狭缝的条数，设狭缝条数为 1 024，则光电编码器能分辨的角度为_____。
10. 光栅中采用两套光电元件是为了_____。

二、简答

1. 电感式传感器的基本原理是什么？电感式传感器根据原理可分为几类？
2. 电容式传感器的基本原理是什么？电容式传感器根据原理可分为几类？
3. 电容式传感器的测量转换电路有哪些？
4. 比较差动式自感传感器和差动变压器在结构上及工作原理上的异同之处。
5. 在电感式传感器中常采用相敏整流电路作为测量转换电路，其作用是什么？
6. 差分整流电路的作用是什么？
7. 简要说明按纤芯折射率分布的不同光纤传感器分为哪几类？各自有什么特点？
8. 光纤传感器测量位移的基本原理是什么？
9. 编码器分为哪两类？各自有什么特点？

项目六

气体及湿度检测

项目简介

气体检测在民用、工业和环境检测等方面发挥着巨大作用，常见的气敏传感器如图6-1所示。气敏传感器常用于探测可燃、易燃、有毒气体的存在或浓度，以确保煤矿、石油、化工、市政、医疗、交通运输、家庭等安全。在大气环境监测领域，采用气敏传感器判定环境污染状况。在食品行业，气敏传感器可以检测肉类等易腐败食物的新鲜度。气敏传感器也可以用于公路交通检测驾驶员呼气中乙醇气浓度，酒精传感器如图6-2所示。

生活中湿度的不良变化会带来食物质量变化，引发食品安全问题；化工电子潮湿是电子产品质量的致命敌人，绝大部分电子产品都要求在干燥条件下作业和存放；大棚栽培若不控制湿度势必影响产量等。因此，除了气体检测以外，湿度检测也有着十分重要的意义。常见的湿敏传感器如图6-3所示。

图6-1　常见气敏传感器　　　　图6-2　酒精传感器　　　　图6-3　常见湿敏传感器

一、气敏传感器

1. 气敏传感器的定义

气敏传感器也叫电子鼻，是指用于探测在一定区域范围内是否存在特定气体或能连续测量气体成分、浓度的传感器。气敏传感器在环保、家用电器、集成电路（光伏、光纤）工厂车间、实验室、消防、公共交通、矿山等领域得到广泛应用。它将气体种类及其与浓度有关的信息转换成电信号，根据这些电信号的强弱就可以获得待测气体在环境中的存在情况及相关的信息，从而可以进行检测、监控、报警；还可以通过接口电路与计算机组成自动检测、控制和报警系统。

2. 气敏传感器的分类

一般气敏传感器是把气体的组成浓度转换成电阻变化，进而转换成电压或电流信号输出的传感器，通常气敏电阻是 SnO_2、ZnO、In_2O_3、Fe_2O_3 等材料，近年来发现碳纳米管和石墨烯具有灵敏度高、响应时间和恢复时间短的优势。气敏传感器的主要类型如表6-1所示。

表 6-1 气敏传感器的主要类型

名称	检测原理、现象		具有代表性的气敏元件及材料	检测气体
半导体气敏传感器	电阻型	表面控制型	SnO_2、ZnO、In_2O_3、WO_3、V_2O_5、有机半导体、金属、钛菁、蒽	可燃性气体、CO、$C-Cl_2$ $-F_2$、NO_2 等
		体控制型	$\gamma-Fe_2O_3$、$\alpha-Fe_2O_3$、CoC_3、CO_3O_4、$Ia_{1-x}Sr_xCoSrO_3$、TiO_2、CoO、$CoO-MgO$、Nb_2O_5 等	可燃性气体 O_2（空燃比）
		FET 气敏元件	以 Pd、Pt、SnO_2 为栅极的 MOSFET	H_2、CO、H_2S、NH_3
		电容型	$Pb-BaTiO_3$、$CuO-BaSnO_3$、$CuO-BaTiO_3$、$Ag-CuO-BaTiO_3$ 等	CO_2
固体电解质气敏传感器	电池电动势		$CaO-ZrO_2$、$Y_2O_3-ZrO_2$、$Y_2O_3-TiO_2$、LaF_3、KAg_4I_5、$PbCl_2$、$PbBr_2$、K_2SO_4、Na_2SO_4、$\beta-Al_2O_3$、$LiSO_4-Ag_2SO_4$、K_2CO_3、$Ba(NH_3)_2$、$SrCe_{0.95}Yb_{0.05}O_3$	O_2、卤素、SO_2、SO_3、CO、NO_x、H_2O、H_2
	混合电位		$CaO-ZrO_2$、$Zr(HPO_4)_2 \cdot nH_2O$、有机电解质	CO、H_2
	电解电流		$CaO-ZrO_2$、YF_3、LaF_3	O_2
	电流		$Sb_2O_3 \cdot nH_2O$	H_2
接触燃烧式	燃烧热（电阻）		Pt 丝 + 催化剂（Pd、$Pt-Al_2O_3$、CuO）	可燃性气体
电化学式	恒电位电解电流		气体透过膜 + 贵金属阴极 + 贵金属阳极	CO、NO、SO_2、O_2
	伽伐尼电池式		气体透过膜 + 贵金属阴极 + 贱金属阳极	O_2、NH_3
其他类型	红外吸收型、石英振荡型、光导纤维型、热传导性、异质结型等			

3. 半导体气敏传感器

（1）半导体气敏传感器的工作原理和分类

气敏传感器的种类很多，按构成材料可分为半导体和非半导体两大类。其中半导体气敏传感器应用最广，在气敏传感器中约占 60%。半导体气敏传感器由敏感元件、加热器、外壳等构成，它是在气敏部分的 SnO_2、Fe_2O_2、ZnO_2 等金属氧化物中添加 Pd、Pt 等敏化剂的传感器。传感器的选择性由添加敏化剂的多少进行控制，例如，对于 ZnO_2 等系列传感器，若添加 Pt，则传感器对丙烷与异丁烷有较高的灵敏度；若添加 Pd，则对 CO 与 H_2 比较敏感。

按照半导体变化的物理特性，半导体气敏传感器分为电阻型和非电阻型，电阻型半导体气敏元件是根据半导体接触到气体时其阻值的改变来检测气体的浓度；非电阻型半导体气敏元件则是根据气体的吸附和反应使其某些特性发生变化对气体进行直接或间接检测。

（2）电阻型气敏传感器

电阻型气敏传感器，按其结构可以分为烧结型、薄膜型、厚膜型三种类型，其中烧结型气敏传感器应用较广泛。电阻型气敏传感器的优点是工艺简单,价格便宜,使用方便,气体浓度发生变化时响应迅速,即使是在低浓度下,灵敏度也较高;缺点是稳定性差,老化较快,气体识别能力不强,各器件之间的特性差异大等。

1) 烧结型气敏器件。

烧结型气敏器件以 SnO_2 半导体材料为基体,将铂电极和加热丝埋入 SnO_2 材料中,用加热、加压、温度为 700~900 ℃ 的制陶工艺烧结形成,因此,被称为半导体导瓷,简称半导瓷。半导瓷内的晶粒直径为 1 μm 左右,晶粒的大小对电阻有一定影响,但对气体检测灵敏度则无很大的影响。

烧结型气敏器件分为两种结构:直热式和旁热式。直热式气敏器件结构如图 6-4 所示。直热式器件管芯体积很小,加热丝直接埋在金属氧化物半导体材料内,并兼作一个电极,稳定性较差。工作时加热丝被通电,测量电极用于测量器件阻值。此种结构的优点是制造工艺简单、成本低;缺点是热容量小,易受环境气流的影响,测量回路与加热回路互相影响。

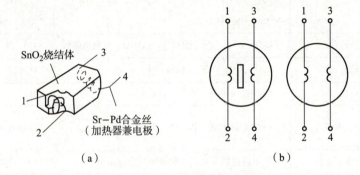

图 6-4 直热式气敏器件

(a) 结构;(b) 符号

1,2—测量电极;3,4—加热丝兼电极

如图 6-5 所示为旁热式气敏器件结构,把高阻加热丝放置在陶瓷绝缘管内,在管外涂上梳状金电极,再在金电极外涂上气敏半导体材料,这样就使加热丝和测量电极分开,解决了直热式加热丝和测量电极相互影响的问题。因此旁热式比直热式热容量大,且稳定性和可靠性均有所提高。

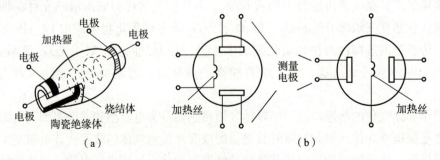

图 6-5 旁热式气敏器件

(a) 结构;(b) 符号

2) 薄膜型气敏器件。

薄膜型气敏器件的结构如图6-6所示。制作时采用蒸发或溅射的方法，在处理好的石英基片上形成一薄层金属氧化物薄膜（如 SnO_2、ZnO 等），再引出电极。实验证明：SnO_2 和 ZnO 薄膜的气敏特性较好，此类气敏器件灵敏度高、响应迅速、机械强度高、互换性好、产量高、成本低、应用广泛。

3) 厚膜型气敏器件。

将 SnO_2、ZnO 等材料与硅凝胶混合制成能印制的厚膜胶，把厚膜胶用钢丝网印制到装有铂电极的氧化铝基片上，在高温下烧结制成如图6-7所示的厚膜型气敏器件。此类气敏器件一致性好，机械强度高，适于大批量生产。

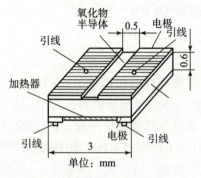

图6-6 薄膜型气敏器件结构

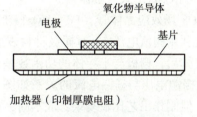

图6-7 厚膜型气敏器件结构

(3) 非电阻型气敏传感器

非电阻型气敏传感器可分为：二极管式气敏器件、MOS二极管式气敏器件、Pd-MOSFET式气敏器件。

1) 二极管式气敏器件。

二极管整流特性与气体浓度有关，如果二极管的金属与半导体的界面吸附有气体，而这种气体又对半导体的禁带宽度或金属的功函数有影响的话，则其整流特性会变化。以检测 H_2 的 Pd-TiO_2 二极管为例，吸附氧时，使 Pd 的功函数变大，Pd-TiO_2 界面的肖特基势垒增高，正向电流较小。遇到 H_2 时，势垒降低，引起正向电流变大。其伏安特性曲线如图6-8所示。

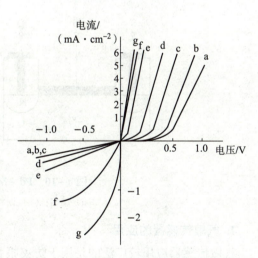

图6-8 Pd-TiO_2 二极管的伏安特性曲线

室内 H_2 浓度（$\times 10^{-6}$）为：a—0；b—14；c—140；d—1400；e—7150；f—10000；g—15000

2) MOS二极管式气敏器件。

MOS二极管式气敏器件如图6-9所示，利用MOS二极管电容—电压特性随被测气体浓度变化的特性对气体进行检测。在P型半导体硅芯片上，采用热氧化工艺生成一层厚度为 50~100 nm 的 SiO_2 层，然后再在其上蒸发一层钯金属薄膜作为栅电极。由于 SiO_2 层电容 C_a 是固定不变的，Si-SiO_2 界面电容 C_x 是外加电压的函数，所以总电容 C 是栅极偏压 u 的函数，其函数关系称为 MOS 管的 $C-u$ 特性。当传感器工作时，由于钯在吸附 H_2 后，会使钯的功函数降低，导致 MOS 管的 $C-u$ 特性向负偏压方向平移，由此可测定 H_2 的浓度。

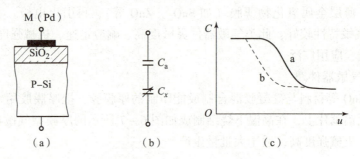

图 6-9 MOS 二极管式气敏器件

(a) 结构；(b) 等效电路；(c) $C-u$ 特性

3）Pd-MOSFET 式气敏器件。

钯-MOS 场效应晶体管（Pd-MOSFET）式气敏器件的结构如图 6-10（a）所示，其工作原理是利用阈值电压 U_T 对栅极材料表面吸附气体非常敏感的特性对 H_2 进行检测。当栅极吸附气体后，栅极与半导体的功函数差和表面状态都会发生变化，U_T 随之变化，Pd-MOSFET 的栅源电压与栅漏电流的关系如图 6-10（b）所示。Pd-MOSFET 式气敏传感器灵敏度高，但制作工艺比较复杂，成本高，由于这类器件特性尚不够稳定，只能用作 H_2 的泄漏检测。

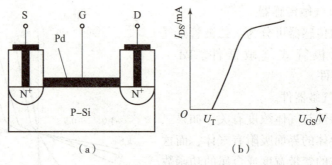

图 6-10 Pd-MOSFET 式气敏器件

(a) 结构；(b) 栅源电压与栅漏电压的关系

4. 气敏传感器的应用

气敏传感器应用较广泛的是用于防灾报警，如可制成液化石油气、天然气、城市煤气、煤矿瓦斯以及有毒气体等方面的报警器。也可用于对大气污染进行监测以及在医疗上用于对 O_2、CO_2 等气体的测量。生活中则可用于空调机、烹饪装置、酒精浓度探测等方面。

（1）燃气泄漏探测器

燃气泄漏探测器就是探测燃气浓度的探测器，其核心元部件为气敏传感器，安装在可能发生燃气泄漏的场所。当燃气在空气中的浓度超过设定值时探测器就会被触发报警，并对外发出声光报警信号，如果连接报警主机和接警中心则可联网报警，同时可以自动启动排风设备、关闭燃气管道阀门等，保障生命和财产的安全。在民用安全防范工程中，燃气泄漏探测器多用于家庭燃气泄漏报警，也被广泛应用于各类炼油厂、油库、化工厂、液化气站等易发生可燃气体泄漏的场所。家用燃气泄漏报警器如图 6-11 所示。

(2) 酒精检测仪

酒精检测仪实际上是由酒精气体传感器（相当于随酒精气体浓度变化的变阻器）与一个定值电阻及一个电压表或电流表组成。酒精气体传感器电阻值随酒精气体浓度的增大而减小，如果驾驶员呼出的酒精气体浓度越大，那么检测仪的电压表示数越大。呼气式酒精检测仪如图 6-12 所示。

图 6-11 家用燃气泄漏报警器

图 6-12 呼气式酒精检测仪

(3) 矿灯瓦斯报警器

矿灯瓦斯报警器装配在酸性矿工灯上，使普通矿灯兼具照明与瓦斯报警两种功能。该报警器由电源变换器提供电路稳定电压并由气敏元件、报警点控制电路和报警信号电路构成。如在传感器故障的情况下，矿灯每十分钟闪一次。当矿灯在空气中监测到甲烷气体达到报警浓度时，矿灯每秒闪一次。

气敏传感器除了可以有效地进行瓦斯气体的检测、煤气的检测、酒精浓度检测外，还可以进行一氧化碳气体的检测、瓦斯气体的检测、煤气的检测、氟利昂（R11、R12）的检测、呼气中乙醇的检测、人体口腔口臭的检测，等等。

二、湿敏传感器

1. 湿度的定义及其表示方法

在生产生活中，经常要对车间、厂房、仓库、图书馆、办公室、实验室等环境空气的湿度进行监控，以便及时通风除湿。空气中含有水蒸气的量称为湿度，含有水蒸气的空气是一种混合气体。通常采用绝对湿度、相对湿度、露点（霜点）几种方法表示。

(1) 绝对湿度

绝对湿度（AH）是指单位体积的湿空气中所包含的水蒸气的质量，也就是空气中水蒸气的密度。一般用 kg/m^3 或 g/m^3 作单位，即一立方米湿空气中所含水蒸气的千克数或克数。

(2) 相对湿度

相对湿度（RH）是指被测气体所含的水蒸气分压与该气体在相同温度下饱和水蒸气压的百分比。其数学表达式为：

$$相对湿度(RH) = \frac{空气中水蒸气产生的部分压力(P_W)}{同温度下饱和蒸气压力(P_{SSW})} \times 100\% \qquad (6-1)$$

相对湿度是日常生活中常用来表示湿度大小的方法,当相对湿度达100%时,称为饱和状态。

2. 湿敏传感器的分类

湿敏传感器是一种能产生与湿度变化有关的物理或化学变化,并将其转换成电信号的装置,主要由湿敏元件和测量电路组成。湿敏元件主要有电阻式(电解质式、陶瓷式、高分子式)、电容式(陶瓷式、高分子式)两大类,除此之外,还有光纤式、界限电流式、二极管式、石英振子、SAW式、微波式、热导式等湿敏元件。下面主要介绍电阻式和电容式湿敏传感器。

3. 常用湿敏传感器

(1) 湿敏电阻

湿敏电阻的特点是在基片上覆盖一层用感湿材料制成的膜,当空气中的水蒸气吸附在感湿膜上时,元件的电阻率和电阻值都发生变化,利用这一特性即可测量湿度。按感湿材料分类,湿敏电阻可分为电解质式、陶瓷式、高分子式。

1) 电解质(氯化锂)湿敏电阻。

电解质(氯化锂)湿敏电阻是利用吸湿性盐类潮解,离子导电率发生变化而制成的测湿元件。氯化锂湿敏电阻结构如图6-13所示,它由引线、基片、感湿层与电极组成。氯化锂通常与聚乙烯醇组成混合体,当溶液置于一定温湿场中,若环境相对湿度高,溶液将吸收水分,浓度降低,溶液电导率增高。反之,环境相对湿度变低时,则溶液浓度升高,其电导率下降,从而实现对湿度的测量。通常氯化锂湿敏电阻呈负阻特性,如图6-14所示。

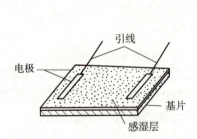

图6-13 氯化锂湿敏电阻的结构图

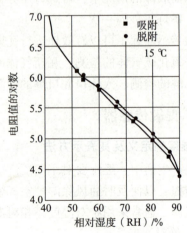

图6-14 氯化锂湿度—电阻特性曲线

氯化锂湿敏电阻的优点是滞后小,不受测试环境风速影响,检测精度高达±5%。它的缺点是耐热性差,不能用于露点以下测量,器件性能重复性不理想,使用寿命短。

2) 半导体陶瓷湿敏电阻。

水是一种强极性的电解质,水分子极易吸附于固体表面并渗透到固体内部,引起半导体的电阻率降低,因此可以利用多孔陶瓷、三氧化二铝等吸湿材料制作的湿敏电阻。

半导体陶瓷多是金属氧化物材料，通过陶瓷工艺制成多孔结构陶瓷，而且在其形成过程中伴随有半导化过程。大多数半导体陶瓷具有负感湿特性，其电阻值随环境（空气）湿度的增加而减小。通常用两种以上的金属氧化物半导体材料混合烧结而成为多孔陶瓷，这些材料分为负特性湿敏半导体陶瓷和正特性湿敏半导体陶瓷，负特性湿敏半导体陶瓷材料有 $ZnO-LiO_2-V_2O_5$ 系、$Si-Na_2O-V_2O_5$ 系、$TiO_2-MgO-Cr_2O_3$ 系等，其湿敏特性曲线如图 6-15 (a) 所示；正特性湿敏半导体陶瓷的材料有 Fe_3O_4，图 6-15 (b) 为正特性湿敏半导体陶瓷感湿特性曲线。

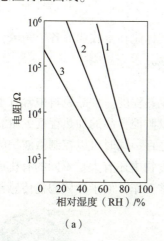
(a)

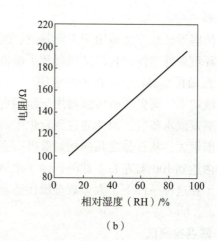
(b)

图 6-15　半导体湿敏陶瓷感湿特性

(a) 负特性；(b) 正特性

1—$ZnO-LiO_2-V_2O_5$ 系；2—$Si-Na_2O-V_2O_5$ 系；3—$TiO_2-MgO-Cr_2O_3$ 系

陶瓷式湿敏传感器表面与水蒸气的接触面积大，易于水蒸气的吸收与脱附；陶瓷烧结体能耐高温，物理、化学性质稳定，适合采用加热去污的方法恢复材料的湿敏特性；可以通过调整烧结体表面晶粒、晶粒界和细微气孔的构造，改善传感器湿敏特性。

3) 高分子湿敏电阻。

高分子湿敏电阻是利用高分子电解质吸湿而导致电阻率发生变化，当水吸附在强极性高分子上时，随着湿度的增加吸附量增大，吸附水之间凝聚化呈液态水状态。在低湿吸附量少的情况下，由于没有荷电离子产生，电阻值很高；当相对湿度增加时，凝聚化的吸附水就成为导电通道，高分子电解质的成对离子主要起载流子作用。利用高分子电解质在不同湿度条件下电离产生的导电离子数量不等使阻值发生变化，就可以测定环境中的湿度。

高分子湿敏电阻的测量湿度范围大，工作温度在 0~50 ℃，响应时间短（<30 s），有利于湿度检测和控制。

(2) 湿敏电容

湿敏电容一般是用高分子薄膜电容制成的，常用的高分子材料有聚苯乙烯、聚酰亚胺、酪酸醋酸纤维等。图 6-16 为湿敏电容的结构，湿敏电容由玻璃基片、下电极、电介质（湿敏材料）、上电极、引出线几部分组成，下电极与电

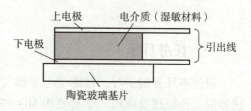

图 6-16　湿敏电容的结构

介质、上电极构成的两个电容成串联连接。电介质是一种高分子材料,它的介电常数随着环境的相对湿度变化而变化,当环境湿度发生变化时,湿敏元件的电容量随之发生改变,即当相对湿度增大时,湿敏电容量随之增大,反之减小。传感器的转换电路把湿敏电容变化量转换成电压量变化,对应于相对湿度 RH =(0~100)% 的变化,传感器的输出呈 0~1 V 的线性变化。湿敏电容的主要优点是灵敏度高、产品互换性好、响应速度快、湿度的滞后量小、便于制造、容易实现小型化和集成化,其精度一般比湿敏电阻要低一些。

4. 湿敏传感器的应用

湿敏传感器已经广泛地用于工业制造、医疗卫生、林业和畜牧业等各个领域,并可用于生活区的环境条件监控、食品烹调具和干燥机的控制等。

(1) 湿敏传感器在玻璃窗中的应用

在微波炉中,陶瓷湿敏传感器用于监测食品烹制成熟程度。食品原料中含有水分,加热时它们将蒸发成水蒸气,因此通过测定炉中的湿度可以监控食品的加热程度。微波炉中的湿度变化范围很大,从百分之几的相对湿度一直到百分之百。同时可以控制微波炉的加热时间在几分钟内达到 100 ℃左右。此外,除了水蒸气,在食物中还有大量不同的有机成分发散到微波炉中,在这种条件下,大多数湿敏传感器无法正常工作,而半导体陶瓷传感器克服了这些难点。

(2) 露点检测仪

水的饱和蒸气压随温度的降低而逐渐下降,在同样的空气水蒸气压下,温度越低,则空气的水蒸气压与同温度下的饱和蒸气压差值越小。当空气温度下降到某一温度时,空气中的水蒸气压与同温度下水的饱和蒸气压相等。此时,空气中的水蒸气将向液相转化而凝结成露珠,相对湿度 RH = 100%。该温度称为空气的露点温度,简称露点。空气中水蒸气压越小,露点越低,因而可用露点表示空气中的湿度。如图 6-17 所示为便携式露点检测仪。

图 6-17 便携式露点检测仪

任务一 气敏传感器测量有害气体浓度

一、任务目标

通过本任务的学习,帮助学生了解气敏传感器的分类,掌握 MQ-7 型可燃气体检测传感器的工作原理及应用,学会使用 MQ-7 型可燃气体检测传感器检测煤气泄漏。

二、任务分析

练习

（1）气敏传感器的种类很多，按构成材料可分为_____和_____两大类，_____气敏传感器应用最广，在气敏传感器中约占60%。

（2）半导体气敏传感器是利用半导体表面因吸附气体引起半导体元件_____变化特征制成的一类传感器。

（3）MQ-7型可燃气体检测传感器是一种表面_____半导体气敏器件，主要是靠表面_____变化的信息来检测被接触气体分子。

思考

查阅关于新型催化型可燃气体检测传感器检测可燃气体浓度的相关资料。

三、任务实施

1. 认识 MQ-7 型可燃气体检测传感器及其实验模块

本任务采用的是 MQ-7 型可燃气体检测传感器，如图 6-18 所示，差动变压器实验模块在项目五任务一中已经介绍并使用过。

如图 6-19 所示为 MQ-7 型可燃气体检测传感器的基本工作电路，该传感器有两个电源，加热器电压 U_H 和工作电压 U_C。其中 U_H 用于为传感器提供特定的工作温度，U_C 则是用于测定与传感器串联的负载电阻 R_L 上的电压，需用直流电源。

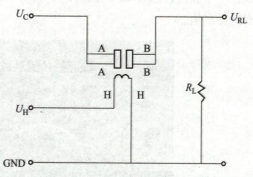

图 6-18　MQ-7 型可燃气体检测传感器　　图 6-19　MQ-7 型可燃气体检测传感器的基本工作电路

2. MQ-7 型可燃气体检测传感器检测有害气体浓度的工作原理

MQ-7 型可燃气体检测传感器是一种表面电阻控制型半导体气敏器件，主要是靠表面电导率变化的信息来检测被接触气体分子。传感器内部附有加热器，以提高器件的灵敏度和响应速度。

MQ-7 型可燃气体检测传感器的表面电阻 R_S，与其串联的负载电阻 R_L 上的有效电压信号输出 U_{RL}，二者之间的关系为：

$$\frac{R_S}{R_L} = \frac{U_C - U_{RL}}{U_{RL}} \tag{6-2}$$

U_{RL} 随气体浓度增大而成正比例增大，MQ-7 可用作家庭、环境的一氧化碳探测装置，适宜于一氧化碳、煤气等的探测。

3. 任务实施步骤

1）MQ-7型可燃气体检测传感器加热。将MQ-7型可燃气体检测传感器（CO传感器）探头固定在差动变压器实验模块的支架上，传感器的4根引线中红色和黑色为加热器输入（U_H），接0~5 V电压加热（没有正负之分），如图6-20所示。传感器预热1 min左右。

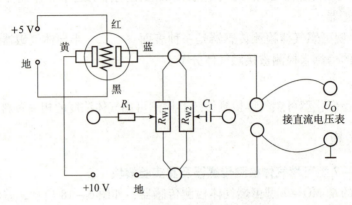

图6-20 气敏传感器检测有害气体接线图

2）接入工作电压U_C。按图6-21接线，接入工作电压U_C，直流稳压电源拨至"电压输出"，选择±10 V，黄色线接+10 V电压、蓝色线接R_{W1}上端。将输出电压U_O接至直流电压表，电压表量程选择20 V挡。记下MQ-7型可燃气体检测传感器暴露在空气中时直流电压表的显示值。

图6-21 气敏传感器检测有害气体实物接线图

3）检测有害气体。将准备好的装有少量煤气（<4%）瓶的瓶口（或打火机内的丁烷气体）对准传感器探头，注意观察直流电压表的明显变化。一段时间后直流电压表的显示趋于稳定，拿开煤气源，观察直流电压表的读数。（回到初始值，可能需要2~3小时。）

4）实验结束后，关闭所有电源，整理实验仪器。

4. 任务内容和评分标准

任务内容和评分标准见表 6-2 所示。

表 6-2 气敏传感器测量有害气体浓度评分表

任务内容	配分	评分标准	得分
认识本任务所需仪器设备及器材	10	遗漏一个仪器设备及器材，扣2分，最多扣10分	
MQ-7型可燃气体检测传感器加热	20	接线错误，每处扣5分，最多扣20分	
接入工作电压 U_C	30	1）接线错误，每处扣5分，最多扣10分； 2）电压表量程选择错误，扣10分； 3）读数不正确，扣10分	
检测有害气体	20	1）操作错误，每处扣5分，最多扣10分； 2）读数不正确，每处扣2分，最多扣10分	
团结协作意识	10	小组共同完成项目，组员缺乏合作意识，扣10分	
正确使用设备和工具	10	只要不符合安全操作要求，就从总分中扣除	
总得分		教师签字	

四、任务拓展

一般生产生活中常用的是有害气体（CO、CH_4）等泄漏报警器，本任务中的测量电路没有报警功能，想一想要达到厂家生产的有害气体泄漏报警器要求，在后续还需要增加哪些电路。

任务二　气敏传感器测量酒精浓度

一、任务目标

通过本任务的学习，帮助学生了解气敏传感器，掌握 MQ-3 型气敏传感器的工作原理及应用，学会使用 MQ-3 型气敏传感器检测酒精浓度。

二、任务分析

练习

（1）MQ-3 型气敏传感器是根据表面_____的变化来检测酒精的浓度。使用方法与

MQ-7 相同，区别在于 MQ-3 型气敏传感器对于酒精的检测灵敏度最高。

（2）电阻型气敏传感器，按其结构可以分为_____、_____和_____三种类型，本任务采用的 MQ-3 型气敏传感器属于_____型。

思考

气敏传感器在家用电器中也有相当广泛的应用，如吸油烟机等产品上常用 MQ-3 型半导体气敏传感器，它一般采用旁热式结构，请查阅资料了解其工作原理。

三、任务实施

1. 认识 MQ-3 型气敏传感器及其实验模块

本任务中用到的 MQ-3 型气敏传感器如图 6-22 所示，差动变压器实验模块在项目五任务一中已经介绍并使用过。除了 MQ-3 型气敏传感器外，本任务实施中还要用到酒精及棉球。

2. MQ-3 型气敏传感器检测酒精浓度的工作原理

本任务所采用的 MQ-3 型气敏传感器属于电阻型气敏元件；它是利用气体在半导体表面的氧化和还原反应导致敏感元件阻值变化；若气体浓度发生变化，则阻值发生变化，根据这一特性，可以从阻值的变化得知吸附气体的种类和浓度。

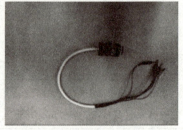

图 6-22　MQ-3 型气敏传感器

3. 任务实施步骤

1）MQ-3 型气敏传感器加热。将气敏传感器安装在差动变压器实验模块的安装支架上，按图 6-23 接线，将气敏传感器的接线端红色接 0~5 V 电压加热，黑色接地。打开实验台总电源，预热 1 min。

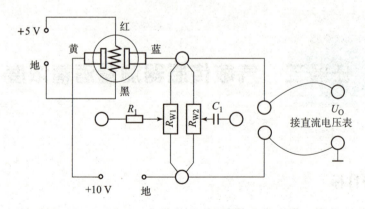

图 6-23　气敏传感器检测酒精浓度接线图

2）接入工作电压 U_C。按图 6-24 接线，接入工作电压 U_C，直流稳压电源拨至"电压输出"，选择 ±10 V，黄色线接 +10 V 电压、蓝色线接 R_{W1} 上端。将输出电压 U_O 接至直流电压表，电压表量程选择 20 V 挡。记下此时直流电压表的显示值。

3）测量酒精浓度。用浸透酒精的小棉球靠近 MQ-3 型气敏传感器，并吹两次气，使酒

图 6-24 MQ-3 型气敏传感器测量酒精浓度实物接线图

精挥发进入传感器金属网内,观察电压表读数变化。移开浸透酒精的小棉球,在此观察电压表读数变化。

4) 实验结束后,关闭所有电源,整理实验仪器。

4. 任务内容和评分标准

任务内容和评分标准见表 6-3 所示。

表 6-3 气敏传感器测量酒精浓度评分表

任务内容	配分	评分标准	得分
认识本任务所需仪器设备及器材	10	遗漏一个仪器设备及器材,扣 2 分,最多扣 10 分	
MQ-3 型气敏传感器加热	20	接线错误,每处扣 5 分,最多扣 20 分	
接入工作电压 U_C	30	1) 接线错误,每处扣 5 分,最多扣 10 分; 2) 电压表量程选择错误,扣 10 分; 3) 读数不正确,扣 10 分	
检测酒精浓度	20	1) 操作错误,每处扣 5 分,最多扣 10 分; 2) 读数不正确,每处扣 2 分,最多扣 10 分	
团结协作意识	10	小组共同完成项目,组员缺乏合作意识,扣 10 分	
正确使用设备和工具	10	只要不符合安全操作要求,就从总分中扣除	
总得分		教师签字	

四、任务拓展

对于本任务中检测酒精浓度的气敏传感器,在现有检测电路的基础上还应增加哪些电路才能使其更加完善,构成一个完整的酒精浓度测试仪?

任务三　湿敏传感器检测湿度

一、任务目标

通过本任务的学习，帮助学生了解湿敏传感器的分类，掌握湿敏传感器的工作原理及结构，学会利用湿敏电容传感器测量湿度。

二、任务分析

练习

（1）空气中含有水蒸气的量称为湿度，含有水蒸气的空气是一种混合气体，通常采用_____、_____、_____等三种方法表示。

（2）湿敏元件是最简单的湿敏传感器，湿敏元件主要有_____（电解质式、陶瓷式、高分子式）、_____（陶瓷式、高分子式）两大类。

（3）湿敏电阻的特点是在基片上覆盖一层用感湿材料制成的膜，当空气中的水蒸气吸附在感湿膜上时，元件的_____和_____都发生变化，利用这一特性即可测量湿度。

（4）湿敏电容一般是用高分子薄膜电容制成的，当环境湿度发生变化时，湿敏元件的_____随之发生改变，从而测量环境湿度。

思考

请总结生活中哪些场合需要用到湿敏传感器。

三、任务实施

1. 认识湿敏传感器及湿敏座

本任务所使用的湿敏传感器如图 6-25 所示，与其配套使用的湿敏座如图 6-26 所示。除了湿敏传感器及湿敏座外，本任务的实施还要用到干燥剂及棉球。

图 6-25　湿敏传感器

图 6-26　湿敏座

2. HS1101 型湿敏传感器的工作原理

本任务采用的是 HS1101 型湿敏电容，采用频率输出方式，如图 6-27 所示。由 555 电路构成一个多谐振荡电路，湿敏电容为该电路的电容，与电源 u_S、电阻 R_4、R_2 构成充电回路，与 R_2 通过 555 电路的 7 脚内部接地构成放电电路。555 电路 3 脚为输出，输出信号为方波。R_3 是防止输出短路的保护电阻，R_1 用于平衡温度系数。

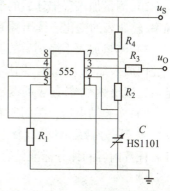

图 6-27 由湿敏电容构成的多谐振荡电路

该电路的工作过程如下：电源 u_S 通过电阻 R_4、R_2 向湿敏电容 C 充电，经 t_1 充电时间后，电容电压 u_C 达到芯片内比较器的高触发电平，约 $0.67U_s$，此时 3 脚输出由高电平突降为低电平，然后电容 C 储存的能量通过 R_2 放电，经 t_2 放电时间后，电容电压 u_C 下降到比较器的低触发电平，约 $0.33U_s$，此时 3 脚输出又变成高电平。按照此规律重复变化，形成方波输出。3 脚输出的方波信号频率满足以下公式：

$$f = \frac{1}{T} = \frac{1}{(R_4 + 2R_2)C\ln2} \tag{6-3}$$

3 脚输出方波的频率和湿敏电容的电容量成反比，所以可通过测量多谐振荡电路输出方波信号的频率，得到湿敏电容的电容量，并且根据该电容量得到相对湿度的数值。本任务所对应的多谐振荡电路的输出频率 f 与相对湿度 RH 值的对应关系见表 6-4。

表 6-4 多谐振荡电路的输出频率与相对湿度的关系表

RH/%	0	10	20	30	40	50	60	70	80	90	100
f/Hz	7 351	7 224	7 100	6 976	6 853	6 728	6 600	6 468	6 330	6 186	6 033

3. 任务实施步骤

1）湿敏传感器接线。湿敏传感器实验装置如图 6-28 所示，红色接线端接 +5 V 电源，黑色接线端接地，蓝色接线端和黑色接线端分别接频率/转速表输入端。频率/转速表选择"频率"挡。记下此时频率/转速表的读数，对照表得到此时的空气湿度。湿敏传感器测量湿度实物接线图如图 6-29 所示。

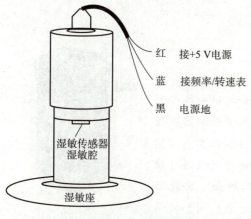

图 6-28 湿敏传感器实验装置

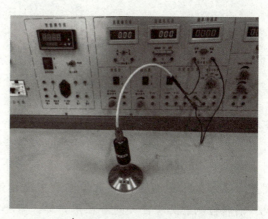

图 6-29 湿敏传感器测量湿度实物接线图

2）测量加入湿棉球后的湿度。将湿棉球放入湿敏腔内，并插上湿敏传感器探头，观察频率/转速表的变化。读出频率/转速表的读数。

3）测量加入干燥剂后的湿度。取出湿棉球，待数显表示值下降回复到原始值时，在干湿腔内放入部分干燥剂，同样将湿敏传感器置于湿敏腔孔上，观察数显表头读数变化，待稳定后，读出频率/转速表的读数。

4）实验结束后，关闭所有电源，整理实验仪器。

4. 任务内容和评分标准

任务内容和评分标准见表 6-5。

表 6-5　湿敏传感器检测湿度评分表

任务内容	配分	评分标准	得分
认识本任务所需仪器设备及器材	10	遗漏一个仪器设备及器材，扣 2 分，最多扣 10 分	
湿敏传感器接线	20	接线错误，每处扣 5 分，最多扣 20 分	
测量加入湿棉球后的湿度	30	1）接线错误，每处扣 5 分，最多扣 20 分； 2）频率/转速表选择错误，扣 10 分	
测量加入干燥剂后的湿度	20	1）操作错误，每处扣 5 分，最多扣 10 分； 2）读数不正确，扣 10 分	
团结协作意识	10	小组共同完成项目，组员缺乏合作意识，扣 10 分	
正确使用设备和工具	10	只要不符合安全操作要求，就从总分中扣除	
总得分		教师签字	

四、任务拓展

对照实际应用的湿度计，本任务中的空气湿度检测电路还需要做哪些改进，才能成为真正的湿度计？

阅读材料

酒精测试仪

资料显示，我国近几年发生的重大交通事故中，有将近三分之一是由于醉驾引起的，因此，对驾驶员饮酒程度的检测越来越受到重视，酒精浓度检测逐渐得到了广泛的应用。酒精浓度检测器不仅可以作为交警快速准确地判断驾驶员是否酒后驾车的取证工具。同时也可以用于驾驶员自测是否饮酒过量。此外，酒精检测仪还可应用于食品加工、酿酒等需要监控空气中酒精浓度的场合。由此可见，酒精检测器具有巨大的潜在用户群，市场前景十分广阔。酒精检测仪如图 6-30 所示。

图 6-30　酒精检测仪

可以对气体中酒精含量进行检测的设备有五种基本类型，分别是：燃料电池型（电化学）、半导体型、红外线型、气体色谱分析型、比色型。由于价格和使用是否方便等因素，目前普遍使用的只有半导体型和燃料电池型（电化学）两种。

燃料电池型呼气酒精测试仪采用燃料电池酒精传感器作为气敏元件，属于电化学类型，因此又称为电化学型。燃料电池是当前世界都在广泛研究的环保型能源，它可以直接把可燃气体转变成电能，而不产生污染。燃料电池酒精传感器采用贵金属白金作为电极，在燃烧室内充满了特种催化剂，它能使进入燃烧室内的酒精充分燃烧转变为电能。也就是在两个电极产生电压，电能消耗在外接负载上。此电压与进入燃烧室内气体的酒精浓度成正比，这就是燃料电池型呼气酒精测试仪的基本工作原理。

半导体型采用 SnO_2（等其他半导体氧化物）半导体材料构成传感器，这类半导体器件具有气敏特性，当接触的气体中其敏感的气体浓度增加，它对外呈现的电阻值就降低，半导体型呼气酒精测试仪就是利用这个原理做成的。这种半导体在不同工作温度时，对不同的气体敏感程度是不同的，因此半导体型呼气酒精测试仪中都采用加热元件，把传感器加热到一定的温度，在该温度下，该传感器对酒精具有最高的敏感度。经过比较后采用 MQ-3 型气敏传感器，其具有很高的灵敏度、良好的选择性、长期的使用寿命和可靠的稳定性。

酒精检测仪组成框图如图 6-31 所示。酒精检测仪由酒精气体传感器、信号处理电路、执行机构和 LED 显示器等部分组成。酒精气体传感器使用 MQ-3 型气敏传感器，分压电路将电阻的变化量转换成电压的变化量。集成芯片 LM3914 作为执行机构来驱动 LED。LED 显示器由 10 个发光二极管构成，酒精浓度越大，点亮的二极管越多。

图 6-31 酒精检测仪组成框图

气敏传感器 MQ-3 所使用的气敏材料是在清洁空气中电导率较低的 SnO_2。当传感器所处环境中存在酒精蒸气时，传感器的电导率随空气中酒精气体浓度的增加而增大。使用简单的电路即可将电导率的变化转换为与该气体浓度相对应的输出信号。

MQ-3 气敏传感器对酒精的灵敏度高，可以抵抗汽油、烟雾和水蒸气的干扰。这种传感器可检测多种浓度酒精气体，是款适合多种应用的低成本传感器。

MQ-3 由微型 Al_2O_3 陶瓷管、SnO_2 敏感层、测量电极和加热器构成。敏感元件固定在塑料制成的腔体内，加热器为气体元件提供了必要的工作条件。

封装好的气敏传感器 MQ-3 有 6 只引脚，如图 6-32 所示。其中 4 个引脚（A-A、B-B）用于信号输出，2 个引脚（f-f）用于提供加热电流。连接电路时，f-f 连接加热电源 5 V。

酒精检测仪电路原理图如图 6-33 所示。电路采用 5 V 电源供电。气敏传感器 MQ-3 检测酒精蒸气的浓度，通过电阻分压电路将酒精浓度由电阻量转化为电压量，再通过 LM3914 按照电压大小驱动相应的发光管。

若检测到酒精蒸气，MQ-3 引脚 A-B 间电阻变小，MQ-3 输出电压即 LM3914 的 5 脚

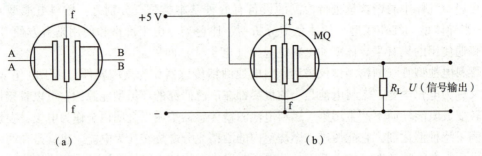

图 6-32 引脚与连接电路图

(a) MQ-3 引脚图；(2) MQ-3 连接电路

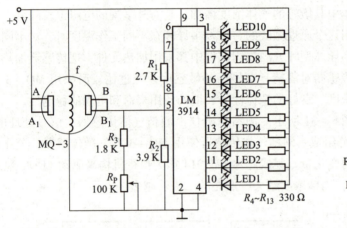

图 6-33 酒精检测仪电路原理图

电位增大。通过集成驱动器 LM3914 对信号进行比较放大，当 LM3914 输入电压信号高于 5 脚电位时，输出低电平，对应 LED 灯点亮。LM3914 根据第 5 脚电位高低来确定依次点亮 LED 的数量，酒精含量越高则点亮 LED 越多。调试时通过电位器 R_P 调节测量的灵敏度。

复习与训练

一、填空

1. 气敏传感器是用来检测气体类别、_____和_____的传感器。
2. 气敏传感器的种类很多，按构成材料可分为_____和_____两大类，其中_____气敏传感器应用最广。
3. 电阻型气敏传感器，按其结构可以分为_____、_____、_____三种类型。
4. 烧结型气敏器件分为两种结构：_____和_____。

5. 非电阻型气敏传感器可分为：_____、_____、_____式气敏元件。
6. 湿度通常采用_____、_____、_____三种方法表示。
7. 湿敏元件是最简单的湿敏传感器，湿敏元件主要有_____、_____两大类。

二、简答

1. 简要说明半导体气敏传感器的分类及工作原理。
2. 简述电阻式气敏传感器的特点。
3. 简述直热式气敏器件、旁热式气敏器件的结构和特点。
4. 简述 MOS 二极管式气敏器件的工作原理。
5. 什么是露点温度？
6. 简述湿敏电容的组成、工作原理及特性。

项目七

传感器在现代检测系统中的应用

项目简介

传感器技术是目前迅猛发展起来的高新技术之一，大部分与自动化有关的产品，都必然和传感器发生密切的关系。如果说计算机是人类大脑的扩展，那么传感器就是人类五官的延伸。而现代检测技术则是指采用先进的传感技术、信息处理技术、建模与推理等技术实现用常规仪表、方法与手段无法直接获取的对待测参数的检测。

检测的基本任务是获得有用的信息，其过程是借助专门的设备、仪器、检测系统，通过适当的实验方法与必需的信号分析以及数据处理，由测得的信号求取与研究对象有关信息量值的过程，最终将其结果提供显示或输出。现代检测技术具有如下特点：

1）从待测参数的性质来看，现代检测技术主要用于非常见的参数测量，也就是说难以实现常规意义的"——对应"的测量，即需要多种传感器的配合使用。

2）从应用领域来看，现代检测技术主要用于复杂对象、复杂过程的影响性能质量等方面的综合性参数的测量，如汽车中的温度、流量等方面的测量，机器人的运动协调性测量，数控系统中工作台直线位移、伺服轴转速测量，需要多种传感器的共同协作。

3）从使用的技术或方法来看，现代检测技术主要利用新型、智能型传感器，或更多的利用软技术。

由现代检测技术的特点可以看出，传感器技术已经不再只是检测测量技术中的一部分，它已成为一门系统的应用型学科，受到广泛的关注和重视。科学技术发展的历史已经说明，很多新的发现和发明都是与传感和检测技术分不开的。同时，科学技术的发展又提供了新的检测方法和装置，促进传感和检测技术的革新。

通过本项目的学习，可以了解现代检测系统及其基本结构体系，了解传感器在机器人和数控机床等检测系统中的应用。

任务一　现代检测系统的基本结构

一、任务目标

通过本任务的学习，帮助学生了解现代检测系统及其基本结构体系。

二、任务背景

我们日常生活中常用的家用电器，如冰箱、热水器、洗衣机、空调等，它们的功能越来越先进，使用起来也越来越方便，这样的变化源自它们所具有的传感器的多样化，它们的传感器已不是简单的监测某一方面的参数变化。多种传感器组成的监测感应系统，与计算机、控制电路及机械传动部件组成一个综合系统，用来达到某种设定的目标，而这种综合系统被称之为现代检测系统。

以一个现代化的火力发电厂为例，在该厂生产过程中多台计算机正在快速地测量锅炉、汽轮机、发电机上多个重要部位的温度、压力、流量、转速、振动、位移、应力、燃烧状况等热工、机械参数，同时还要兼顾监测发电机的电压、电流、功率、功率因数以及各种辅机的运行状态，然后将这些重要的参数进行数字化显示和记录等综合处理，并根据程序自动调整运行工况，对某些超限参数进行声光报警或采取紧急措施。在这个检测系统中，传感器的应用约有数百个种类，它们将各种不同的机械、热工量转换成电量，供计算机采样。

本任务将介绍现代检测系统的基本结构、现代检测系统的工作流程以及发展趋势。

三、相关知识

1. 现代检测系统的三种基本结构

现代检测系统可分为三种基本结构体系：智能仪器、个人仪器和自动测试系统。

（1）智能仪器

1）智能仪器的含义。

智能传感器就是带微处理器、兼有信息检测和信息处理功能的传感器，具有类似于人工智能的作用。它将微处理器、存储器、接口芯片与传感器融合在一起，组成检测系统，有专用的小键盘、开关、按键及显示器（如数码管）等，多使用汇编语言，体积小，专用性强，性价比高。各种常见的智能仪器如图 7 – 1 所示。

图 7 – 1　常见的各种智能仪器

2）智能仪器的结构。

智能仪器的基本结构体系实际上是使微机进入仪器内部，将计算机技术移植、渗透到仪器仪表技术中。智能仪器具有很多优点，如具有检测准确度高、灵敏度高、可靠性好以及自动化程度高等特点，其硬件结构如图 7 – 2 所示。

3）智能仪器的特点。

智能仪器的特点主要可以体现在以下两个方面。

①检测过程控制的软件化。

智能仪表改变了以往模拟仪表中一般是通过硬件（电子线路或器件）完成控制检测的

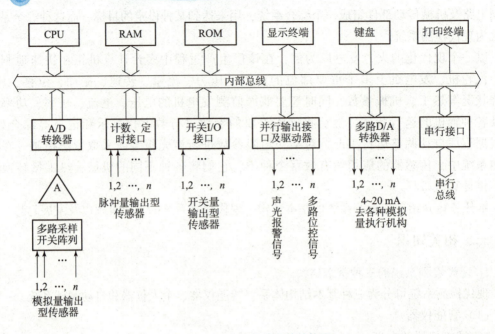

图 7-2 智能仪器的硬件结构图

方式,而是采用软件方式进行控制检测过程。这样的改变可使检测系统完成诸多功能,例如:自稳零放大、自动极性判断、自动量程切换、自动报警、过载自动保护、非线性补偿、多功能检测(多点巡回检测)等。

由于检测仪器功能不断增加,仪器硬件负担越来越重,仪器结构越来越复杂,体积质量增大,成本上升,要继续发展就比较困难,所以引入了微机或微处理器使检测过程改为软件控制,使仪器的硬件结构变得简单。

②智能仪器对检测数据具有很强的处理能力。

智能仪器对检测的数据能快速在线进行处理,采用软件方式处理可执行多种算法,既可实现各种误差的计算与补偿,且能校准检测仪器的非线性,从而降低检测误差,提高检测精度。

由于智能仪器能对检测结果再加工,从而能提供表征被检测对象各种特征的信息参数,如在模式识别、语音分析、故障诊断、生物医学信号检测等方面应用智能信号分析仪器,不仅可实时采集时域信号波形在 CRT 复现,且能将其在 CRT 上做时间轴方向的展开或压缩,还可计算信号的有效值、平均值、最大值、最小值,也能对采集的信号进行滤波和频谱分析。

(2) 个人仪器

1) 个人仪器的含义。

个人仪器就是个人计算机(必须符合工控要求)配以适当的硬件电路与传感器组合而成的检测系统,又称为工控机。组装个人仪器时,将传感器信号传送到相应的接口板(或接口盒)中,再将接口板插到工控机总线扩展槽中,或将接口盒的 USB 插头插入计算机相应的插座上,编写相应的软件就可以完成自动检测功能。常见的个人仪器如图 7-3 所示。

项目七　传感器在现代检测系统中的应用

图 7-3　常见的个人仪器

2）个人仪器的结构。

个人仪器利用个人计算机本身所具有的完整配置来取代智能仪器中的微处理器、开关、按键、显示数码管、串行口、并行口等，充分利用了个人计算机的软硬件资源，并保留了个人计算机原有的许多功能。传感器信号送到相应的接口板上，再将接口板插到工控机总线扩展槽中或专用的接口箱中，配以相应的软件就可以完成自动检测功能。计算机是系统的神经中枢，它使整个检测系统成为一个智能化的有机整体，它在软件的程序命令下自动进行以下操作：①信号采集与存储；②数据的运算与分析；③以适当形式输出、显示、记录检测结果。个人仪器的硬件结构如图 7-4 所示。

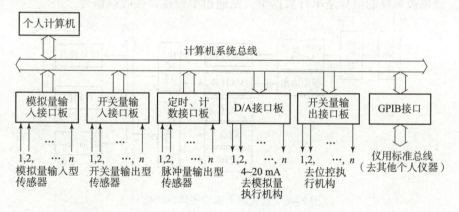

图 7-4　个人仪器硬件结构图

（3）自动测试系统

1）自动测试系统的含义。

自动测试系统是以工控机为核心，以标准接口总线为基础，以可程控的多台智能仪器为下位机组合而成的一种现代检测系统。一个自动测试系统还可以通过各种标准总线成为其他级别更高的自动测试系统的子系统，多个自动测试系统还可以作为服务器工作站加入网络中，成为网络化测试子系统，从而实现远程监测、远程控制、远程实时调试等。

2）自动测试系统的结构。

在现代检测系统中，往往要安装上百个传感器，都通过各自的通用接口总线与上位机连接。上位机可利用测试软件，对每一台智能仪器进行参数设置、数据读写，控制整个系统的运行。自动测试系统的原理框图如图 7-5 所示。

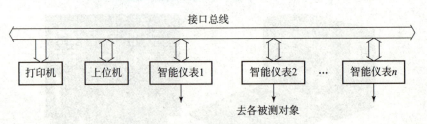

图 7-5 自动测试系统的原理框图

2. 现代检测系统的工作流程

对于现代检测系统的三种基本结构体系，从总体上来看，无论是哪种结构体系，其结构都包括硬件和软件两大部分，硬件部分包括如图 7-6 所示的模块。一个完整的现代检测系统包含很多的传感器和输入量，其工作流程一般为：计算机首先根据存储在存储器中的程序，向多路采样开关阵列写入准备采样的传感器地址，由该阵列的译码器接通传感器地址对应的采样开关，被采样的信号被连接到高精度放大器，放大后的信号经过 A/D 转换器转换成数字量，通过数据总线将该信号传送给计算机。每个采样点都要经过快速、多次地采样，一个采样点采样结束后，第二个采样地址由计算机发送，对第二个传感器进行采样，直至采集完所有的采样点为止。如果被采集的信号不是模拟量而是数字量，计算机由 I/O 口进行读写操作，如果被采样的信号是串行数据量，则通过串行接口接收该信号。

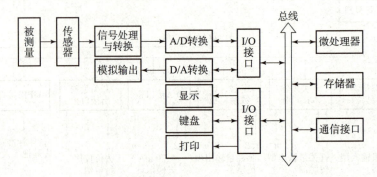

图 7-6 现代检测系统硬件结构框图

根据设定的程序，计算机将有关的采样值做一系列运算、比较判断，将运算的结果分别送显示终端和打印终端，并将需要的数值送到输出接口，输出接口将各数字量分别送到位控信号电路和多路 D/A 转换电路，控制执行机构的运行。若某些信号超限，计算机立即启动报警。

3. 现代检测系统设计的关键技术

（1）先进传感技术

传感技术是关于传感器原理、结构、材料、设计、制造及应用的综合技术。传感器处于检测过程的第一个环节，它直接感受被测参数，并将被测参数的变化转换成一种易于传输的物理量，通过传感器获得的信息正确与否直接关系到整个测量或控制系统的成败与精度。因此，传感器在检测系统中占有非常重要的位置。传感器的工作原理是建立在各种物理效应、化学效应和生物效应基础之上的，新材料、新效应、新工艺的不断问世，大大促进了传感技术的发展。

（2）信号处理与转换技术

信号处理与转换技术，就是对传感器输出的信号进行处理或变换（放大、滤波和转换），获取信号的某些特征值，并通过这些特征值与待测参数的关系来得到待测参数的信息。常见的信号处理与转换方法主要有：幅域分析方法、时域分析方法、频域分析方法。

（3）软测量技术

软测量技术的基本原理，是利用较易测量的辅助变量（或称为二次变量），依据这些辅助变量与难以直接测量的待测变量（称为主导变量）之间的数学关系（称为软测量模型），通过各种数学计算和估计方法以实现对主导变量的测量。所以，软测量技术实际上是以现有传感器为基础，以各种计算机软件为核心的一种硬件与软件相结合的新测量方法。

（4）数据融合技术

基于多传感器数据融合技术的检测系统是由若干个传感器和具有数据综合和决策功能的计算机系统组成的，以完成通常单个传感器无法实现的测量。多传感器数据融合技术具有很多优点，如可以增加检测的可信度，降低不确定性，改善信噪比，增加对待测量的时间和空间覆盖程度等。

四、知识拓展

1. 现代检测技术的发展趋势

近年来，传感器正处于传统型向新型传感器转型的发展阶段，新型传感器的特点是微型化、智能化、虚拟化、网络化，它不仅促进了传统仪器仪表产业的改造，而且可导致新型工业建立和军事变革。

（1）微型化

微型化是建立在微电子机械系统（MEMS）技术基础上的，目前已成功应用在硅器件上形成硅压力传感器。微电子机械加工技术，包括体微机械加工技术、表面微机械加工技术、LIGA 技术（X 光深层光刻、微电铸和微复制技术）、激光微加工技术和微型封装技术等。MEMS 的发展，把仪表的微型化、智能化、多功能化和可靠性水平提高到了新的高度。传感器和多通道检测仪表，在微电子技术基础上，内置微处理器，或把微传感器和微处理器及相关集成电路（运算放大器、A/D 转换器、D/A 转换器、存储器、网络通信接口电路）等封装在一起完成了传感器微型化。

（2）网络化

网络化方面，目前主要是指采用多种现场总线和以太网（互联网）实现传感器及系统间信号传送，按各行业的需求，选择其中的一种或多种，近年内最流行的有 FF、Profibus、CAN、LonWorks、AS–I、Interbus、TCP/IP 等。

（3）虚拟化

虚拟仪器技术从本质上说是一个集成的软硬件概念。随着产品在功能上不断地趋于复杂，工程师们通常需要集成多个测量设备来满足完整的测试需求，而连接和集成这些不同设备总是要耗费大量的时间。虚拟仪器软件平台为所有的 I/O 设备提供了标准的接口，帮助用户轻松地将多个测量设备集成到单个系统，减少了任务的复杂性。LabVIEW 是虚拟仪器技术中常用的结构性开发平台,是由美国国家仪器公司(National Instruments)推出的一个图形化软件编程平台。

(4)智能化

智能传感器是具有信息处理功能的传感器,带有微处理机,具有采集、处理、交换信息的能力,是传感器集成化与微处理机相结合的产物。与一般传感器相比,智能传感器具有以下三个优点:①通过软件技术可实现高精度的信息采集,而且成本低;②具有一定的编程自动化能力;③功能多样化。

智能传感器能将检测到的各种物理量储存起来,并按照指令处理这些数据,从而创造出新数据。智能传感器之间能进行信息交流,并能自我决定应该传送的数据,剔除异常数据,完成分析和统计计算等功能。

2. 现代检测系统中的几种重要部件

(1)采样开关

1)干簧继电器。干簧继电器主要由驱动线圈和干簧管组成,驱动线圈绕在干簧管外面。当驱动线圈通以额定电流后,干簧管中的两根常开弹簧片互相吸引而吸合。它的耐压较高,额定电流较大,导通电阻接近零,但耗电较大、速度较慢。常见的干簧管和干簧管继电器如图 7-7 所示。

图 7-7 干簧管及干簧管继电器

2)CMOS 模拟采样开关。模拟采样开关切换对象是多路模拟信号。它的控制端处于"有效"状态时,内部的 P 沟道 MOS 管或 N 沟道 MOS 管导通,模拟开关处于导通状态,导通电阻为几欧至几百欧。当控制端处于"无效"状态时开关截止,截止电阻大于 $10^8\ \Omega$。其优点是集成度高,动作快(小于 1 μs)、耗电省等。其缺点是有一定的导通电阻、各通道间有一定的漏电、击穿电压低、易损坏等。CMOS 模拟采样开关如图 7-8 所示。

图 7-8 CMOS 模拟采样开关

(2) 放大器

从传感器来的信号有许多是毫伏级的微弱信号，须经放大才能进行 A/D 转换。系统对放大器的主要要求是：准确度高、温漂小、共模抑制比高、频带宽至直流。目前常用的放大器有以下几种型式：一种是高准确度、低漂移的双极型放大器；另一种为隔离放大器，它带有光电隔离或变压器隔离的低漂移信号放大器，以及一个高隔离度的 DC/DC 电源。典型的精密隔离放大器如图 7–9 所示，其电路框图如图 7–10 所示。

图 7–9　精密隔离放大器

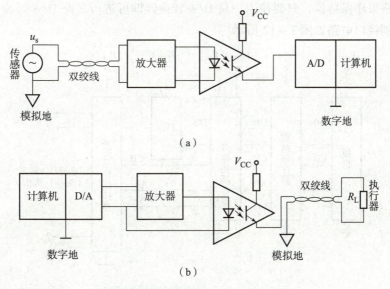

图 7–10　精密放大器的电路框图
(a) 在传感器与 A/D 转换器之间；(b) 在 D/A 转换器与执行器之间

(3) A/D 转换器（ADC）

放大器放大后的模拟信号必须进行 A/D 转换才能由计算机进行运算处理。目前采用较多的 A/D 转换器有两大类：一类是并行 A/D 转换器，另一类是串行 A/D 转换器。

在并行 A/D 转换器中，又有逐位比较型和双积分型之分。前者转换速度较快，有 8 位、12 位、16 位等规格。位数越高，准确度也越高，但价格也相应提高。后者转换速度较慢（每秒 10 次左右），不太适合巡回检测系统，常见的有 3 位半、4 位半等规格。典型的 A/D 转换器的光耦合接口电路框图如图 7–11 所示。

(4) D/A 转换器（DAC）与接口电路

计算机运算处理后的数字信号经常必须转换为模拟信号，才能用于工业生产的过程控制。它的输入是计算机给出的数字量，它的输出是与数字量相对应的电压或电流。如果在计

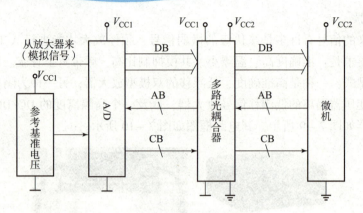

图 7-11 A/D 转换器的光耦合接口电路框图

算机与 D/A 转换器之间插入多路光耦合器就能较好地防止工业控制设备干扰计算机的工作。如果使用多路采样保持器，只要使用一只 D/A 转换器即可进行多路 D/A 转换。常见的 D/A 转换器的光耦接口电路如图 7-12 所示。

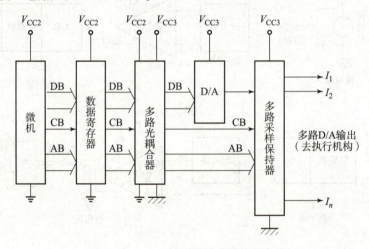

图 7-12 D/A 转换器的光耦接口电路

任务二　现代数控技术中传感器的应用

一、任务目标

通过本任务的学习，帮助学生了解数控机床检测装置的分类及测量方法，掌握数控机床中用于位移、速度、位置、温度、压力等参数检测的传感器的工作原理。

二、任务背景

检测装置是数控机床半闭环/闭环伺服系统的重要组成部分。它的主要作用是检测位移和速度，并发出反馈信号与数控装置发出的指令信号进行比较，若有偏差，经过放大后控制执行部件，使其向消除偏差的方向运动，直至偏差为零为止。闭环控制的数控机床的加工精度主要取决于检测系统的精度，因此精密检测装置是高精度数控机床的重要保证。一般来说，数控机床上使用的检测装置应满足以下要求：①工作有较高的可靠性和抗干扰能力；②满足精度和速度的要求；③便于安装和维护；④成本低、寿命长。

数控机床半闭环/闭环伺服系统中检测装置及反馈电路包括速度反馈和位置反馈，用于速度反馈的传感器一般安装在伺服电动机上，位置反馈的传感器则根据闭环方式的不同安装在伺服电动机或机床上。在半闭环控制时，速度反馈和位置反馈的传感器一般共用伺服电动机上的光电编码器；对于闭环控制，分别采用各自独立的速度、位置传感器。闭环伺服系统框图如图 7-13 所示。

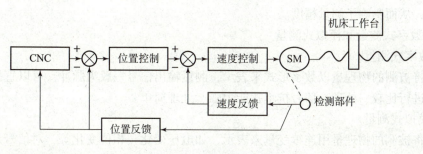

图 7-13 闭环伺服系统框图

数控机床的检测装置根据被测物理量分为位移、速度和电流三种类型；按测量方法分为增量式和绝对值式两种；根据运动形式分为旋转型和直线型检测装置。本任务主要介绍位移和速度两类检测装置，数控机床常用的检测装置见表 7-1。

表 7-1 数控机床检测装置的分类

分类		增量式	绝对值式
位移检测装置	旋转型	脉冲编码器、自整角机、旋转编码器、感应同步器、光栅角度传感器、光栅、磁栅	多极旋转变压器、绝对脉冲编码器、绝对值式光栅、三速圆感应同步器、磁阻式多极旋转变压器
	直线型	直线感应同步器、光栅尺、磁栅尺、激光干涉仪、霍尔传感器	三速感应同步器、绝对值磁尺、光电编码尺、磁性编码器
速度检测装置		交/直流测速发电机、数字脉冲编码式速度传感器、霍尔速度传感器	速度—角度传感器、数字电磁式传感器、磁敏式速度传感器
电流检测装置		霍尔电流传感器	

1. 位移检测

位移检测装置是数控机床的重要组成部分。在闭环/半闭环控制系统中，它的主要作用是检测直线位移和角位移，并发出反馈信号，构成闭环或半闭环控制。位移检测装置按工作条件和测量要求不同，有下面几种分类方法。

（1）直接测量和间接测量

1）直接测量。

直接测量是将直线位移传感器安装在移动部件（工作台）上，用来直接测量工作台的直线位移，作为全闭环伺服系统的位置反馈信号，而构成位置闭环控制。其优点是准确性高、可靠性好，缺点是测量装置要和工作台行程等长，所以在大型数控机床上受到一定限制。

2）间接测量。

它是将旋转型检测装置（角位移传感器）安装在驱动电动机轴或滚珠丝杠上，通过检测转动件的角位移来间接测量机床工作台的直线位移，作为半闭环伺服系统的位置反馈用。其优点是测量方便、无长度限制，缺点是测量信号中增加了由回转运动转变为直线运动的传动链误差，从而影响了测量精度。

（2）数字式测量和模拟式测量

1）数字式测量。

它是将被测的物理量以数字形式来表示，测量输出信号一般为脉冲，可以直接把它送到数控装置进行比较、处理，信号抗干扰能力强、处理简单。

2）模拟式测量。

它是将被测的物理量用连续变量来表示，如电压变化、相位变化等，对信号处理的方法相对来说比较复杂。

（3）增量式测量和绝对值式测量

1）增量式测量

在轮廓控制数控机床上多采用这种测量方式，增量式测量只测相对位移量，如测量单位为 0.001 mm，则每移动 0.001 mm 就发出一个脉冲信号，其优点是测量装置较简单，任何一个对中点都可以作为测量的起点，而移距是由测量信号计数累加所得，但一旦计数有误，以后测量所得结果完全错误。

2）绝对值式测量

绝对值式测量装置对于被测量的任意一点位置均由固定的零点标起，每一个被测点都有一个相应的测量值。测量装置的结构较增量式复杂，如编码盘中，对应于码盘的每一个角度位置便有一组二进制位数。显然，分辨精度要求越高，量程越大，则所要求的二进制位数也越多，结构就越复杂。

通常，数控机床检测装置的分辨率为 0.001～0.01 mm/m，测量精度为 ±0.001～0.01 mm/m，能满足机床工作台以 1～10 m/min 的速度运行。不同类型的数控机床对检测装置的精度和适应的速度要求是不同的。对于大型机床来说，以满足速度要求为主；对于中、小型机床和高精度机床来说，以满足精度为主。

2. 速度检测

除了位移检测装置，伺服系统中往往还包括速度检测元件，用以检测和调节电动机的转速。在半闭环控制时，速度反馈传感器是伺服电动机上的光电编码器，该编码器也是位置反馈传感器；对于闭环控制，其速度传感器是独立的，不与位置传感器共用一个传感器。数控机床上常用的速度反馈传感器有：光电编码器和测速发电机。

数控机床伺服系统要求伺服轴调速范围 R_n 要宽，调速范围 R_n 是指机械装置要求电动机能提供的最高转速 n_{max} 和最低转速 n_{min} 之比（调速范围 $R_n = n_{max}/n_{min}$，n_{max} 和 n_{min} 一般是指额定负载时的转速）。在各种数控机床中，由于加工刀具、被加工材料、主轴转速以及零件加工工艺要求的不同，为保证在任何情况下都能得到最佳切削条件，要求伺服驱动系统必须具有足够宽的无级调速范围（通常大于 1：10 000），不仅要满足低速切削进给的要求，如 5 mm/min，还要能满足高速进给的要求，如 10 000 mm/min。脉冲当量为 1 μm/P 的情况下，最先进的数控机床的进给速度在 0 ~ 240 m/min 连续可调。但对于一般的数控机床，要求进给驱动系统在 0 ~ 24 m/min 进给速度下工作就足够了。

三、相关知识

1. 位移检测

数控机床上的位移检测装置常有编码器、光栅尺、旋转变压器和感应同步器。旋转变压器、编码器主要应用于半闭环控制的数控机床，安装在电动机或丝杠上，测量了电动机或丝杠的角位移，也就间接地测量了工作台的直线位移。感应同步器、光栅尺等测量装置主要应用于闭环控制系统的数控机床，安装在工作台和导轨上，直接测量工作台的直线位移。脉冲编码器和光栅尺在前面的章节中已经介绍过，本章主要介绍旋转变压器和感应同步器在数控系统中测量工作台直线位移的工作原理。

（1）旋转变压器

1）结构和分类。

旋转变压器是间接测量装置，是一种利用输出电压随转子转角改变而变化的角位移检测传感器。旋转变压器的结构和两相绕线式异步电动机的结构相似，可分为定子和转子两大部分。定子和转子的铁芯由铁镍软磁合金或硅钢薄板冲成的槽状芯片叠成，它们的绕组分别嵌入各自的槽状铁芯内。定子绕组通过固定在壳体上的接线柱直接引出，转子绕组有两种不同的引出方式。根据转子绕组两种不同的引出方式，旋转变压器分为有刷式和无刷式两种结构，旋转变压器常采用无刷式结构。如图 7-14 所示为无刷式旋转变压器结构和实物图。

2）工作原理。

旋转变压器按照其绕组对数可分为单极对和双极对两种，下面以单极对旋转变压器为例介绍其工作原理。根据互感原理，定子与转子之间气隙磁通分布呈正/余弦规律。当定子加上一定频率的激磁电压时，通过电磁耦合转子绕组产生感应电动势。如图 7-15 所示，所产生的感应电动势的大小取决于定子和转子两个绕组轴线在空间的相对位置。两者平行时，磁通几乎全部穿过转子绕组的横截面，转子绕组产生的感应电动势最大。二者垂直时，转子绕组产生的感应电动势为零。感应电动势随着转子偏转的角度呈正（余）弦变化，即

$$u_2 = ku_1\sin\theta = kU_m\sin\omega t\sin\theta \tag{7-1}$$

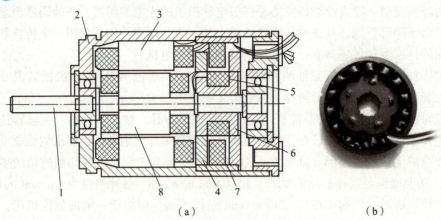

图 7-14 无刷式旋转变压器结构图

(a) 结构；(b) 实物图

1—转子轴承；2—壳体；3—分解器定子；4—变压器定子；5—变压器一次绕组；
6—变压器转子线轴；7—变压器二次绕组；8—分解器转子

式中 u_2——转子绕组感应电动势；

u_1——定子励磁电压；

U_m——定子绕组的最大瞬时电压；

θ——两绕组之间的夹角；

k——电磁耦合系数变压比。

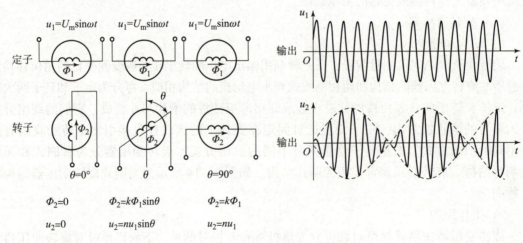

图 7-15 旋转变压器的工作原理

测量旋转变压器二次绕组的感应电动势 U_2 的幅值或相位的变化，即可知转子偏转角 θ 的变化，从而测得伺服轴的角位移。旋转变压器安装时可单独和滚珠丝杠相连，也可与伺服电动机组成一体。

3) 工作方式。

旋转变压器作为位移检测装置，有两种工作方式：鉴相式工作方式和鉴幅工作方式。

①鉴相方式。在该工作方式下，给旋转变压器定子的两个绕组通以同幅值、同频率、相

位差90°的交流激磁电压，如图7-16所示。

$$u_{1s} = U_m \sin\omega t$$
$$u_{1c} = U_m \cos\omega t \quad (7-2)$$

这两相励磁电压在转子绕组中产生感应电压。根据线性叠加原理，在转子上的工作绕组中产生的感应电压为：

$$\begin{aligned} u_2 &= ku_{1s}\cos\theta - ku_{1c}\sin\theta \\ &= kU_m(\sin\omega t\cos\theta - \cos\omega t\sin\theta) \\ &= kU_m\sin(\omega t - \theta) \quad (7-3) \end{aligned}$$

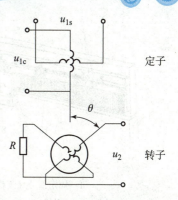

图7-16 旋转变压器定子两相激磁绕组

由上式可见，旋转变压器转子绕组中的感应电压 u_2 与定子绕组中的励磁电压同频率，但是相位不同，其相位严格随转子偏角 θ 变化。测量转子绕组输出电压的相位角 θ 即可测得转子相对于定子的转角位置。在实际应用中，把定子正弦绕组励磁的交流电压相位作为基准相位，与转子绕组输出相位作比较，来确定转子转角的位置。

②鉴幅方式。在这种工作方式中，在旋转变压器定子正、余弦绕组中分别通以同频率、同相位，但幅值分别为 U_{sm} 和 U_{cm} 的交流激磁电压，当给定电气角为 α 时：

$$\begin{aligned} u_{1s} &= U_{sm}\sin\omega t = U_m\sin\alpha\sin\omega t \\ u_{1c} &= U_{cm}\cos\omega t = U_m\cos\alpha\cos\omega t \end{aligned} \quad (7-4)$$

定子励磁电压在转子中感应出的电动势不但与转子和定子的相对位置有关，还与励磁的幅值有关。根据线性叠加原理，在转子上的工作绕组中的感应电压为：

$$\begin{aligned} u_2 &= ku_{1s}\cos\theta - ku_{1c}\sin\theta \\ &= kU_m\sin\omega t(\sin\alpha\cos\theta - \cos\alpha\sin\theta) \\ &= kU_m\sin(\alpha - \theta)\sin\omega t \quad (7-5) \end{aligned}$$

由上式可知，感应电压 u_2 是以 ω 为角频率的交变信号，其幅值为 $kU_m\sin(\alpha - \theta)$。若电气角 α 已知，只要测出 u_2 的幅值，便可间接地求出 $(\alpha - \theta)$ 的值，即可以测出被测角位移 θ 的大小。当感应电压 u_2 的幅值为 0 时，说明电气角的大小就是被测角位移的大小。旋转变压器在鉴幅工作方式时，不断调整 α，使感应电压 u_2 的幅值为 0，用 α 代替对 θ 的测量，α 可通过具体的电子线路测得。

（2）感应同步器

1）结构和分类。

感应同步器是利用电磁感应原理制成的位移测量装置。按结构和用途可分为直线感应同步器和圆盘旋转式感应同步器两类，直线感应同步器用于测量直线位移，圆盘旋转式感应同步器用于测量角位移，两者的工作原理基本相同。感应同步器具有较高的测量精度和分辨率，工作可靠，抗干扰能力强，使用寿命长。目前，直线感应同步器的测量精度可达 1.5 μm，测量分辨率可达 0.05 μm，并可测量较大位移。

直线感应同步器由定尺和滑尺两部分组成，结构示意图如图7-17所示。定尺和滑尺分别安装在机床床身和移动部件上，定尺或滑尺随工作台一起移动，两者平行放置，保持 0.2~0.3 mm 间隙。

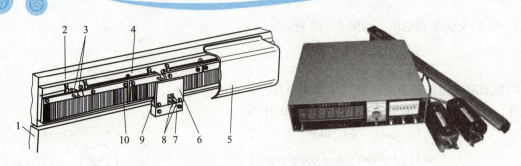

图 7-17　直线感应同步器结构图

1—固定部分（工作台）；2—定尺绕组引线；3—定尺座；4—防护罩；5—滑尺；
6—滑尺座；7—滑尺绕组引线；8—调整垫；9—定尺；10—固定部件（床身）

直线感应同步器广泛应用于坐标镗床、坐标铣床及其他机床的定位；圆盘旋转式感应同步器常用于雷达天线定位跟踪、精密机床或测量仪器的分度装置等。

2）工作原理。

如图 7-18 所示，感应同步器由定尺和滑尺两部分组成，定尺与滑尺间有均匀的气隙，在定尺表面制有连续平面绕组，绕组节距为 P。滑尺表面制有两段分段绕组，即正弦绕组和余弦绕组，它们相对于定尺绕组在空间错开 1/4 节距。

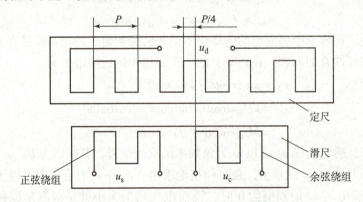

图 7-18　定尺和滑尺绕组示意图

感应同步器利用电磁耦合原理，通过两个绕组的互感量随位置的变化来检测位移量，如图 7-19 所示为滑尺在不同位置时定尺上的感应电压。如果滑尺处于图中 a 点位置，滑尺绕组与定尺绕组完全对应重合，那么定尺上的感应电压最大。随着滑尺相对定尺做平行移动，感应电压逐渐减小。当滑尺移动至图中 b 点位置，与定尺绕组刚好错开 1/4 节距时，感应电压为零。再继续移至 1/2 节距处，即图中 c 点位置时，为最大的负值电压，即感应电压的幅值与 a 点相同但极性相反。再移至 3/4 节距，即图中 d 点位置时，感应电压又变为零。当移动到一个节距位置即图中 e 点，又恢复初始状态，即与 a 点情况相同。这样，滑尺在移动一个节距的过程中，感应电压变化了一个余弦波形，即滑尺每移动一个节距，感应电压就变化一个周期。

3）工作方式。

感应同步器工作时按照供给滑尺正、余弦绕组励磁信号的不同，测量方式分为鉴相式和鉴幅式两种。

①鉴相方式。在这种工作方式下，给滑尺的正弦和余弦绕组分别通以幅值相等、频率相同、相位相差90°的交流电压，即：

$$u_s = U_m \sin\omega t$$
$$u_c = U_m \cos\omega t$$
(7-6)

励磁信号将在空间产生一个以 ω 为频率移动的行波，磁场切割定尺绕组，并产生感应电压，该电压随着定尺与滑尺相对位置的不同而产生超前或滞后的相位差 θ。根据线性叠加原理，在定尺上的工作绕组中的感应电压为：

$$\begin{aligned} u_d &= ku_s\cos\theta - ku_c\sin\theta \\ &= kU_m(\sin\omega t\cos\theta - \cos\omega t\sin\theta) \\ &= kU_m\sin(\omega t - \theta) \end{aligned}$$
(7-7)

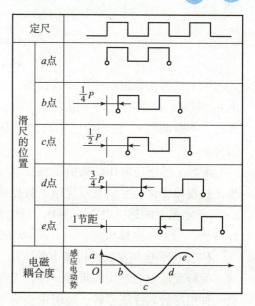

图7-19 感应同步器工作原理

式中 ω——励磁角频率；
k——电磁耦合系数；
U_m——定尺工作绕组的最大瞬时电压；
u_d——定尺工作绕组的感应电压；
u_s——滑尺正弦绕组的励磁电压；
u_c——滑尺余弦绕组的励磁电压；
θ——滑尺绕组相对于定尺绕组的空间相位角，且 $\theta = \dfrac{2\pi x}{P}$。

可见，在一个节距内，θ 与 x 是一一对应的，通过测量定尺感应电压的相位 θ，可以测量定尺相对滑尺的位移 x。数控机床的闭环系统采用鉴相系统时，指令信号的相位角 θ_1 由数控装置发出，由 θ 和 θ_1 的差值控制数控机床的伺服驱动机构。当定尺和滑尺之间产生相对运动，定尺上的感应电压的相位将发生变化，其值为 θ。当 $\theta \neq \theta_1$ 时，机床伺服系统带动机床工作台移动。当滑尺与定尺的相对位置达到指令要求时，即 $\theta = \theta_1$，工作台停止移动。

②鉴幅方式。在这种工作方式中，在感应同步器滑尺正、余弦绕组中分别通以同频率、同相位，但幅值分别为 U_{sm} 和 U_{cm} 的交流激磁电压，若滑尺相对于定尺移动一个距离 x，其对应的相移为 θ，且 $\theta = \dfrac{2\pi x}{P}$，给定电气角为 α，则：

$$u_s = U_{sm}\sin\omega t = U_m\sin\alpha\sin\omega t$$
$$u_c = U_{cm}\cos\omega t = U_m\cos\alpha\cos\omega t$$
(7-8)

定子励磁电压在转子中感应出的电动势不但与转子和定子的相对位置有关，还与励磁电压的幅值有关。根据线性叠加原理，在转子上的工作绕组中的感应电压为：

229

$$u_d = ku_s\cos\theta - ku_c\sin\theta$$
$$= kU_m\sin\omega t(\sin\alpha\cos\theta - \cos\alpha\sin\theta)$$
$$= kU_m\sin(\theta - \alpha)\sin\omega t \tag{7-9}$$

由上式可知给定电气角 α 为已知，只要测出 u_d 的幅值 $kU_m\sin(\theta-\alpha)$，便可以间接地求出 θ。若 $\theta = \alpha$，则 $U_d = 0$，说明电气角 α 的大小就是被测角位移 θ 的大小。采用鉴幅工作方式时，不断调整 θ，使感应电压的幅值为 0，用 α 代替对 θ 的测量，θ 可通过具体的电子线路测得。

定尺上的感应电压的幅值随指令给定的位移量 $x_1(\alpha)$ 与工作台的实际位移 $x(\theta)$ 的差值按正弦规律变化。鉴幅型系统用于数控机床闭环系统时，当工作台未达到指令要求值时，即 $x \neq x_1$，定尺上的感应电压 $U_d \neq 0$。该电压经过检波放大后控制伺服执行机构带动机床工作台移动。当工作台移动到 $x = x_1(\alpha = \theta)$ 时，定尺上的感应电压 $U_d = 0$，工作台停止运动。

（3）位移检测在数控机床上的应用

旋转变压器与感应同步器一样，工作方式可分为鉴相式和鉴幅式两种，鉴相式工作方式是一种根据旋转变压器转子绕组中感应电动势的相位来确定被测位移大小的检测方式，对应为数控系统相位比较伺服系统。鉴相式工作方式是通过对旋转变压器转子绕组中感应电动势幅值的检测来实现位移检测，对应为数控系统幅值比较伺服系统。

如图 7-20 所示为数控系统幅值比较伺服系统框图，幅值比较伺服系统以位置检测信号的幅值大小反映机械位移的数值，并以此信号作为位置反馈信号，一般还要转换成数字信号才能与指令信号进行比较，而后获得位置偏差信号构成闭环控制系统。当指令脉冲与反馈脉冲相等时，比较器输出为 0，说明工作台实际移动的距离等于指令信号要求的距离，电动机停止运转。若两者不等，则电动机就会继续运转，带动工作台移动直到比较器输出为 0 为止。

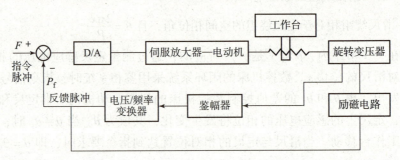

图 7-20 数控系统幅值比较伺服系统框图

如图 7-21 所示为数控系统相位比较伺服系统框图，相位比较伺服系统中，位置检测装置采用相位工作方式，指令信号与反馈信号是用相位表示的，即是某个载波的相位。通过指令信号与反馈信号相位的比较，获得实际位置与指令位置的偏差，实现闭环控制。

相位比较伺服系统适用于感应式检测装置（旋转变压器、感应同步器），精度较高，由于载波频率高，响应快，抗干扰性强，特别适合于连续控制的伺服系统。

2. 速度检测

在数控伺服驱动系统中不仅有位移检测装置，还包括速度检测元件，用以检测和调节电动机的转速。数控机床上常用的速度反馈传感器有：光电编码器和测速发电机。光电编码器

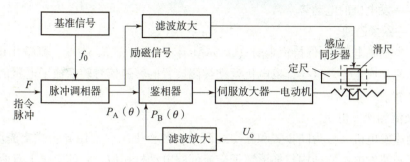

图 7-21　数控系统相位比较伺服系统框图

测速原理在前面的章节中已经介绍过，本章主要介绍测速发电机在数控伺服驱动系统中检测伺服轴转速的工作原理。按结构和工作原理的不同，测速发电机分为直流测速发电机和交流测速发电机，测速发电机实物如图 7-22 所示。

（1）直流测速发电机

直流测速发电机分永磁式和他励式两种。两种发电机的电枢相同，工作时电枢接负载电阻 R_L。但永磁式的定子使用永久磁铁产生磁场，因而没有励磁线圈。他励式的结构与直流伺服电动机相同，工作时励磁绕组加直流电压 U_f 励磁，工作原理如图 7-23 所示。

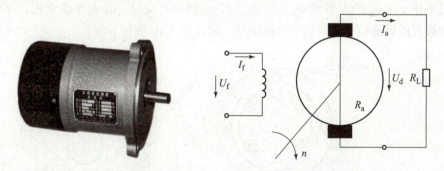

图 7-22　测速发电机　　　图 7-23　直流测速发电机工作原理

当被测装置转动轴带动发电机电枢旋转时，电枢产生电动势 E 为：

$$E = K_e \Phi n \tag{7-10}$$

发电机的输出电压为：

$$U_d = E - R_a I_a = K_e \Phi n - R_a I_a \tag{7-11}$$

负载电路电流为：

$$I_a = \frac{U_d}{R_L} \tag{7-12}$$

将式（7-12）代入式（7-11）得：

$$U_d = \frac{K_e \Phi}{1 + \dfrac{R_a}{R_L}} n \tag{7-13}$$

式中　R_a——发电机电枢电阻；

　　　n——输入转速；

K_e——发电机的电动势常数；

Φ——磁场磁通。

可见，当励磁电压 U_f 保持恒定时（Φ 亦恒定），若 R_a、R_L 不变，则输出电压 U_2 的大小与电枢转速 n 成正比。这样，发电机就把被测装置的转速信号转变成了电压信号，输出给 CNC 数控装置。

（2）交流测速发电机

交流测速发电机又分为同步式和异步式两种，数控机床中常用异步式交流测速发电机。异步式交流测速发电机的结构与杯形转子交流伺服电动机相似，它的定子上有两个绕组，一个是励磁绕组，一个是输出绕组。其结构及工作原理如图 7-24 所示，工作时测速发电机的励磁绕组接交流电源 u_1：

$$u_1 = 4.44 f_1 N_1 \Phi_1 \tag{7-14}$$

式中　f_1——励磁电压频率；

N_1——励磁绕组线圈匝数；

Φ_1——励磁磁场磁通。

当被测转动轴带动发电机转子旋转时，转子切割 Φ_1 产生转子感应电动势 E_r 和转子电流 i_r，它们的大小与 Φ_1 和转子转速 n 成正比。转子电流 i_r 也产生磁通 Φ_r，Φ_r 在输出绕组中感应出电压 u_2，u_2 的大小与 Φ_r 成正比。当 u_1 恒定不变时，u_2 与 n 成正比，这样发电机就把被测装置的转速信号转变成了电压信号，输出给 CNC 数控装置。

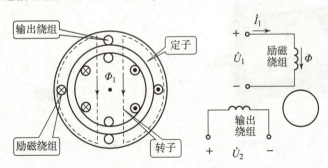

图 7-24　交流测速发电机工作原理

四、知识拓展

精密检测装置是高精度数控机床的重要保证，在数控机床闭环/半闭环伺服系统中不仅要用到位移传感器检测反馈实际工作台直线位移，速度传感器检测反馈伺服轴实际转速，还需要位置、压力、温度、刀具磨损等传感器才能组成一个完整的数控机床传感检测系统。

1. 位置传感器

位置传感器是用来检测位置，反映某种状态的开关，和位移传感器检测工作台实际位移不同，位置传感器仅反应各伺服轴是否达到限位，当达到限位行程时反馈开关量信号被发送给 CNC 数控装置，从而停止工作台移动。位置传感器有接触式和接近式两种。

（1）接触式传感器

接触式传感器的触头由两个物体接触挤压而动作，常见的有行程开关、二维矩阵式位传感器等。

行程开关结构简单、动作可靠、价格低廉。当某个物体在运动过程中，碰到行程开关时，其内部触头会动作，从而完成控制，如在加工中心的 X、Y、Z 轴方向两端分别装有行程开关，则可以控制移动范围。

二维矩阵式位置传感器安装于机械手掌内侧，用于检测自身与某个物体的接触位置。

（2）接近开关

接近开关是指当物体与其接近到设定距离时就可以发出"动作"信号的开关，它无须和物体直接接触。接近开关有很多种类，主要有自感式、差动变压器式、电涡流式、电容式、干簧管、霍尔式等。

如图 7-25 所示为常用的接近开关。最常用的霍尔接近开关是利用霍尔效应制成的。将小磁体固定在运动部件上，当部件靠近霍尔元件时，便产生霍尔现象，输出开关量信号，从而判断物体是否到位。

图 7-25 常用的接近开关

接近开关在数控机床上的应用主要是刀架选刀控制、工作台行程控制、油缸及汽缸活塞行程控制等。

2. 压力传感器

压力传感器是一种将压力转变成电信号的传感器。根据工作原理，可分为压电式传感器、压阻式传感器和电容式传感器。它是检测气体、液体、固体等所有物质间作用力能量的总称，也包括测量高于大气压的压力计以及测量低于大气压的真空计。

电容式压力传感器的电容量是由极板正对面积和两个极板间的距离决定的，因其灵敏度高、温度稳定性好、压力量程大等特点，近来得到了迅速发展。在数控机床中，可用它对工件夹紧力进行检测，当夹紧力小于设定值时，会导致工件松动，系统发出报警，停止走刀，如图 7-26（a）所示。

压电式压力传感器是基于压电效应的传感器，是一种自发电式传感器，它的敏感元件由压电材料制成，在机床上它可用于检测车刀切削力的变化，如图 7-26（b）所示，我们已经在项目二中介绍过。

另外，压力传感器还在润滑系统、液压系统、气压系统中用来检测油路或气路中的压力，当油路或气路中的压力低于设定值时，其触点会动作，将故障信号送给数控系统。

图 7-26　电容式和压电式压力传感器结构图
(a) 工件夹紧力传感器（电容式）；(b) 刀具切削力传感器（压电式）

3. 温度传感器

温度传感器是一种将温度高低转变成电阻值大小或其他电信号的一种装置，如图 7-27 所示。在项目三中我们已经了解到常见的有以铂、铜为主的热电阻传感器、以半导体材料为主的热敏电阻传感器和热电偶传感器等。在数控机床上，温度传感器用来检测温度，从而进行温度补偿或过热保护。

在加工过程中，电动机的旋转、移动部件的移动、切削等都会产生热量，且温度分布不均匀，造成温差，使数控机床产生热变形，影响零件加工精度，为了避免温度产生的影响，可在数控机床上某些部位装设温度传感器，感受温度信号并转换成电信号送给数控系统，进行温度补偿。

此外，温度传感器可以埋设在电动机等需要过热保护的地方，过热时通过数控系统进行过热报警。

4. 刀具磨损监控传感器

刀具磨损到一定程度会影响到工件的尺寸精度和表面粗糙度，因此，对刀具磨损要进行监控。当刀具磨损时，机床主轴电动机负荷增大，电动机的电流和电压也会变化，功率随之改变，功率变化可通过霍尔传感器检测。功率变化到一定程度，数控系统发出报警信号，机车停止运转，此时，应及时进行刀具调整或更换。图 7-28 所示为智能式数控车床对刀仪。

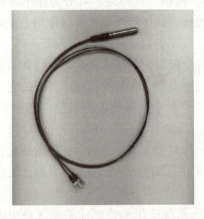

图 7-27　温度传感器

图 7-28　数控车床对刀仪

项目七 传感器在现代检测系统中的应用

任务三　现代机器人中传感器的应用

一、任务目标

通过本任务的学习，帮助学生了解现代机器人中传感器的种类和特点，掌握现代机器人中各类主要传感器的作用及工作原理。

二、任务背景

机器人是由计算机控制的机器，它的动作机构具有类似人的肢体及感官的功能，动作程序灵活易变，有一定程度的智能，且在一定程度上，可不依赖人的操纵而工作。

机器人之所以被称之为"人"，就是因为它是一种典型的仿生装置。所谓仿生，就是利用科学技术，把人体或生物体的行为和思维进行部分模拟。而传感器则是帮助没有生命的机器看、听、闻，像人一样感知的最重要的工具，如图7-29所示为机器人中一些常用的传感器。这些传感器为机器人提供了检查自身周边环境的功能，这样才能保证机器人能够在命令的控制下灵活运作，从而完成复杂的任务。因此传感器在机器人系统中具有不可替代的作用，没有传感器的支持就无从谈起机器人，因此传感器是机器人必不可少的重要部件，离开传感器机器人寸步难行。

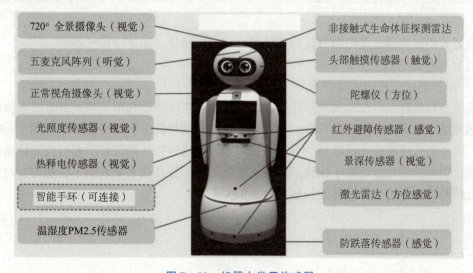

图7-29　机器人常用传感器

三、相关知识

1. 机器人中传感器的分类

机器人传感器主要包括机器人视觉、力觉、触觉、接近觉、距离觉、姿态觉、位置觉等传感器。机器人传感器可分为内部传感器和外部传感器两大类。

1）内部传感器：机器人的内部传感器是安装在机器人自身中，用来感知它自己的状态，以调整并控制机器人的行动。它通常由位移、速度、加速度传感器组成。

2）外部传感器：用来检测机器人所处环境（如是什么物体，离物体的距离有多远等）及状况（如抓取的物体是否滑落）的传感器。具体有视觉传感器、听觉传感器、接近觉传感器、滑觉传感器、力觉传感器、触觉传感器等。具体如表7-2所示。

表 7-2 机器人外部传感器的分类及应用

类别	检测内容	应用目的	传感器件
视觉	物体的位置、角度、距离和形状	物体空间位置，判断物体移动，提取物体轮廓及固有特征	光敏阵列、CCD
触觉	对物体的压力、握力、压力分布	控制握力，识别握持物，测量物体弹性	压电元件、导电橡胶、压敏高分子材料
力觉	机器人有关部件（如手指）所受外力及转矩	控制手腕移动，伺服控制，正确完成作业	应变片、导电橡胶
接近觉	对象物是否接近，接近距离，对象面的倾斜	控制位置，寻径，安全保障，异常停止	红外线传感器、超声波传感器、电涡流传感器、霍尔传感器
滑觉	垂直握持面方向物体的位移，重力引起的变形	修正握力，防止打滑，判断物体重量及表面状态	滚球式滑觉传感器、滚轴式滑觉传感器

2. 内部传感器的选择

机器人内部传感器常用的有位移传感器、速度传感器、加速度传感器等。

（1）位移传感器

1）电位器式位移传感器。

直线型和旋转型电位器式位移传感器，分别用作直线位移和角位移的测量。电位器式位移传感器结构简单，性能稳定可靠，精度高，较方便选择其输出信号范围。如图7-30（a）所示，电位器式位移传感器的可动电刷与被测物体相连，物体的位移引起电位器移动端的电阻变化，阻值的变化量反映了位移的量值，阻值的增加还是减小则表明了位移的方向。

电位器式位移传感器检测的位移和电压的关系为：

$$x = \frac{L(2e - E)}{E} \tag{7-15}$$

式中 E——输入电压；

L——触头最大移动距离；

x——向左端移动的距离；

e——电阻右侧输出电压。

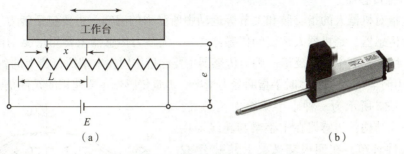

图7-30 直线型电位器式位移传感器
(a) 工作原理；(b) 实物图

2) 编码式位移传感器（光电编码器）。

光电编码器是角度（角位移）检测装置，它通过光电转换，将输出轴上的机械几何位移量转换成脉冲数字量的传感器。光电编码器具有体积小，精度高，工作可靠等优点，应用广泛。一般装在机器人各关节的转轴上，用来测量各关节转轴转过的角度，如图7-31所示。光电编码器，有增量式与绝对值式两种形式，其中增量式光电编码器在机器人控制系统中得到了广泛的应用，测量转轴角位移的原理在项目五介绍过。

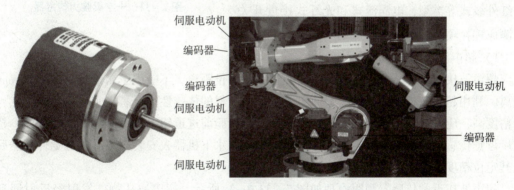

图7-31 光电编码器及其在机器人上的应用

(2) 速度传感器

速度传感器在机器人中主要用于测量机器人关节速度。机器人中常用的速度传感器有测速发电机和增量式光电编码器。增量式光电编码器除了可以测量转轴角位移，也可以测量转轴角速度，测速原理在项目五中已介绍过。

测速发电机可以把机械转速变换成电压信号，输出电压与输入的转速成正比，根据结构和工作原理的不同，测速发电机分为直流测速发电机和交流测速发电机，测速原理在本项目任务二中已介绍过。测速发电机转子与机器人关节伺服驱动电动机相连，就能测出机器人运动过程中关节转动速度。测速发电机在机器人控制系统中有广泛的应用。

3. 外部传感器的选择

选择合适的外部传感器可使机器人能够与环境发生交互作用并对环境具有自我校正和适应能力。外部传感器主要包括：视觉传感器、听觉传感器、触觉传感器、力觉传感器、接近觉传感器。

237

(1) 力觉传感器

力觉是指对机器人的指、肢和关节等运动中所受力的感知,主要包括腕力、关节力、指力和支座力传感器,是机器人重要的传感器之一。关节力传感器主要测量驱动器本身的输出力和力矩,用于控制中的力反馈。腕力传感器主要测量作用在末端执行器上的各向力和力矩。指力传感器用于测量夹持物体时手指的受力情况。力觉传感器主要使用的元件是电阻应变片。

如图 7-32 所示为一种十字梁腕力传感器,整体为轮辐式结构,传感器在十字梁与轮缘连接处有一个柔性环节,在四根交叉梁上共贴有 32 个应变片(图中小方块),组成 8 路全桥输出。

(2) 接近觉传感器

机器人接近觉传感器主要感知机器人与物体之间的接近程,从而避开障碍和防止冲击。利用接近觉传感器可使机器人绕开障碍物,或者控制机械手抓取物体时柔性接触,传感器探测的距离一般在几毫米到十几厘米之间,采用非接触型测量元件。常用的有电涡流式、光纤式、超声波式及红外线式等类型,电涡流式和光纤式接近开关检测原理在项目四中已介绍过。

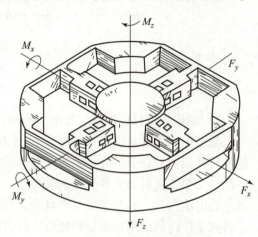

图 7-32 十字梁腕力传感器

1) 超声波接近觉传感器。

超声波接近觉传感器用于检测物体的存在和测量距离,不能用于测量小于 30~50 cm 的距离。利用超声波检测具有迅速、简单方便、对材料的依赖性小、易于实时控制的特点,测量精度高,应用广泛。在移动式机器人上,用于检验前进道路上的障碍物,避免碰撞。超声波接近觉传感器对于水下机器人的作业非常重要。水下机器人安装超声波接近觉传感器后能使其定位精度达到微米级。

超声波接近觉传感器测距原理如图 7-33 (a) 所示,超声波从物体发射经反射回到该物体(被接收)的时间与超声波的传播速度成反比,和距离成正比,测量出这个时间即可测得机器人与被测物体的实际距离。

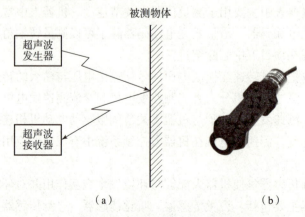

图 7-33 超声波接近觉传感器
(a) 工作原理;(b) 实物图

2) 红外线接近觉传感器。

任何物质，只要它本身具有一定的温度（高于绝对零度），都能辐射红外线。红外线接近觉传感器采用非接触式测量，由红外发光管和红外光敏管组成，红外发光管发射经调制的信号，经目标物反射，红外光敏管接收到红外光强的调制信号，输出电信号。这种接近觉传感器具有灵敏度高、响应快等特点。红外发送器和接收器都很小，能够装在机器人夹手上，易于检测出工作空间内是否存在某个物体。

(3) 触觉传感器

触觉是仅次于视觉的一种重要感知形式，触觉能保证机器人可靠地抓握各种物体，也能使机器人获取环境信息，识别物体形状和表面纹理，确定物体空间位置和姿态参数。机器人触觉与视觉一样，基本上是模拟人的感觉。

触觉传感器主要用于测量机器人自身敏感面和外界物体相互作用时的力。触觉传感器的作用包括：感知操作手指的作用力，使手指动作适当；识别操作物的大小、形状、质量及硬度等；躲避危险，以防碰撞障碍物。如图7-34所示为机器人抓握鸡蛋示意图。

1) 指端应变式触觉传感器。

指端应变式触觉传感器结构如图7-35所示，柔顺人工指端用金属弹性薄板4作弹性元件，应变片3作敏感元件，两个金属弹性薄板4安装在支撑座1上。当人工手指抓握物体时，触头7向左滑动，由压头5作用在弹性元件4上。凸缘到盖板的距离为最大量程。当被抓物体重量超过最大量程时，凸缘与盖板接触，将力传到底座2上。触头7右侧为封装电变流体部分，两层导电橡胶11之间用海绵隔开，海绵层填充电变流体。电变流体作为人工手指的皮下组织介质：没有通电时，电变流体层作保护层用；通电时，变成塑性体，借助电变流体的柔顺可控性稳定抓握，防止被抓物体滑落。

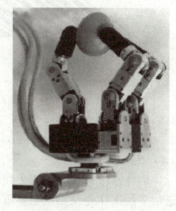

图7-34 机器人抓握鸡蛋

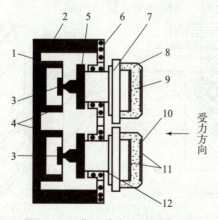

图7-35 指端应变式触觉传感器

1—支撑座；2—底座；3—应变片；4—金属弹性薄板；5—压头；6—盖板；7—触头；
8—橡胶；9—海绵；10—电变流体；11—导电橡胶；12—凸缘

2) 压阻阵列触觉传感器。

利用压阻材料（导电橡胶、碳毡和碳纤维等）制成阵列式触觉传感器，可有效地提高阵列数、阵列密度、灵敏度、柔顺性和强固性。压阻阵列触觉传感器基本结构如图7-36 (a) 所示，压阻材料上面排列平行的列电极，下面排列平行的行电极，行列交叉点构成阵列压阻触元。在压力作用下，触元的触觉性能可由上下电极间电阻值的变化来表示，压阻阵列触觉传感器压阻特性如图7-36 (b) 所示。

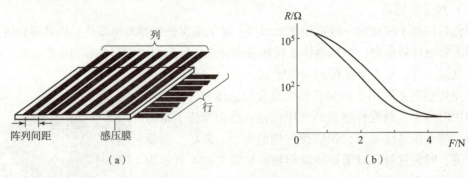

图7-36 压阻阵列触觉传感器

(a) 基本结构；(b) 压阻特性

(4) 滑觉传感器

机器人滑觉传感器用于检测垂直于加压方向的力和位移，达到修正受力值、防止滑动、进行多层次作业及测量物体重量和表面特性等的目的。利用滑觉传感器判断是否握住物体，以及应该使用多大的力等。检测滑动方法主要有：①将滑动转换成滚球和滚轴的旋转；②用压敏元件和触针检测滑动时的微小振动；③检测出即将发生滑动时手爪部分的变形和压力。

1) 滚球式滑觉传感器。

如图7-37 (a) 所示为滚球式滑觉传感器的结构，钢球表面有导体和绝缘体配置成的网眼，当工件滑动时，金属球随之转动，在触针上输出脉冲信号，脉冲信号的频率反映了滑移速度，个数对应滑移的距离，能检测全方位的滑动。

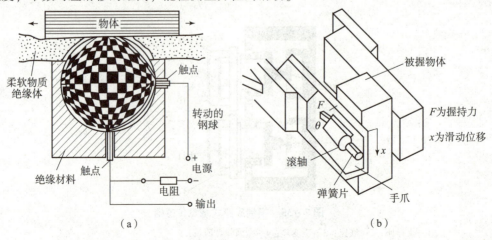

图7-37 滑觉传感器

(a) 滚球式滑觉传感器；(b) 滚轴式滑觉传感器

2）滚轴式滑觉传感器。

如图 7-37（b）所示为滚轴式滑觉传感器的结构，当手爪中的物体滑动时，使滚轴旋转，滚轴带动光电传感器和缝隙圆板而产生脉冲信号，这些信号通过计数电路和 D/A 转换器转换成模拟电压信号，通过反馈系统构成闭环控制，通过不断修正握力，达到消除滑动的目的。

（5）机器人视觉传感器

视觉传感器是智能机器人最重要的传感器之一，机器人视觉通过视觉传感器获取环境的二维图像，并通过视觉处理器进行分析和解释，转换为符号，让机器人能够辨识物体，并确定其位置，这种视觉又称为计算机视觉。在捕获图像之后，视觉传感器将其与内存中存储的基准图像进行比较，以做出分析。如图 7-38 所示为二维视觉传感器。

机器人视觉传感器的工作过程可分为 4 个步骤：检测、分析、绘制和识别。

1）视觉检测。视觉信息一般通过光电检测转化成电信号。光电检测器有摄像管和固态图像传感器。获得距离信息的方法有光投影法、立体视法。

2）视觉图像分析。成像图像中的像素含有杂波，必须进行（预）处理。通过处理消除杂波，把全部像素重新按线段或区域排列成有效像素集合。

3）视觉图像绘制。指以识别为目的从物体图像中提取特征。理论上这些特征应该与物体的位置和取向有关，并包含足够的绘制信息，以便能唯一地把一个物体从其他物体中鉴别出来。

4）图像识别技术。将事先物体的特征信息存储起来，然后将此信息与所看到的物体信息进行比对。

（6）机器人听觉传感器

听觉也是机器人的重要感觉器官之一。由于计算机技术及语音学的发展，现在已经部分实现用机器代替人耳，他不仅能通过语音处理及辨识技术识别讲话人，还能正确理解一些简单的语句。

机器人听觉系统中的听觉传感器的基本形态与麦克风相同，这方面的技术已经非常成熟。因此关键问题在于声音识别上，即语音识别技术。它与图像识别同属于模式识别领域，而模式识别技术就是最终实现人工智能的主要手段。听觉传感器是一种能把声音的大小变化转换成电压大小变化的器件，实物如图 7-39 所示。

图 7-38　二维视觉传感器

图 7-39　听觉传感器

当外部有声音（比如掌声或碰撞声）的时候，传感器会把接收到的声音转化为电信号，并传输给机器人的主控系统。主控系统像人的大脑一样，进行识别和判断，然后下令给机器人，按照声音的方向向左转或向右转。如果声音太刺耳，机器人会抬起脑袋，设法躲避它。机器人的听觉传感器由三部分组成：声音采集部分、声音放大部分和声音处理部分，内部结构如图7-40所示。

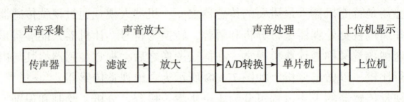

图7-40 听觉传感器结构

四、知识拓展

机器人系统中使用的传感器种类和数量越来越多，每种传感器都有一定的使用条件和感知范围，并且能给出环境或对象的部分信息。为了有效利用传感器信息，需要进行信息传感融合处理。

按照人脑的功能和原理进行视觉、听觉、触觉、力觉、知觉、注意、记忆、学习和更高级的认识过程，将空间、时间的信息进行融合，对数据和信息进行自动解释，对环境和态势给予判定。传感器的融合技术涉及神经网络、知识工程、模糊理论等信息、检测、控制领域的新理论和新方法。如图7-41所示为多传感器信息融合自主移动装配机器人。

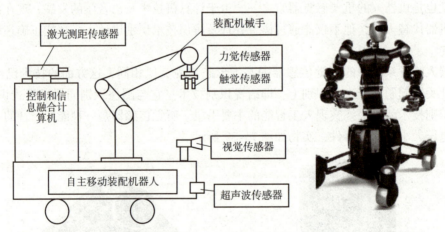

图7-41 多传感器信息融合自主移动装配机器人

阅读材料

智能循迹机器人小车

智能循迹小车（Automated Guided Vehicle，AGV），如图7-42所示。智能循迹小车是指装备如电磁、光学或其他自动导引装置，可以沿设定的引导路径安全行驶的运输车。工业应用中采用充电蓄电池作为主要的动力来源,可通过计算机程序来控制其运动轨迹以及其他动作,也可把电磁轨道粘贴在地板上来确定其行进路线。无人搬运车可通过电磁轨道所带来的信息进行移动与动作,无须驾驶员操作,将货物或物料自动从起始点运送到目的地。

图 7 – 42　智能循迹小车

AGV 小车的另一个特点是高度自动化和高智能化,可以根据仓储货位要求、生产工艺流程等的改变而灵活改变行驶路径,而且改变运行路径的费用与传统的输送带和传送线相比非常低廉。AGV 小车一般配有装卸机构,可与其他物流设备自动接口,实现货物装卸与搬运的全自动化过程。此外,AGV 小车依靠蓄电池提供动力,还有清洁生产、运行过程中无噪声、无污染的特点,可用在工作环境清洁的地方。循迹小车从诞生开始共经历了三代技术创新变革。

第一代循迹小车是可编程的示教再现型,不装载任何传感器,只是采用简单的开关控制,通过编程来设置循迹小车的路径与运动参数,在工作过程中,不能根据环境的变化而改变自身的运动轨迹。

第二代循迹小车支持离线编程,具有一定感知和适应环境的能力,这类循迹小车装有简单的传感器,可以感觉到自身的运动位置、速度等物理量,其电路是一个闭环反馈的控制系统,能适应一定的外部环境变化。

第三代循迹小车是智能型,目前在研究和发展阶段,以多种外部传感器构成感官系统,通过采集外部的环境信息,精确地描述外部环境的变化。智能循迹小车,能独立完成任务,有其自身的知识基础,多信息处理系统,在结构化或半结构化的工作环境中,能根据环境变化作出决策,有一定的适应能力、自我学习能力和自我组织能力。

为了让循迹小车能独立工作,一方面应研究各种新型传感器,另一方面,应掌握各类传感器信息融合的技术,这样循迹小车可以更准确、更全面地获得所处环境的信息。

复习与训练

一、填空

1. 现代检测系统的三种基本结构体系包括＿＿＿＿、＿＿＿＿和＿＿＿＿。
2. 在半闭环控制时,速度反馈和位置反馈的传感器一般共用伺服电动机上的＿＿＿＿;对于闭环控制,分别采用各自独立的速度、位置传感器。
3. 数控机床上用于工作台直线位移直接测量的传感器主要为＿＿＿＿。
4. 光电编码器在数控机床上可用于＿＿＿＿和＿＿＿＿的测量。
5. 旋转变压器作为位移检测装置,有两种工作方式:＿＿＿＿和＿＿＿＿工作方式。
6. 旋转变压器式间接测量装置,是一种利用＿＿＿＿随转子转角而变化的＿＿＿＿检测传感器。

7. 数控机床的闭环系统采用_____系统时，指令信号的相位角由数控装置发出，由指令信号的相位角和实际相位角的差值控制数控机床的伺服驱动机构。

8. 机器人内部传感器是以机器人本身的坐标轴来确定其位置的，被安装在机器人自身中，用来感知机器人自己的状态，以调整和控制机器人的行动。机器人内部传感器包括_____、_____、_____等。

9. 机器人系统中使用的传感器种类和数量越来越多，每种传感器都有一定的使用条件和感知范围，并且能给出环境或对象的部分信息，为了有效利用传感器信息，需要进行_____。

10. 机器人滑觉传感器分为_____和_____两类。

二、简答

1. 简述现代检测系统的工作流程。
2. 简述现代检测系统的发展趋势。
3. 数控系统中位移检测装置按工作条件和测量要求不同，有哪几种分类方法？
4. 旋转变压器在数控机床上测量工作台直线位移的工作原理是什么？
5. 感应同步器鉴幅式和鉴相式工作方式有何区别？
6. 简述交流测速发电机的测速原理。
7. 差分整流电路的作用是什么？
8. 一个完整的数控机床传感检测系统除了位移、速度传感器，还有哪些其他的传感器？
9. 机器人触觉传感器的作用有哪些？
10. 机器人滑觉传感器检测滑动的主要方法有哪些？

参 考 文 献

[1] 陈杰，黄鸿. 传感器与检测技术［M］. 北京：高等教育出版社，2002.

[2] 吕俊芳. 传感器接口与检测仪器电路［M］. 北京：北京航空航天大学出版社，1996.

[3] 张福学. 传感器电子学及其应用［M］. 北京：国防工业出版社，1990.

[4] 孙余凯，吴鸣山. 传感器应用电路300例［M］. 北京：电子工业出版社，2008.

[5] 周传德. 传感器与测试技术［M］. 重庆：重庆大学出版社，2011.

[6] 李娟，陈涛. 传感器与测试技术［M］. 北京：北京航空航天大学出版社，2007.

[7] 宋雪臣. 传感器与测试技术［M］. 北京：人民邮电出版社，2009.

[8] 刘君华. 智能传感器系统［M］. 西安：电子科技大学出版社，1999.

[9] 于彤. 传感器原理及应用［M］. 北京：机械工业出版社，2007.

[10] 何希才. 传感器及应用电路［M］. 北京：电子工业出版社，2001.

[11] 王家祯，王俊杰. 传感器与变送器［M］. 北京：清华大学出版社，1986.

[12] 王仲生. 智能检测与控制技术［M］. 西安：西北工业大学出版社，2002.

[13] 蔡萍，赵辉. 现代检测技术与系统［M］. 北京：高等教育出版社，2002.

[14] 刘灿军. 实用传感器［M］. 北京：国防工业出版社，2004.

[15] 沙占友. 集成化智能传感器原理及应用［M］. 北京：电子工业出版社，2004.

[16] 戴焯. 传感与检测技术［M］. 武汉：武汉理工大学出版社，2002.

[17] 金伟，齐世清，王建国. 现代检测技术［M］. 北京：北京邮电大学出版社，2006.

[18] 王俊杰. 检测技术与仪表［M］. 武汉：武汉理工大学出版社，2002.

[19] 张红建，蒙建波. 自动检测技术与装置［M］. 北京：化学工业出版社，2004.

[20] 方彦军，程继红. 检测技术与系统［M］. 北京：中国电力出版社，2006.

[21] 刘君华. 现代检测技术与测试系统设计［M］. 西安：西安交通大学出版社，1998.

[22] 周杏鹏. 现代检测技术［M］. 北京：高等教育出版社，2004.

[23] 凌志浩. 智能仪表原理与设计技术［M］. 上海：华东理工大学出版社，2003.

[24] 朱名铨，李晓莹，刘笃喜. 机电工程智能检测技术与系统［M］. 北京：高等教育出版社，2002.

[25] 吴道悌. 非电量电测技术［M］. 西安：西安交通大学出版社，2001.

[26] 杨振江，等. 智能仪器与数据采集系统中的新器件及应用［M］. 西安：西安电子科技大学出版社，2007.

[27] 陈后金. 信号与系统［M］. 第2版. 北京：清华大学出版社，2005.

［28］徐科军．传感器与检测技术［M］．北京：电子工业出版社，2004．

［29］陈杰．传感器与检测技术［M］．北京：高等教育出版社，2008．

［30］郁有文．传感器原理及工程应用［M］．西安：西安电子科技大学出版社，2012．

［31］彭军．传感器与检测技术［M］．西安：西安电子科技大学出版社，2006．

［32］李新光．过程检测技术［M］．北京：机械工业出版社，2006．

［33］刘亮．先进传感器及其应用［M］．北京：化学工业出版社，2005．

［34］常健生．检测与转换技术［M］．北京：机械工业出版社，2006．